网络空间安全

面向关键基础设施的网络攻击防护

Cybersecurity

Protecting Critical Infrastructures from Cyber Attack and Cyber Warfare

〔美〕 托马斯·A. 约翰逊
Thomas A. Johnson   主编

徐 震　王利明　陈 凯 译

孙德刚 审校

科学出版社

北 京

图字：01-2016-3851 号

内 容 简 介

本书对美国关键基础设施网络安全防护技术、管理、法律等方面的工作进行了较为系统的阐述，具体包括计算机安全的演进、关键基础设施面临的网络安全威胁、关键基础设施安全防护及实施、网络战、美国网络安全法律法规、网络安全成本，以及网络空间安全威胁的发展趋势。由于定位于关键基础设施安全，与一般技术类书籍不同，本书涉及面更为宽泛，在每章末尾还提供了大量的参考书目，供读者拓展阅读。

本书对研究和学习我国关键基础设施网络安全有重要的参考价值，因此适合作为高等院校网络空间安全及相关专业本科生与研究生的教学辅导用书，也可以作为广大网络空间安全从业人员的参考读物。

图书在版编目（CIP）数据

网络空间安全：面向关键基础设施的网络攻击防护 / (美)托马斯·A.约翰逊(Thomas A. Johnson)主编；徐震，王利明，陈凯译. —北京：科学出版社，2021.11

书名原文：Cybersecurity: Protecting Critical Infrastructures from Cyber Attack and Cyber Warfare

ISBN 978-7-03-070281-4

Ⅰ. ①网… Ⅱ. ①托… ②徐… ③王… ④陈… Ⅲ. ①计算机网络–网络安全 Ⅳ. ①TP393.08

中国版本图书馆 CIP 数据核字（2021）第 220045 号

责任编辑：朱英彪 纪四稳 / 责任校对：任苗苗
责任印制：吴兆东 / 封面设计：无极书装

科 学 出 版 社 出版
北京东黄城根北街 16 号
邮政编码：100717
http://www.sciencep.com

北京建宏印刷有限公司 印刷
科学出版社发行 各地新华书店经销

*

2021 年 11 月第 一 版 开本：720×1000 B5
2022 年 1 月第二次印刷 印张：14
字数：282 000

定价：108.00 元
（如有印装质量问题，我社负责调换）

译 者 前 言

关键基础设施的概念源自美国,主要是指对国家极为重要的物理或虚拟的系统与设施,其一旦遭到破坏或失去运转能力,将对国家安全、经济安全、公共健康及安全中的一项或多项产生破坏性影响。对于所有现代国家,金融、能源、电力、通信、交通等领域的关键基础设施已成为社会运行的神经中枢。因此,世界各国在制定网络安全战略或进行网络安全立法时,都毫无例外地将关键基础设施作为保护重点。

关键基础设施面临来自不同层面的网络空间安全威胁。由于网络空间的开放性和互联互通,既有少数国家层面有组织、有计划的入侵攻击和窃密,也有黑客个人的网络攻击,还有犯罪团伙、商业间谍、邪教组织、恐怖分子等的有组织行为,关键信息基础设施面临巨大的风险。近年来,国际上各种网络安全事件时有发生,关键信息基础设施安全面临严峻的形势和挑战。2010 年,震网病毒攻击伊朗核设施,致使伊朗核电站延迟运行。2014 年,乌俄冲突导致乌克兰通信基础设施多次遭受攻击,相关地区电话、手机、互联网服务被切断,一些地方变成"信息孤岛"。2015 年,黑客利用恶意软件 BlackEnergy 攻击乌克兰约 60 座变电站,造成大面积停电,电力中断 3~6 小时,约 140 万人受到影响。2019 年,委内瑞拉全国范围内大面积多日停电,连续多日停工停学,部分网站无法访问。这一系列事件均表明,能源、金融、通信、电力等重要行业关键基础设施成为网络攻击的"重灾区"。

由此可见,关键基础设施之所以"关键",是因为一旦遭遇破坏或袭击,可能导致国家和企业的巨额经济损失,甚至会威胁人民生命安全和社会稳定。世界各国高度重视关键基础设施信息安全保护问题,近年来,美国、日本、俄罗斯相继出台《关键基础设施网络安全提升框架》、《关键基础设施信息安全措施行动计划》、《俄罗斯联邦关键信息基础设施安全法》等相关文件,以加大对关键信息基础设施的保护力度。党的十八大以来,在中央网络安全和信息化领导小组的统筹领导下,我国大力加强关键信息基础设施安全,防范能力不断提升。《工业和信息化部关于加强电信和互联网行业网络安全工作的指导意见》(工信部保〔2014〕368 号)将深化网络基础设施和业务系统安全防护作为网络安全工作重点之一。2015 年施行的《中华人民共和国国家安全法》第二十五条明确规定,"实现网络和信息核心技术、关键基础设施和重要领域信息系统及数据的安全可控",明确要求保护关键基础设施和重要领域信息系统。2017 年《中华人民共和国网络安全法》正式生效实施，其中专门规定了"关键信息基础设施的运行安全"，这是在我国立法中首次明确规定关键信息基础设施的定义和具体保护措施，既是我国网络安全严峻形势的迫切需要，也是切实贯彻《中华人民共和国国家安全法》的必然要求。纵观国内外关键基础设施安全保障的战略思路和法律政策，都是从一开始就与国家安全紧密联系。

"聪者听于无声，明者见于未形"。当今社会网络安全形势极其严峻，关键基础设施作为网络空间的重要组成部分，未来必将是各个国家网络空间安全对抗的必争之地。全面了解国际安全演进，把握安全趋势，才能做到知己知彼，百战不殆。本书对美国的关键基础设施保护工作在技术、管理、法律等方面进行了较为系统的阐述，而国内目前在相关领域的著作相对匮乏，希望通过引进本书，提升我国在关键基础设施安全方面的研究与实践水准。但同时也要看到，本书站在美国的视角阐述关键基础设施的网络安全问题，在阅读和学习过程中需要结合中国实际，思考中国关键基础设施的网络安全之路，不能简单地照单全收。

在此，感谢科学出版社引进这本关键基础设施网络空间安全方面的重要书籍。本书由孙德刚审校，周晓军为本书的翻译和校对做出了重要贡献，其他参与人员还有王淼、王远、罗熙、谢德俊等，对他们的辛勤工作表示感谢。英文原版书的三位原作者由于专业差别，其写作风格、采用的术语等都存在较大差异，在翻译的过程中，我们已经尽己所能进行统合，但译文仍有一定的风格差异。此外，由于编译人员水平有限，难免有不足之处，敬请读者批评指正。

本书使用说明

1. 本书在翻译过程中略有删减和改动，读者如需了解，可自行阅读英文原版书。

2. 在每章末均有"注释与参考文献"和"参考书目"。前者是书中引用内容相关的信息，并在文中标注；后者是本书成文过程中参考的书目，列出供读者拓展阅读。

3. "注释与参考文献"中，Ibid.意为出处同上，但页码不同；Loc. Cit 意为此条参考文献的出处及页码与前一条完全相同；Op. Cit 意为前面提及的作品中。

前　言

世界经济论坛将网络安全面临的威胁视为当今世界各国面临的五大全球性风险之一。从网络入侵到窃取知识产权，造成的经济损失持续攀升，网络安全现状日益严峻。越来越多的网络威胁开始转向攻击国家经济实体，甚至威胁各级政权。私营企业和非政府机构遭受网络攻击，导致关键服务中断的潜在威胁一直存在，不断为我们敲响警钟。

犯罪团体或个人可能通过网络干扰关键服务、攻击16类关键基础设施[①]，造成经济损失甚至大量物理设施损毁；而且此类攻击难以防御，因此网络安全已经成为美国关注的焦点之一。更令人担忧的是，网络攻击可能会严重破坏美国的军事指挥和控制系统，造成通信、情报和联合指挥系统瘫痪，进而危及美国的国家安全。多个国家已在大力开发研制网络武器，网络战争一触即发。

本书从计算机行业发展史，尤其是计算机发展历程中的黑暗面，作为着眼点来讨论上述问题。病毒、木马及其他网络威胁使得网络安全十分严峻。美国多任总统都颁布了一系列法令来保护美国关键基础设施，防止其成为潜在敌人的攻击目标。因此，本书从设计保护的角度讨论关键基础设施的保护和工程设计问题。

敏捷的网络情报能力是捍卫国家网络安全的需要，其不仅能够解决网络争端，更重要的是能够避免或帮助打赢网络战争。研究网络空间和网络战争空间有助于人们理解网络战争的影响因素，对于攻守双方做出有效战略决策都必不可少。网络战争的战略规划和网络武器的作战规则等关键问题需要进一步分析和研究。随着国际网络争端逐渐升级，《塔林手册》[②]已吸引了全球目光，对其进行修订的重要性和必要性不言而喻。联合国、北大西洋公约组织（北约）和欧洲联盟（欧盟）正在开展针对网络攻击立法的讨论，以期用适当的政策和法律条文对其进行管控，国际性网络安全共识正不断形成。

随着网络安全投入日益加大，企业负担日益加重。本书介绍若干重要行业网

---

① 2013年奥巴马总统签署了第21号总统令，确定了16类关键基础设施：化学，商业设施，通信，关键制造，水库大坝，国防工业基础，紧急救援，能源，金融，食品和农业，政府设施，医疗保健和公共健康，信息技术，核反应堆、材料和废弃物，交通运输系统，水供应和污水处理系统。

② 译者注：《塔林手册》原名《塔林网络战国际法手册》，是一项关于《国际法》（特别是《战争法》和《国际人道主义法》）如何适用于网络冲突和网络战的学术性、非约束性研究。2009~2012年，《塔林手册》由塔林北约合作网络防御卓越中心（NATO Cooperative Cyber Defense Centre of Excellence）邀请的约20名专家组成的国际小组编写而成，2013年4月，该手册由剑桥大学出版社出版。

络攻击导致经济损失的案例，涉及多个国家，便于从全球视角进行对比。保险行业也提供网络安全保险计划和项目，从另一个侧面表明了企业对网络安全及其投入的关注。然而，现在网络安全主要基于审计和合规这种被动模式，需要去探索更加积极主动的网络安全策略。

虚拟化、社交媒体、物联网、云计算、大数据、数据分析和大数据应用程序等蓬勃发展，加剧了整个网络安全领域所面临的严峻形势。这些变革对网络安全领域的影响巨大，催生了对安全培训和安全课程的极大需求。针对网络安全领域的进一步研究必须考虑这些新技术和新领域对人员和安全实施产生的深远影响，并思考如何以最积极的方式迎接这些挑战。

致谢

本书是多位同事共同努力的结晶，他们付出了大量的时间和精力。感谢每一位参与的编者，感谢他们所编写的精彩章节，感谢他们为国家安全研究做出的巨大贡献。感谢 CRC 出版社，感谢 Taylor & Francis 团队给予的大力支持，能够与如此优秀的团队合作是我的荣幸。感谢 C. Spence 及其团队，他们不仅业务精湛，而且思想深刻，在成书的过程中鼎力相助。最后，感谢我的妻子 Colleen，她为稿件提供了诸多建设性意见，协助编辑稿件，感谢她辛勤的付出和独到的见解。

Thomas A. Johnson

韦伯斯特大学

密苏里州圣路易斯市

本书主编

Thomas A. Johnson 博士在参与本书撰写时担任密苏里州圣路易斯市韦伯斯特大学的副校长和战略顾问，是系统管理、网络和安全（System Administration, Networking, and Security，SANS）技术研究所董事会成员。Johnson 博士在密歇根州立大学获得学士和硕士学位，在加利福尼亚大学伯克利分校获得博士学位。

Johnson 博士开展网络犯罪和计算机取证研究，并在加利福尼亚州和新墨西哥州的国家核安全管理实验室的共同资助下建立了韦伯斯特大学国家网络安全研究生项目。作为该项目的负责人，他与 20 名同事一起，在多个军事基地、城市以及圣路易斯市的韦伯斯特大学共同推进该项目的实施。此外，他和 F. Cohen 博士共同组建私有云网络安全实验室团队，合作创办了一个非营利的研究生教育机构——加利福尼亚科学研究所。

Johnson 博士是美国联邦调查局基础设施保卫组成员，同时也是美国特勤局下属的电子犯罪工作组、纽约办事处和旧金山办事处的成员。他被美国司法部纳为信息技术工作组成员，并在美国国家司法研究所担任打击高科技犯罪工作组主席，同时也是加利福尼亚州最高法院任命的加利福尼亚州法院技术工作组司法委员会顾问。

　　Johnson 博士共出版了 7 部图书，发表了 13 篇论文，拥有 4 个软件著作权，他的论著《基础设施安全卫士：有组织的网络犯罪正威胁美国国土安全》由美国陆军作战学院战略研究所出版。"……为确保国内安宁，提供共同防御……"就出自他在 2000 年国土安全大会上发表的论文。而且，他曾在美国陆军作战学院卡莱尔兵营、联邦执法培训中心和许多大学举办过讲座。

其他编者

Fred Cohen

　　F. Cohen 博士因为定义了"计算机病毒"这个术语而闻名于世，他发明了多种广泛使用的计算机病毒防御技术，其团队提出了与关键基础设施保护相关的信息安全保障问题。他首创使用欺骗手段来保护信息安全，推动了数字法医证据检验的发展，是国际领先的信息保护顾问和行业分析师。Cohen 博士发表了 200 多篇论文，出版了若干广为人知的信息安全类书籍。

　　Cohen 博士作为美国政府顾问和研究人员，是信息防御作战的开创性研究者，也是国家信息安全技术基线系列报告的主要研究人员。他在美国桑迪亚国家实验室创建了大学网络防御者项目，并进一步创建了网络安全护卫队项目，负责"恢复能力研究"、"隐形路由器"等一系列研究项目。他与执法部门和情报部门合作开展关键基础设施保护工作，以提高计算机相关犯罪的处理能力，预防国家网络安全威胁。

　　Cohen 博士开创性的保护技术保护了世界上 3/4 以上的计算机。他现任美国专业信息安全机构 Fred Cohen & Associates 的首席执行官，同时也是韦伯斯特大学网络实验室的执行主任。他在卡内基梅隆大学获得电气工程学士学位，在匹兹堡大学获得信息科学硕士学位，在南加利福尼亚大学获得电气工程博士学位。

Julie Lowrie

　　本书第 5 章"网络安全法律法规简介"由 J. Lowrie 编写。随着法律框架在指导各国处理网络违规、网络攻击和网络战争等问题的重要性不断增强，该章可谓恰逢其时。Lowrie 具有法律和法医调查领域的出色背景，在网络安全这个全新领域具有敏锐的洞察力。她曾担任美国劳工部高级调查员，也是加利福尼亚州保健计划管理局调查员。Lowrie 在涉及医疗保健、养老金、银行和破产欺诈等 50 多项复杂的金融及经济犯罪调查方面拥有超过 21 年的经验。她参与调查的复杂金融交易中，损失金额小到 10 万美元，大到 5000 万美元。Lowrie 在 2007 年被授予美国律师事务所优秀成果奖，2009 年荣获美国律师事务所杰出贡献奖。

　　Lowrie 在加利福尼亚大学圣迭戈分校获得法律专业学士学位，并且获得了尤蒂卡学院经济犯罪管理专业、加州理工大学高级调查专业的双硕士学位。她现在是密苏里州圣路易斯市韦伯斯特大学乔治·赫伯特·沃克商学院网络安全项目的客座教授。

目　　录

第1章　计算机行业发展史和网络安全面临的新挑战

1.1　引　　言

J. Hick 对数据处理领域的早期发展进行了概括，算盘是首个用于计算的工具，也是当今计算机行业发展的基础。1642 年，法国数学家 B. Pascal 研制出"齿轮传动"机械计算器，可以进行加法、减法和乘法运算，计算领域发生了新的改变。1671 年，德国数学家 G. Leibnitz 在 Pascal 设计的基础上进行改进，使其能够进行除法和开平方根运算[1]。从使用算盘进行珠算到后来使用齿轮机进行计算，奠定了现代计算机产业发展的基础。

19 世纪初，J. Jacquard 在提花机的控制机制中使用了"打孔卡"思想，这对现代计算机产业的最终形成具有重要意义。通过调整打孔卡片的顺序，提花机可以生产出许多花纹和图案。特定图案的穿孔卡片重复，相应的图案将自动重复。如此看来，穿孔卡片的排列顺序其实就是提花机的程序。1812 年，英国数学家 C. Babbage 将提花机的工作原理和穿孔卡片的排序方法应用于数值计算，通过研究穿孔卡片的排序方法，总结出数值计算的步骤并将其预先存储在卡片上，这样一台机器可以完全独立地处理数据。Babbage 的研究是数据处理中"存储程序"概念的雏形，这样就将计算机与计算器区别开来。他设计了第一台用于计算对数表的"计算机"并将其命名为差分机。差分机主要包括输入输出设备、运算单元和存储单元三个部分。因此，Babbage 被称为提出计算机概念的第一人[2]。

英国著名诗人拜伦的女儿 A. Byron 也对 Babbage 的研究做出了重要贡献。Byron 是一位多才多艺的数学家，对 Babbage 的设计理念进行了分析和改进。她编写了 Babbage 差分机的运算表，是公认的第一位程序员。为了纪念她做出的贡献，编程语言 ADA 以她的名字命名[3]。值得一提的是，后来美国国防部采用了大量基于改进 ADA 编程语言的应用程序。

19 世纪 70 年代，穿孔卡片得到了进一步改良。H. Metcalfe 对成本会计系统进行了重构，使其能从皮革账单中获取会计记录，并将这些记录转换成穿孔卡片，实现了一种更有效的账目信息获取方法。对这些卡片进行分类，可以比传统的账簿更方便快捷地获取信息。Metcalfe 制定了一种编码方案和记录单元来详细描述数据流。1880 年，美国统计学家 H. Hollerith 基于 Metcalfe 的思想，将穿孔卡片用于当年美国人口普查数据的处理。他设计了一款制表机，使用机器可读的打孔卡片。他创办的公司在随后 6 年间兼并另外三家公司，并于 1911 年成立计算制表记录（Computing Tabulation Recording，CTR）公司。1924 年，CTR 公司改名为国际商用机器（International Business Machines，IBM）公司[4]。

1908 年，J. Powers 对 Hollerith 的制表机进行改进，开发了具有制表位的分类器并用于 1910 年的人口普查。他创立的动力会计机公司于 1926 年兼并雷明顿兰德公司，随后与斯佩里陀螺仪公司合并，成立斯佩里·兰德公司，并生产出世界上第一台商用电子计算机 UNIVAC。1937 年，H. Aiken 和 IBM 公司的工程师共同开发了 MARK I 数字计算机，由 G. Hopper 对其进行编程。Hopper 后来成为美国海军上将，他对各种计算机语言的发展，尤其是 COBOL 语言，有着重要贡献[5]。

1939 年，美国宾夕法尼亚大学的 J. Mauchly 和 J. Eckert 带领工程师开始研发第一台电子数字计算机 ENIAC。ENIAC 完成于 1946 年，它使用电子管，重量超过 30 吨，占地 1500 平方英尺（1 平方英尺=0.093 平方米）。1945 年，美国普林斯顿大学的数学家 J. Neumann 开发出二进制数字系统。该系统使用 0/1 代表开/关和磁化/非磁化状态，推动了电子计算机的发展，为现代电子计算机奠定了基础[6]。

从第一台笨重的计算机到如今小巧的便携式个人计算机（personal computer，PC），计算机的发展经过了不同的历史阶段。第一代计算机（1951~1958 年）使用电子管作为基础元件，用汞延迟线作为存储设备，使用二进制机器语言。第二代计算机（1959~1964 年）使用晶体管取代电子管，引入磁带取代穿孔卡片，并引入 COBOL 和 FORTRAN 编程语言。第三代计算机（1965~1970 年）使用集成电路，在硅片上集成大量晶体管，计算机进入了小型化时代，运行速度大大提高，纳秒成为衡量访问和处理速度的新标准。此时期 IBM 公司的 System 360 计算机以及数字设备公司（Digital Equipment Corporation，DEC）的第一台微型计算机诞生，使用电话拨号上网的计算机和远程终端开始流行。航空公司的订座系统和实时库存控制系统等商业应用程序开始增加。

第四代计算机（1971~1990 年）使用大规模集成电路（large-scale integrated circuit，LSIC），引入存储单元和逻辑处理单元，使得 IBM 370 大型主机成为可能。从大规模集成电路发展到超大规模集成电路，在一个极小的半导体芯片上放置完整的中央处理单元（central processing unit，CPU），增强了计算机性能，极大地降低了计算机的成本，价值不足 1000 美元的个人计算机可以达到 20 世纪 60 年代耗资数百万美元大型机的处理能力。具有良好用户体验的软件和图形终端的微型计算机和个人计算机逐渐面世[7]。

　　个人计算机的发展深刻地改变了整个计算机行业。第四代计算机使个人计算机成为可能，其图形化界面推动了第五代计算机的发展。1975 年 ALTAIR 8800 成为第一台个人计算机，1977 年苹果 I、II 和 Commodore 计算机面世，1981 年 IBM 公司家用个人计算机出现，1983 年苹果 Lisa 计算机面世，1984 年出现苹果 Macintosh 计算机，这些个人计算机出现在一个对软件（操作系统）需求极为旺盛的年代，而当时最重要的操作系统是微软的 MS-DOS 操作系统。有趣的是，ALTAIR 8800 计算机几乎没有任何应用程序，却吸引了众多的爱好者，这些爱好者中就有史蒂夫·乔布斯和斯蒂夫·沃兹尼亚克，他们在两年内开发了苹果 I 代和 II 代计算机，这使得那些对个人计算机行业持观望态度的人感到极为震惊。然而，仍然有人对这些新的个人计算机持怀疑态度。当时 IBM 公司基本上占据了整个计算机行业，处于全球大型机的统治地位，并在 1981 年发布了新的家用个人计算机，促使这个新兴行业被广泛接受。从此，人们才开始真正关注个人计算机领域。

　　IBM 公司在个人计算机市场有几个重大的战略失误。第一个重大失误是将个人计算机操作系统的开发进行外包。它与微软公司签订外包合同，由微软公司开发了 MS-DOS 操作系统。其实以 IBM 公司拥有的人力、技术、资金和能力，完全可以开发自己的操作系统，并不需要与微软签订外包合同。第二个重大失误是未能限制 MS-DOS 操作系统的许可授权。第三个重大失误是利用现成的部件来组装个人计算机，同时又未对 MS-DOS 操作系统进行 IBM 独家授权限制，导致一些新兴小公司仅仅通过购买现成部件，再从微软获得 MS-DOS 操作系统的授权许可，就可以组装出个人计算机，大量默默无闻的小公司开始进入个人计算机领域。第四个重大失误是 IBM 公司进入个人计算机市场时错误地估计了个人计算机的未来：其预计在个人计算机的整个生命周期内，全球个人计算机的总产量是 25 万台。IBM 公司以数百万美元的价格向世界各地的商业公司销售大型计算机，根本没有想到"业余爱好"文化的兴起，更没有想到这种文化所具有的持续性。尤其是在他们做出错误决策的时候，个人计算机的应用软件尚未出现。短期内相继出现的应用软件包括 1978 年的 VisiCalc 电子表格软件和 1979 年的 WordStar 软件。其他公司改进了这些产品，Lotus1-2-3 成为全行业的电子表格软件。此外，WordPerfect 是后来 Microsoft Office 文字处理系列的重要组成部分。20 世纪 70 年代，计算机行业兴起，之后以不可思议的速度成长发展，最终形成了互联网和万维网。

　　1969 年，作为美国国防部高级研究计划局的实验成果，拥有四个节点的高级研究计划局计算机网络（Advanced Research Projects Agency Network，ARPANET）开始运行。1973 年，实验节点增加到 37 个；1977 年，开始使用互联网协议（internet protocol，IP）。从 ARPANET 面世到 1997 年，互联网拥有超过 20 万台个人计算机以及 5000 万用户。

20 世纪 50 年代，在那个洲际弹道导弹备受关注的时代，美国国防部开始了一项关于通信和资源共享的实验。美国国防部关注美国承受第一次核打击能力，决定支持通信网络的研究。兰德公司的 P. Baran 作为项目的首席设计师，负责推动建设这个新的通信系统，其特征包括冗余链路、非中央控制、所有信息分成大小相等的数据包、数据包的可变路由取决于链路和节点的可用性、链路或节点丢失后可以自动重新配置路由表[8]。

麻省理工学院林肯实验室的 L. Roberts 和美国国防部高级研究计划局的 J. Licklider 重点关注如何构建成本低廉的共享计算机和数据网络。1965 年，Roberts 和英国国家物理实验室的 D. Davies 提出分组交换计算机网络，使用电话线来处理信息，速度在 100kbit/s 到 1.5Mbit/s，通过网络中的接口计算机连接到大型主机，每秒可以处理 10000 个数据包。美国加利福尼亚大学洛杉矶分校的 L. Kleinrock 建立了分组交换网络的分析模型，对于指导设计具有重要意义。1968 年，美国国防部高级研究计划局与 F. Heart 签订合同，在博尔特·贝拉尼克-纽曼（BBN）公司建立首批接口消息处理器，将大型机及其操作系统连接到网络。由于网络必须互联互通，V. Cerf 设计了一个新的协议，允许用户连接不同网络计算机上的程序。1977 年，Cerf 完成互联网的雏形，并设计与之匹配的传输控制协议（transport control protocol，TCP）和 IP。其中，IP 可以跨越多个网络路由数据包；TCP 可以将报文转换成数据包流，也可以将数据包流重组成报文[9]。

1969~1989 年，美国国防部和国家科学基金会（National Science Foundation，NSF）等机构斥巨资进行实验，促使互联网的创立和发展。这些研究人员的工作具有极大的价值，对多种网络进行统一，最终构建了一个稳定的、具有实用价值的网络。1989 年，ARPANET 停止运行；1996 年，Internet 的管理权从 NSF 移交给商业互联网服务提供商（Internet service provider，ISP）[10]。

欧洲核子研究组织（CERN）的 T. Berners-Lee 设计出了统一资源定位符（uniform resource locator，URL）对文件进行命名，使用超文本传输协议（hypertext transfer protocol，HTTP）对文件进行传输，并设计了一种超文本标记语言（hypertext mark-up language，HTML）可以识别一个文档内的超链接文本字符串。这种通过网络进行文档链接的系统被称为万维网（world wide web，WWW），受到广泛好评并被大规模使用。美国伊利诺伊大学国家超级计算应用中心的 M. Andreeson 设计了 Mosaic 浏览器，用于处理 HTML 文档和 HTTP。这是一种简单、易用的多媒体接口，使得万维网有了突破性发展。1992 年，这种设计使得 Internet 迅速风靡全球[11]。

科技的不断发展和软件的改进带来了显著的科学进步和大量的发明。模拟世界到数字世界的转型，将不同设备所能提供的通信、出版、娱乐等功能前所未有地融合在一起，这些设备涵盖了移动电话、计算机及其他应用设备。多媒体、虚拟现实、人工智能和机器人技术的发展正在挑战人类日常生活的方方面面。在第五代计算机技术和新兴科技涌现的过程中，各国政府都在接受挑战，国家对信息和通信系统的掌控发生了质的变化。此外，社交媒体的出现，以及不同设备应用程序数量的激增，导致隐私泄露问题和个体的失落感与日俱增。

科研工作者正在进行大量有价值的技术研究，与此同时，商业公司也在探求下一代产品设计，以期在公司收入上有所突破。

基于以往历史性的努力和研究发现，大数据、预测分析、三维（3D）打印、云计算、可穿戴设备、移动机器人、神经元芯片组、量子计算、物联网等新兴项目描绘了未来的轮廓，这些项目将会对日常生活、计算机行业及相关从业人员产生极其深远的影响。随着规则的改变，人们的隐私和安全仍将继续受到挑战。

1.2　网络威胁与攻击

计算机病毒是一段可以插入软件中的代码，在程序执行时进行自我复制并传播给其他软件或文件。病毒可以通过破坏文件，占用硬盘空间或 CPU 时间，记录键盘并盗取密码，发出骚扰消息，损坏受感染的计算机。早期的病毒是引导扇区病毒，会在用户共享软盘时进行传播。有些病毒会通过电子邮件进行传播，将携带病毒的消息发送到邮件客户端。某些情况下，病毒代码可以访问用户联系人邮箱列表，进一步传播携带病毒的邮件。另一些病毒由 Visual Basic 编写，可以附加到 Word 文档或电子表格，在文件加载时执行。当病毒被附加到应用程序后，每次应用程序运行时病毒代码也会被执行[12]。

劳伦斯·利弗莫尔国家实验室的物理学家 G. Benford 首先提出了病毒这个单词，用于指代无用的计算机代码。这种"恶意代码"可以在实验室的计算机之间进行自我复制，并最终传播到 ARPANET[13]。1949 年，J. Newmann 研究出自我复制程序的原理。1983 年，F. Cohen 编写了一个能够自我复制的代码示例，正式定义了计算机病毒这个概念，用于描述通过自我复制感染其他计算机程序的代码。

1.2.1　计算机病毒发展史

从最原始的单机磁盘病毒开始,计算机病毒主要经历了几个重要的发展阶段。随着新的病毒技术不断涌现，计算机病毒也呈现出多种形式，其中包括八个著名且具有代表性的病毒：Elk Cloner 病毒（1981 年）、The Brain 病毒（1986 年）、Melissa 病毒（1999 年）、I Love You 病毒（2000 年）、Code Red 病毒（2001 年）、Nimda 病毒（2002 年）、Slammer 病毒（2003 年）和 My Doom 病毒（2004 年）。

Elk Cloner 病毒是一种通过软盘传播的、针对苹果计算机系统的病毒。看起来它就是一首短诗，在第 50 次使用时将被激活。Elk Cloner 病毒也是第一个计算机病毒。

The Brain 病毒是第一个在全球范围内传播的病毒，也是通过软盘传播。巴基斯坦的两兄弟在编写这个病毒程序时并没有打算让它成为一个破坏性病毒，尽管如此，它还是造成了损害。

Melissa 病毒是基于 Microsoft Word 宏编写的病毒，它通过感染用户的电子邮件，并向用户 Outlook 列表中的前 50 人发送被感染的 Word 文件来进行扩散传播，曾造成超过 5000 万美元的损失。

I Love You 病毒会感染邮件附件。由于附件中包含了"I Love You"字样，用户受好奇心驱使，通常会打开受感染的附件，这时病毒就会自我复制到用户硬盘上的文件中，并下载文件以窃取用户密码。这种病毒一天就可以感染上百万台计算机。

Code Red 病毒的目标是对美国白宫进行分布式拒绝服务攻击（distributed denial-of-service，DDoS），所幸在发动攻击前它就被成功抵御。然而，这种病毒还是感染了数千台计算机，造成的损失超过 10 亿美元。更高版本的 Code Red II 病毒，攻击了 Windows 2000 和 Windows NT 系统。

Nimda 病毒是网络传播速度最快的病毒之一，其目标是互联网服务器，给许多用户造成了巨大损失。

Slammer 病毒于 2003 年开始出现，它是一种 Web 服务器病毒，在互联网中的传播速度相当惊人，许多金融服务业和航空业公司遭受重大损失，估计达数十亿美元。

My Doom 病毒是一种实施拒绝服务攻击的脚本，它发送大量的电子邮件地址请求给搜索引擎，导致像谷歌这样的公司收到数百万个服务请求，服务速度急剧下降，甚至不得不关闭服务。

蠕虫也是一种计算机程序，它可以通过网络连接进行自我复制，不会改变其他应用程序，但它能够携带可以改变程序的代码，如病毒[14]。2007 年蠕虫 Storm 爆发，它利用社交媒体在用户计算机上装载僵尸网络程序，有数百万台计算机受到感染。

特洛伊木马是一种伪装成合法应用却执行一些隐蔽功能的程序。木马程序无法自我复制，但是会通过诱导用户去运行这些来源不可信的程序，这就涉及社会工程学的问题[15]。

1.2.2　新型复杂计算机病毒

前面讨论的引导扇区病毒、文件病毒和宏病毒只是最早期的病毒。病毒家族还包括多元复合型病毒、隐形病毒和多态病毒等新型复杂病毒，后面将讨论散布恶意软件的工具包。

多元复合型病毒是一种混合型病毒，能感染引导扇区文件和程序文件。引导扇区被感染后，当系统启动时，多元复合型病毒会加载到内存，开始感染其他文件。这样，多元复合型病毒就难以去除。

隐形病毒会使用特定方法隐藏自己从而躲避检测，所以更难被识别和删除。关于隐形病毒，A. Fadia这样描述，"有时，隐形病毒暂时把自己从内存中删除以逃避检测和病毒扫描，有的病毒还可以重定向磁头去读取其他没有病毒的扇区。例如鲸鱼病毒，它可以通过减小文件长度以隐藏受感染文件长度的变化，来躲避扫描检测，如鲸鱼病毒在受感染的文件中添加了9216个字节，它会从目录给出的文件大小中减去相同数目的字节数"[16]。

多态病毒是最难被识别的病毒，因为在每次传播或感染文件时它会发生变化。防病毒软件基于病毒签名，所以几乎不能抵御多态病毒，除非防病毒软件供应商提供新的"补丁"来应对多态病毒[17]。

1.2.3　网络攻击

下面对一些常见的网络攻击进行说明。

1. 鱼叉式网络钓鱼

鱼叉式网络钓鱼攻击比典型的网络钓鱼攻击更具有针对性，因为典型的网络钓鱼攻击会被发送给上千万人，如做成一个银行的假标识，用户在使用时被要求提供一些登录信息或在网站上更改他们的密码；而鱼叉式网络钓鱼攻击针对特定的个体，一般是管理层。很多公司的网站会提供有关公司及其员工的信息，攻击者就可以针对潜在目标员工进行深入研究，从而渗透到公司中。在获取潜在目标的兴趣、爱好等信息后，攻击者会制定攻击策略，获得目标员工的兴趣和信任。例如，如果目标员工是一个狂热的跑车或足球爱好者，那么攻击者就会设计一些可以引起目标员工兴趣的信息，并把这些信息包含在附件中。一旦攻击目标被吸引，他便会打开文件或附件来获取更多他感兴趣的信息。当目标员工打开附件或链接后，恶意软件将被安装在他的计算机上，等待攻击者的命令与控制服务器的指令。攻击者可以立即采取行动，或者等到其他时间，通过目标员工渗透进整个公司。鱼叉式网络钓鱼攻击也可以用来获取政府或军事员工的信息，他们很容易受到这种类型的攻击。

2. 高级持续性威胁攻击

高级持续性威胁（advanced persistent threat，APT）攻击是一种复杂的网络攻击，主要是获取信息，并尽可能保证不被发现，这样攻击者就可以获取目标的大量信息。当然鱼叉式钓鱼攻击也可能达到同样的效果。APT 攻击的目的并不是造成伤害，而是获得信息或修改数据。

3. 零日攻击

当攻击目标是一个软件或硬件的未知漏洞（即零日漏洞）时，零日漏洞便可被利用并成功转化为一次零日攻击。因为这种漏洞不能被识别，所以软件补丁或硬件不能及时提供修复方案。攻击者试图发现潜在的漏洞，若发现，则保持这个程序漏洞的私密性，直到发现最佳攻击时机。总之，寻找可利用的机会就是要找到新的、完全未知的东西，保守这个秘密，直到将来发动攻击或者决定将这个信息出售给其他网络罪犯。

4. Rootkit

Rootkit 是一套以 Root 或管理员级权限访问计算机系统的工具。Rootkit 这个单词已经被等同于恶意软件，也经常用于描述恶意软件。其实，Rootkit 既可以作为合法用途使用，又可以作为恶意用途使用。恶意软件编码的 Rootkit 是为了获得 Root 权限，完全控制计算机的操作系统及其连接的硬件，并隐藏起来，形成一个相当复杂的工具包。打击伊朗纳坦兹铀浓缩设施的 Stuxnet 行动就是利用 Rootkit 进入计算机系统后植入一个非常复杂的计算机蠕虫用于进一步攻击，这也很明显符合 APT 攻击的特点。这时攻击者必须拥有网络入侵的专业知识，能够设计先进的漏洞利用工具。

2011 年爆发的 RSA SecurID 攻击也是一个 APT 攻击，它攻破了 RSA（Rivest-Shamir-Adleman）的双因素认证令牌设备。几家美国国防部的承包公司是这次攻击的受害者，由于无法确定攻击者在系统中的潜伏时间，所以无法确定究竟泄露了多少消息。

Flame 病毒是 2012 年发现的最严重的病毒之一，它利用 C&C（命令和控制）通道安装在服务器上，并下载约为 20MB 的恶意软件，至少是典型计算机病毒大小的 30 倍。这次 APT 攻击针对伊朗的石油终端，收集情报以便实施网络破坏计划，旨在牵制和阻止伊朗发展核武器[18]。

包含恶意代码软件程序的攻击工具包是一种新兴的攻击方式，专门为新手或有经验的网络罪犯发动网络计算机攻击而设计。攻击工具包的案例是使用名为 ZeuS 的工具包进行攻击，网络罪犯可以成功盗取小企业的银行账户。2010 年，一个网络罪犯团体使用 ZeuS 工具包在 18 个月内从网上银行和交易账户获利 7000 万美元。这些攻击工具经常以订阅模式销售，会定期更新漏洞利用功能以及攻击工具包支持服务。自 2006 年起，随着这种攻击工具需求量的增加，一些工具包的售价不断降低。2010 年，ZeuS 2.0 售价为 8000 美元。Symantec 公司的安全技术团队发现了 31 万个恶意域名，这些域名中包含了 440 万个恶意网页，其中 61% 都与此工具包有关。

最常见的攻击工具主要包括 MPack、Neosploit、ZeuS、Nukesploit、P4ck、Phoenix。这些攻击工具很容易更新，且能够在安全厂商还没来得及打补丁之前，就使得攻击者提前确定可能的攻击目标[19]。

移动恶意软件是现在解决起来最棘手的问题之一。尤其在 2012 年以后，智能手机数量爆发式增长。越来越多的人开始使用手机或平板电脑，给企业带来了一个大问题，即自带办公设备（bring your own device，BYOD）几乎已经威胁到企业首席信息官（chief information officer，CIO）所维护信息和数据系统的安全。这些设备可以将恶意软件直接带入内部信息系统，从而轻易进入企业和政府环境。而一般智能设备都拥有蓝牙功能和近场通信（near field communication，NFC）功能，可以将数据自动加载到设备上，这样就会造成数据泄露。Zitmo 就是一种可以将包含机密信息的短信从一个设备发送给其他电话号码的木马。

网络罪犯将通过以下方式使用 Zitmo：网络罪犯发送一个看起来像正式请求的文本消息给目标受害者，要求他更新安全证书或其他软件；目标受害者接收的链接实际上会将 Zitmo 木马安装到智能手机上，如果受害者执行这个附加链接，那么木马会将消息返回给网络罪犯；网络罪犯能够访问受害者的银行记录，还可进行交易，将受害者账户中的资金转移到自己的账户。

DroidKungFu 是一款恶意软件，包含了 Rootkit 工具，帮助网络罪犯完全控制目标受害者的智能手机或移动设备，尤其是针对使用 Android 操作系统的设备。Rootkit 可以将木马和恶意软件隐藏起来，使其很难被检测出来。手机病毒也可以实现计算机病毒的任何恶意功能，它可以向目标受害者发送可执行文件来感染智能手机或移动设备。

Symbian 系统、苹果手机的 iOS 系统以及 Android 系统都是网络罪犯发送病毒的目标。CABIR 是第一个手机病毒，之后的 Common Warrior 是一个攻击性更强的病毒，还有许多病毒正准备趁机从众多的企业信息和数据系统移动用户获取利益。

软件供应商 2013 年才开始准备智能手机市场的杀毒软件，智能手机用户也常忽略安装杀毒软件的必要性。因此，需要关注并解决这个问题，以确保连接到信息和数据系统的移动设备的安全性。移动设备安全策略主要包括：

（1）设备必须具有最新的安全补丁；

（2）设备必须设置开机密码；

（3）双因素身份验证；

（4）具有容器化能力；

（5）可列举未经授权的应用程序列表，如"越狱"、"Rooting"以及其他未确定的应用程序；

（6）保证无线接入点和网络的安全性；

（7）每年审查 BYOD 安全策略，为员工提供策略的复印件；

（8）开展网络研讨会，将最近的攻击信息、计算机和信息系统使用的安全策略普及给员工；

（9）准备一个适当的恢复计划。

如何掌握信息系统环境中 BYOD 的数量，对于 CIO、网络管理人员和首席信息安全官（chief security officer，CSO）来说是一个挑战。因为他们不知道什么设备连接到了内部网络，更不知道这些 BYOD 运行了什么类型的应用程序。此外，许多智能手机和平板电脑都安装了可以自动搜索、收发数据的应用，这些应用甚至在用户没有操作的情况下就会发送或接收数据。

1.2.4　僵尸网络

僵尸网络不一定都是恶意的，也有合法的僵尸网络，可以在用户未干预的情况下执行任务。然而，僵尸网络恶名远扬，因为网络罪犯越来越多地开始利用这个技术实施攻击，已经成为互联网的重要威胁。僵尸网络是一种由被攻破的计算机组成的网络，可以被网络罪犯或攻击者远程控制，达到恶意攻击的目的。恶意攻击的目的可能包括发起 DDoS 攻击、垃圾邮件攻击、点击欺诈攻击或对外租售攻击服务。僵尸网络是一个被中央实体控制的计算机网络，中央实体控制其他计算机，并和每个计算机进行通信。网络中的计算机在被感染后受僵尸主控机控制。一个被称为僵尸代理的恶意程序，使受感染的计算机可以被僵尸主控机远程控制。僵尸代理可以是一个独立的恶意软件组件，如一个可执行文件、动态链接库文件或者添加了恶意代码的代码。它的主要功能是将被感染的计算机连入僵尸网络，它从僵尸主控机接收、解释指令，并将数据发送回僵尸主控机或根据僵尸主控机的指令执行攻击。感染了僵尸代理的计算机通常称为僵尸肉机。C&C 通道是僵尸主控机控制僵尸肉机的关键在线资源，没有 C&C 通道，僵尸主控机不能引导僵尸肉机的恶意活动。僵尸网络的强度取决于僵尸主控机控制的僵尸肉机的数量。如果所有人都能意识到确保计算机安全的重要性，那么僵尸主控机就无法俘获更多的计算机进而将它们添加到僵尸网络中[20]。

DDoS 攻击就是恶意利用僵尸网络的实例。受控计算机都被指定在一个特定的时间攻击一个预定的受害者、公司或者政府实体。这种同时的大规模攻击，会给目标网站的服务器制造一个缓冲区溢出问题，导致网站和服务器崩溃。这种攻击也可以用来对指定邮箱发送大量的垃圾邮件。

点击欺诈是僵尸主控机将僵尸肉机引流到特定网站的另一个例子，目的是获得广告商支付给用户点击广告的费用。在线广告商会为每次广告点击付费，网络罪犯就抓住了这样一个赚钱的机会。攻击者首先搭建一个只包含广告的网站，然后与像谷歌或雅虎这样的广告服务商签署合作协议。一旦部署完成，僵尸主控机命令其控制下的僵尸网络点击网站上的广告，这一动作将触发在线广告费用支付。这样攻击者就可以从广告服务商处分一杯羹[21]。

另外一种情况是一个合法软件下载网站主动连接到僵尸主控机，请求僵尸主控机命令僵尸肉机下载该网站上的软件产品，软件公司会向网站所有者支付每次软件下载安装费用。如果僵尸主控机控制着成千上万台计算机，那么这会给网站所有者带来极大的利润。这时，网站所有者和僵尸主控机都从软件公司赚钱。此外，僵尸主控机还可以作为攻击代理商或者攻击服务提供商，对外提供攻击服务。作为攻击代理商，僵尸主控机可以根据某特定个体的请求，直接命令僵尸肉机使用恶意软件攻击目标实体。这些个体的目的往往是实施报复，或者确保达成某个地下协议，这便是"计算机打击"，它是一种有组织的犯罪，可以称为计算机界的"职业杀手"[22]。作为攻击服务提供商，僵尸主控机可以将服务租给对其感兴趣的客户。提供攻击服务的僵尸网络站点既存在于互联网中，也存在于"暗网"（deep web）和"丝路"（silk road）中①。

僵尸网络的使用并不限于个人攻击者，组织或国家也可以使用僵尸网络实施DDoS 攻击或将其应用于网络战中，还包括网络间谍和针对国家关键基础设施的网络攻击。

1.2.5　暗网

前面讨论了截至 1997 年计算机行业的发展和互联网的出现，而早在 1969 年，美国政府就开始在相关领域进行投资，并开展了大量研究。1996 年，美国政府开始资助海军进行实验室的研究；2003 年，"洋葱路由器"（the onion router，TOR）网络发布，之所以这么命名，是因为它是一层一层加密的，这促使了暗网的出现。暗网的目标是允许执法者、军事和政府组织以私人的方式来管理业务，或者用于情报和秘密行动。讽刺的是，2006 年，暗网被网络罪犯和企图达到非法目的的人恶意利用，进行毒品销售、散布色情制品等非法活动。因为暗网使用多层加密，所以可以用来组织非法活动和政府秘密行动，而且暗网的用户也不会被发现。值得注意的是，TOR 可以访问 6500 个以上隐藏网站，这样每天就会有 80 万的TOR 用户，一年的下载次数可以达到 3000 万到 5000 万次[23]。

科学的巨大进步以及互联网技术的持续积累，使全世界都可分享互联网带来的红利。然而，互联网也有黑暗面，可用于进行包括色情制品传播、非法毒品买卖、网络勒索等非法活动。而且，人们的隐私在不断受到侵犯。最糟糕的情况

---

① "丝路"是一个利用 TOR 的隐秘服务来运作的黑市购物网站，TOR 的服务保证了网站用户的匿名性。"丝路"是已知全球最大的黑市交易网络，网站模仿亚马逊和 eBay 模式，设有买卖双方互评机制、用户论坛和纠纷解决机制。除了非法毒品，"丝路"还售卖假护照、假驾照等证件，以及提供非法服务，如雇凶、造假和黑客等。

是，互联网被用来发布和售卖网络攻击武器，这可能催生新的大规模恐怖主义网络攻击。

1.3 漏洞与风险管理

病毒和攻击持续增长，需要我们更深入地了解安全漏洞和威胁场景。风险管理通过主动建立风险评估机制来指导部署完善的安全措施，从而对金融资产、数据库、知识产权等信息资源进行保护。因此，不论是为资产设置短期保护策略还是长期保护策略，都应该咨询法律和保险公司的专业人士。

1. 移动智能设备

移动设备数量急剧增长，导致安全漏洞数量激增。这些设备数量庞大，通常缺乏有效的安全措施，加上越来越多病毒针对移动设备进行设计，移动终端安全现状堪忧。随着恶意软件的不断发展以及僵尸网络的应用，移动设备成为最具吸引力的攻击目标之一。同时，越来越多的公司和政府机构允许个人携带移动设备进入办公内网，使得移动设备的安全形势更加严峻。

很多移动设备的 NFC 功能对于信用卡和销售终端（point of sale，POS）机来说是不安全的。嵌入 NFC 芯片的信用卡处于一种"一直开启"的状态，这就意味着如果信用卡处于某个运行的 NFC 读卡器有效区域（如处在 POS 机可读范围内），那么信用卡就会自动将卡号传输给 NFC 读卡器。很多智能手机中用于激活设备 NFC 芯片的软件或应用就是模拟了 POS 机中 NFC 读卡器的行为。攻击者通过近身触碰一个不设防的用户，通过扫描其信用卡即可达到收集账号的目的[24]。

2. Web 应用

Web 应用的漏洞有跨站脚本（cross site scripting，XSS）攻击、SQL 注入攻击、传输层保护薄弱、安全配置出错、身份认证和会话管理失效、信息泄露、异常处理不当、密钥存储不安全等。为确定 Web 应用安全现状，惠普公司对大量安全评估报告进行了审查，其结论是很多公司和个人认为攻击者对他们的网站不感兴趣。但以惠普安全团队的经验来看，这显然是不正确的。惠普安全团队表示，安全知识和安全方案的缺失只会加剧恶意软件的扩散[25]。值得注意的是，针对网站的安全威胁日益增多，攻击者使用多种攻击技术来破坏网站服务以获取数据或牟取不当利益，攻击数量不断增加，攻击复杂程度也与日俱增。

3. 社交媒体

企业、非政府组织、政府机关、军队和高等院校都有人活跃在各种社交媒体上，不经意间就会由于个人失误而给组织带来麻烦，而且在社交网络中迅速传播。有时问题的出现非无意识的过失，也可能是蓄意已久，目的是使组织陷入困境，或制造一系列麻烦使组织的经济或信誉受损。使用社交媒体的风险范围可以通过风险评估策略分析获得。通常情况下，有人会负责风险管理计划的制订，确定社交媒体风险的范围，评估潜在的风险等级及其对组织的影响。在确定了存在风险范围及其对组织的潜在危害后，就可以对风险进行缓解或管理。

现在各类社交媒体提供的服务简单易用，拥趸众多。截至本书成稿时拥有用户订阅数量最多的社交媒体有 Facebook、Twitter、YouTube、Vimeo、Flickr、Picasa、Foursquare、Chatter、Epinions 和 LinkedIn。这些社交媒体本身不是问题，而是使用者制造了麻烦。组织的潜在风险包括订阅者无心之过或蓄意破坏，从而造成名誉损害、机密信息泄露、知识产权受损、个人信息泄露、身份盗窃、身份劫持、恶意软件攻击、员工生产力下降和造谣诽谤。Altimeter 集团提出了一个非常重要的风险管理流程，包括风险识别、风险评估、风险管理和风险监测，用来解决社交媒体所带来的风险。该流程详述了如何创建决策框架对社交媒体风险进行分析：建立使用社交媒体的安全策略，对策略的更新或修改进行监控[26]。

4. 云计算

可以用"回到未来"形容云计算的发展历程。观察家认为云计算是将软件和数据存储在云端并进行在线访问，这是互联网或其他网络服务的一种表现形式。Krutz 和 Vines 认为云计算仅代表了当代的"分时"计算模型，该模型是 20 世纪 60 年代提出的，当时低成本计算平台尚未面世。之后"分时"模型被"客户端/服务器"模型所取代，并最终发展出个人计算机。"客户端/服务器"模型将大量的计算能力置于客户端，消除了大型服务器的"分时"计算模型。云计算具有"分时"计算模型的许多计量要素，但也有一些新的特征使其可以作为未来计算的模型。

美国国家标准与技术研究院（National Institute of Standards and Technology，NIST）的 P. Mell 和 T. Grance 将云计算定义为"一种能够提供便捷服务的模式，可以对计算资源共享池（如网络、服务器、存储、应用软件、服务）实行按需访问，与服务运营商交互极少，资源可快速释放和使用，具有可配置、可靠服务、管理方便的特点"[27]。

R. Krutz 和 R. Vines 认为云模型具有六个基本特征、三类服务模型和四种部署模型。基本特征包括：①按需自助服务；②泛在网络访问；③资源池；④地理位置无关；⑤按量收费；⑥快速弹性部署。服务模型描述包括：①软件即服务（software as a service，SaaS），即软件供应商通过网络提供应用服务；②平台即服务（platform as a service，PaaS），即用户在云平台上定制个性化应用；③基础设施即服务（infrastructure as a service，IaaS），用户可以租用处理器、存储、网络和其他基础计算资源。部署模型包括：①私有云（公司自有或通过租赁获得）；②公有云（面向公众提供服务，具有大规模基础设施）；③混合云（有两种及以上组合的云）；④社区云（特定社区共享的云基础设施）[28]。

公有云为公众提供计算服务，通过互联网进行访问，可为成千上万的用户所共享。公有云的例子有亚马逊的 Web 云平台（Amazon Web Services，AWS）、微软的 Windows 云平台以及 Rackspace 云平台。私有云通常由某个组织建设和托管，一般位于企业防火墙之后，为内部员工提供服务；也可以由第三方托管，但仍由单个组织或个人独享。私有云的成本高于公有云，但是对数据有着更好的控制。大多数情况下，私有云的拥有者或者使用者可通过其配置知悉计算资源的地理位置，而公有云的计算资源可以分布在世界各地，除非在合同中特别注明，否则用户并不了解计算资源的具体情况[29]。

当数据和信息在地理上分散的云平台进行托管而非组织直接管控时，数据和知识产权的安全问题就引起了高度关注。安全责任由用户承担还是云服务提供者承担，取决于使用的云服务模型。任何情况下，详尽的合同约定都是有必要的：明确安全责任方、提供的安全保护等级以及面临安全威胁时云服务提供商的应对措施；而且需要明确云服务提供商是否满足机密性、完整性、可用性以及安全治理、风险管理和合规性标准。

尽管云计算为用户提供了便利，但其计算规模、服务架构和分散的地理位置也带来了计算安全和隐私保护的问题，潜在的漏洞包括：①同一台服务器上各个虚拟机间的数据泄露和未授权访问；②敏感信息处理和保护不当；③未经客户许可将敏感数据泄露给执法机关和政府机构；④不符合法律、法规要求；⑤系统崩溃导致服务长时间不可用；⑥黑客入侵托管在云上的客户应用，获取客户敏感信息并进行传播；⑦云服务提供商制定的安全措施的鲁棒性不足；⑧存在"锁定条款"[30]，用户无法便捷地在不同运营商的云平台上迁移应用。云计算提供许多新机遇，也为整个计算机行业带来了诸多颠覆性的改变。

5. 大数据

大数据不仅表示数据或数据库规模大，还涵盖了对数据进行判断和预测时使用的技术、软硬件和分析能力。大数据的处理过程需要解决很多问题，例如，对结构化和非结构化数据的存储，以及对大量数据的实时处理，因此问题就变成数据如何创建、在哪里创建以及如何存储这些数据。关系数据库不能接收和处理非结构化数据，因此需要新的数据库格式。大量结构化和非结构化数据检索所需计算资源已经超出了单台大型机的处理能力，而 Hadoop 集群可以满足海量数据的处理需求。它是一种统一的存储和处理环境，能够对海量繁杂的数据进行处理。

　　结构化数据和非结构化数据的区别在于：结构化数据包含在电子表格或关系型数据库中，且遵循结构化查询语言（SQL）国际标准。通过参照通用的国际标准来定义数据存储机制，便可实现一套公认的存储、处理和访问数据的过程。而非结构化数据通常被认为是数码照片、视频、图像、音频以及社交媒体上其他形式的数据，无法参考通用的标准进行存储和访问。由于这些数据无法使用现有的关系型数据库，所以需要新的数据格式。这也恰恰说明了 Hadoop 技术对当前大数据处理的重要性。

　　D. Laney 从三个维度来对大数据进行衡量，包括数据量、处理速度、数据种类，通过每个维度上的应用实例来说明计算机领域正在发生的巨变。

　　1）数据量

　　许多因素会导致数据量增加。模拟环境到数字环境的转变产生了海量非结构化数据，其主要来源是社交媒体以及机器间交互产生的传感器数据。C. Forsyth 在其书中提到："一个典型客机，每次航班的单个引擎每三十分钟会产生 10TB 信息。双引擎波音 737 客机在纽约到洛杉矶六小时航程中产生的数据总量可达 240TB。美国每天商业航班总数约为 3000 架次，每天产生的传感器数据量就可达到皮字节（PB）级别。如果是几个星期、几个月或几年，那么这个数字将非常大"[31]。

　　由社交媒体、移动电话以及交通运输业、汽车制造业、生产车间和公共设施所使用的智能传感器节点所产生的电子数据广泛存在。2014 年，全球有超过 5000 万的网络传感器节点，并有超过全球 60%的人口在使用手机与各种社交媒体进行交互，产生了海量非结构化数据。麦肯锡全球研究院 2012 年的一份报告指出，大数据总量在不断增长，每月在 Facebook 分享的内容就超过 30 亿条。全世界数十亿人每天通过社交网站、智能手机和其他智能终端设备在为大数据总量的持续增长贡献力量[32]。

　　换个角度，可以通过社交网站的博客、定位设备、商品条形码、X 射线、电话、视频、短信、广告等多种途径了解非结构化数据的产生、获取和存储过程[33]。

　　2）处理速度

　　机器间的交互数据以前所未有的速度在数百万个传感器间进行高速传输，这些传感器分布在各种消费电子产品、家用电器、汽车以及智能电网等公共设施中。另一个海量数据高速传输的例子是在股票市场和金融机构中，市场瞬息万变，高频次的股票交易必须在微秒内完成。Symantec 在其报告中指出，"一家大型信用卡公司利用 Hadoop 技术，将 730 亿笔交易、360TB 交易数据的处理时间从传统的一个月压缩到 13 分钟，从而获得了竞争优势"[34]。

　　3）数据种类

　　结构化和非结构化数据来自多个数据源，不仅包括数字、日期或字符等结构化信息，还有地理位置、视频图像等非结构化信息，这些数据需要存储、处理并进行整合，最终分析其最佳用途。不过随着技术的发展，在过去可能需要几小时或几天才能处理的数据库操作，现在几分钟甚至几秒钟内就可完成。

大数据是用来描述对海量数据进行高速捕获、处理和分析并提取有效信息的专业术语，并非只是部署新的应用程序或使用新的技术（如 Hadoop）。实际上，大数据是一个崭新的信息技术领域。随着时间的推移，这个领域将持续得到发展，同时也需要大量掌握全新系统设计及数据处理技术的专业人员[35]。

总之，大数据在计算机行业变革过程有着举足轻重的地位。全世界几乎所有的组织都在经历着这些变化，也将影响数十亿人的日常生活。

加利福尼亚大学伯克利分校的西蒙斯计算机理论研究所基于大数据理论基础进行分析后指出，大数据技术中机遇与风险并存。积极的影响是，海量数据可以放大算法的推理能力。这些算法已在中等规模数据集上验证通过，面临的挑战是需要进一步拓展推断及学习算法以应对大规模（甚至任意规模）的数据。消极的影响是，大数据也可能放大错误，这也是任何推理算法无法避免的。面临的挑战是海量数据集的异质性，以及非受控数据样本采集过程等条件下的错误控制。另外，大数据处理问题往往具有时间限制，快速得到的中等质量结果会比缓慢得到的高质量结果更有用。总体来说，大数据处理会遇到计算理论的传统资源限制（如时间、空间和能耗等），需要针对不同的数据资源进行权衡[36]。

大数据时代的另一个问题是，海量数据带来了大量的安全问题，需要重点关注并深入研究。在大数据环境中，网络攻击者是否能够轻易地设计并安装恶意软件，这是现有的计算机安全措施需要经受的全新考验。另外，隐私保护问题同样值得关注。那么，大数据将如何影响个人隐私，人们又将采用何种方法来权衡大数据带来的利弊呢？

1.4　网络安全的新兴领域

计算机诞生时并没有为它编写安全程序。科学家、工程师、物理学家和数学家推动了计算机的发展，当时他们需要找到新的方法来提高人们对科学研究和科学团队的信任，提升社会价值，并创造更多的科学成果。他们从未想到有一天人们会滥用他们的成果，甚至是为了一些不道德、不合法的目的。正因为从未预料到这些问题，所以计算机安全并没有出现在早期的计算机技术中。但是到了 20世纪 80 年代后期，很明显一些计算机需要具备安全能力。有趣的是，当安全变得非常必要且大部分设备的默认工作模式都集成了安全功能时，硬件方面也在悄悄发生改变。硬件并不是唯一的安全缺陷，软件也存在安全问题。最终，加密技术应运而生，用于保护数据库中的用户数据。

病毒、蠕虫和恶意软件的出现造就了安全行业。安全人员利用软件解决方案来保护计算机用户。随着病毒和恶意软件制造者所设计的产品愈加复杂，安全人员一直处于被动地位，并且试图追赶恶意软件设计者。不幸的是，设计病毒的成本很低廉，而防护工具的成本却很昂贵。

除了致力于研发防护工具，一些大公司也在组建计算机取证调查组。计算机欺诈、滥用和知识产权盗取已足以摧毁整个公司，因此保护信息资产就是在保护国家利益。

自 1984 年以来，美国政府一直鼓励行业和公司来解决资产、数据和知识产权的安全问题。公司高管视信息系统为成本中心，他们更感兴趣的是利润中心而不是成本中心；他们更重视公司每季度的盈亏状况，因此并没有响应政府的建议和号召。另一个原因是响应美国《信息自由法》的过程漫长，会增加成本。

9·11 事件之后，俄罗斯等国的实体企业因为知识产权所产生的巨大损失警醒了美国企业，许多美国公司开始重视数据安全问题，实施了很多措施来保护信息资产和知识产权。美国前总统克林顿、小布什和奥巴马都相继呼吁企业要提高计算机和信息安全，目前相关措施已经产生了一定的效果，下面举两个例子。

1. 关键基础设施网络安全框架

2014 年 2 月 12 日，NIST 发表了一份旨在指导国家改善关键基础设施的报告。该报告已作为时任总统奥巴马 13636 号行政命令进行发布，内容主要是关于如何提高美国关键基础设施的网络安全。国家及其经济安全取决于关键基础设施的可靠运行，网络攻击利用了关键基础设施不断增强的复杂性和连通性，将使美国的国土安全、经济安全、公众安全和健康面临巨大风险。这项行政命令建立了新的网络安全框架。无论网络安全风险的大小和程度，都可以基于该框架的核心元素来保障关键基础设施安全。核心元素包括识别、保护、检测、响应和恢复五个功能。

根据这五个功能的重要级别，它们被用来组织实施基础设施网络的安全活动。这个框架既为风险管理提供了建议和指导，也为解决和管理网络安全威胁提供了评估策略[37]。该框架对于提高关键基础设施网络安全能够起到至关重要的作用，应该成为所有相关行业和公司的主要网络安全标准。

2. 风险和威胁评估

美国国土安全部（Department of Homeland Security，DHS）已通过了英特尔公司设计的威胁代理风险评估方法：首先对关注的领域建立优先级，然后对最危险的漏洞进行判断，最后进行信息安全风险管理。为此，英特尔公司制定了一个标准，用威胁代理库来确定最有可能的攻击向量。这个威胁代理风险评估用来衡量当前的威胁风险，并对超出可接受基线的威胁进行量化；分析攻击者的攻击目标，预测攻击者所使用的攻击方式。该方法不仅能够扫描安全漏洞，还可以预设已知的风险暴露区域，针对最严重的风险暴露区域制定一系列策略组合并进行直接控制[38]。

1.5　总　　结

　　安全专家在提升网络安全时，往往需要付出巨大的努力来深入开展大量研究并将其付诸实施。显然，早期的安全方案，如防火墙、病毒扫描、身份认证、入侵检测、密码学等，并不能完全解决计算机面临的安全问题。回顾历史，计算机技术呈指数型快速增长，人们的生活发生了翻天覆地的变化，社会环境得到较大改善，健康福利显著提升。但同时也需看到，复杂病毒、恶意软件和网络攻击层出不穷。因此，需要继续对网络空间安全进行深入研究，以应对这些全新的挑战。

注释与参考文献

[1] Hicks Jr. *Information Systems in Business: An Introduction*, Second Edition, @ 1990South-Western, a part of Cengage Learning Inc. Reproduced by permission. http://www.cengage.com/permissions, 433.

[2] Ibid., 434-435.

[3] Ibid., 435-436.

[4] Ibid., 437.

[5] Ibid., 438-439.

[6] Ibid., 439-440.

[7] Ibid., 447-448.

[8] Denning, Denning. *Internet Besieged: Countering Cyberspace Scofflaws*, 15-16.

[9] Ibid., 16-17.

[10] Ibid., 18-19.

[11] Loc. Cit.

[12] Cole, Krutz, Conley. *Network Security Bible*, 146.

[13] Spafford, "Computer Viruses", in D. E. Denning and P. J. Denning, *Internet Besieged: Countering Cyberspace Scofflaws*, 74.

[14] Ibid., 76.

[15] Cole, Krutz, Conley. Ibid., 147.

[16] Fadia. *Unofficial Guide to Ethical Hacking*, 434.

[17] Loc. Cit.

[18] Piper. "Definitive Guide to Next Generation Threat Protection: Winning the War Against the

New Breed of Cyber-Attacks", 20.

[19] "Symantec's Cyber-Attack Tool Kits Dominate Threat Landscape", 1-3.

[20] Elisan. *Malware, Rootkits and Botnets: A Beginner's Guide*, 56-59.

[21] Ibid., 66.

[22] Ibid., 68.

[23] Grossman, Newton-Small. "The Deep Web", in *Time: The Secret Web, Where Drugs, Porn and Murder Hide Online*, 28-31.

[24] Hewlett Packard. "White Paper: HP 2012 Cyber Risk Report", 19-20.

[25] Ibid., 2-6, 22.

[26] Webber, Li, Szymanski. "Guarding the Social Gates: The Imperative for Social Media Risk Management", 4-7, 12-14.

[27] Krutz, Vines. *Cloud Security: A Comprehensive Guide to Secure Cloud Computing*, 2.

[28] Loc. Cit.

[29] Grimes. "Staying Secure in the Cloud", in *Cloud Security: A New Model for the Cloud Era*, 2.

[30] Krutz, Vines. Op. Cit., xxiii-xxiv.

[31] Forsyth, Chitor. "For Big Data Analytics There's No Such Thing as Too Big: The Compelling Economics and Technology of Big Data Computing", 19.

[32] Manyika, Chui, Brown, et al. "Big Data: The Next Frontier for Innovation, Competition and Productivity", 1-2.

[33] Forsyth, Chitor. Op. Cit., 5.

[34] Symantec. "Better Backup for Big Data", 1.

[35] Borovick, Villars. "The Critical Role of the Network in Big Data Applications", 1-2.

[36] Simons Institute for the Theory of Computing. "Theoretical Foundations of Big Data Analysis", 1.

[37] National Institute of Standards and Technology. *Framework for Improving Critical Infrastructure Cybersecurity*, 7-9.

[38] Rosenquist. "Prioritizing Information Security Risks with Threat Agent Risk Assessment", 1-5.

参 考 书 目

Borovick L., and Villars R. "The Critical Role of the Network in Big Data Applications". White Paper IDC Analyze the Future. Massachusetts: International Data Corporation, February 2012.

Cole E., Krutz R., and Conley J. W. Network Security Bible. Indiana: Wiley Publishing, Inc., 2005.

Denning, D. E., and Denning, P. J. Internet Besieged: Countering Cyberspace Scofflaws. New York: Addison-Wesley, ACM Press, 1998.

Elisan C. C. Malware, Rootkits and Botnets: A Beginners Guide. New York: McGraw Hill, 2013.

Fadia A. Unofficial Guide to Ethical Hacking. MacMillan India, Ltd. : Premier Press, 2001.

Forsyth C., and Chitor R. "For Big Data Analytics There's No Such Thing as Too Big: The Compelling Economics and Technology of Big Data Computing". White Paper. San Jose, CA: Forsyth Communications, March 2012.

Grimes R. "Staying Secure in the Cloud". In Cloud Security: A New Model for the Cloud Era. San Francisco: InfoWorld Deep Dive Series, 2013.

Grossman L., and Newton-Small J. "The Deep Web". In Time: The Secret Web, Where Drugs, Porn and Murder Hide Online, November 11, 2013.

Hewlett P. "White Paper: HP 2012 Cyber Risk Report". Contributors: Haddix J, Hein B, Hill P, et al., Informationweek. com; UBMTech: San Francisco, 2013.

Hicks J. O. Jr. Information Systems in Business: An Introduction, Second Edition. South-Western, a part of Cengage Learning Inc., Farmington Hills, MI, 1990. Reproduced by permission. Available at http://www.cengage.com/permissions.

Krutz R. L., and Vines R. D. Cloud Security: A Comprehensive Guide to Secure Cloud Computing. Indiana: Wiley Publishing Company, 2010.

Manyika J., Chui M., and Brown B., et al. "Big Data: The New Frontier for Innovation, Competition and Productivity". New York: McKinsey Global Institute, May 2011.

National Institute of Standards and Technology. "Framework for Improving Critical Infrastructure Cybersecurity, Version 1. 0". Washington, DC: US Government Printing Office, February 12, 2014.

Piper S. "Definitive Guide to Next Generation Threat Protection: Winning the War Against the New Breed of Cyber-Attacks". Maryland: Cyberedge Group, LLC, 2013.

Rosenquist M. "Prioritizing Information Security Risks with Threat Agent Risk Assessment". IT@Intel, White Paper. Santa Clara, CA: Intel Corporation, December 2009.

Security Technology and Response Organization. "Symantec's Cyber-Attack ToolKits Dominate Threat Landscape". California: Symantec Corporation, 2011.

Simons Institute for the Theory of Computing. "Theoretical Foundations of Big Data Analysis". Berkeley, CA: University of California-Berkeley, December 2013.

Spafford E. H. "Computer Viruses", in Denning D. E., Denning P. J. eds. Internet Besieged: Countering Cyberspace Scofflaws. New York: Addison-Wesley, ACM Press, 1998.

Symantec. "Better Backup for Big Data". California: Symantec World Headquarters, 2012.

Webber A., Li C., and Szymanski J. "Guarding the Social Gates: The Imperative for Social Media Risk Management". California: Altimeter Group, 2012.

第 2 章 关键基础设施安全概述

2.1 引 言

美国的 16 类关键基础设施是支撑其成为世界强国的基石。但是，美国不应该只是通过关键基础设施提升国力和财力，同时也必须意识到一些漏洞会使关键基础设施成为攻击目标。虽然并不是所有的基础设施都容易遭受网络攻击，但是关键基础设施承载了最为关键的资产和资源，因此最容易成为攻击目标。数字电子领域取得的非凡进展确实为科学的发展提供了契机，这些技术允许军民两用，可能会导致一些不良后果。好的方面是，这些技术能够提高生产效率，推动科学创新，提高生活质量；坏的方面是，它们可能被武器化，用来攻击个体、基础设施，甚至国家。

美国强大的军事实力使其具有抵抗其他国家和军事力量军事打击的能力。普遍认为美国容易遭受不对称攻击，但是这些攻击不是针对军事设施，而是针对关键基础设施。即使到了现代，美国所有的关键基础设施仍然面临不对称攻击的威胁。与此同时，随着数字电子技术的发展，美国还要注意网络武器攻击。网络武器可以成为国家军事力量和军事资产的一部分，也可能被个人或者组织利用。令人不安的是，利用网络武器，个人或组织能够对其他个体或国家发起超乎想象的强大攻击，而且这种网络攻击也可能来自其他国家，这使得制定相应的防御和反击策略变得异常困难。

1. 总统关键基础设施保护委员会（克林顿第 13010 号总统行政命令，Executive Order，EO 13010）

1996 年，美国第一次注意到关键基础设施漏洞将会成为恐怖分子攻击的目标。同年，克林顿颁布第 13010 号总统行政命令，并成立总统关键基础设施保护委员会。该行政命令中提到"国家的一些基础设施极其重要，如果它们不能正常工作或遭到毁坏将会降低国家防御能力或危害国家经济安全"，并规定了最关键基础设施，包括电信系统、电力系统、天然气及石油的储备和运输系统、银行和金融系统、交通运输系统、供水系统、应急服务系统（包括医疗服务、警务服务和消防服务）和政府连续性[1]。

2. 第 63 号总统令

第 13010 号总统行政命令颁布后，为了响应总统关键基础设施保护委员会的报告，1998 年 5 月 22 日，克林顿总统签署了第 63 号总统令（Presidential Decision Directive-63，PDD-63），声明将在五年内建立一支国家级力量，以保护关键基础设施免受蓄意破坏。最重要的是，PDD-63 是关键基础设施保护的第一份政策声明，不仅包含了物理系统，还包含了经济发展和政府基本运作不可或缺的网络系统[2]。

3. 美国国土安全部（EO 13228，13231）

PDD-63 主要是确定并增强美国关键基础设施。2001 年，美国遭受了 9·11 恐怖袭击。在这次恐怖袭击之后，于 2001 年 10 月 8 日，布什总统签署了一个与关键基础设施保护相关的新行政命令，即第 13228 号总统行政命令（EO 13228）。据此美国成立国土安全部，并为这个机构赋予很多职责，以保护关键基础设施，包括：①发电设施、输电设施、配电服务等电力基础设施；②公共设施；③电信设施；④核材料生产、使用、存储或处理设施；⑤公共和私有信息系统；⑥服务于国家重大活动的设施；⑦铁路、高速、港口和水上航道等交通运输设施；⑧机场和民用飞机；⑨畜牧业、农业以及水资源和食品供给系统。

这是自 1998 年第 63 号总统令以来，第一次将核设施、国家重大活动设施以及农业列为保护对象。2001 年 10 月 16 日，布什总统又签署了第 13231 号总统行政命令（EO 13231），成立总统关键基础设施保护委员会，其职责主要是保护美国的信息基础设施。最重要的是，这个行政命令特别强调了信息系统对电信、能源、金融服务、制造业、水资源、交通运输、医疗卫生、应急服务等关键基础设施的重要性[3]。

4. 《美国爱国者法案》（美国公共法 107-56）

EO 13010、PDD-63 及 EO 13231 取得了良好的效果，是重要的关键基础设施保护政策。除此之外，美国国会也提出了一些法案以响应 9·11 事件。2001 年制定《美国爱国者法案》，即公共法 107-56，用以遏制并惩罚美国国内以及全球范围内的恐怖主义行动。这部法案加强了执法调查，并将"关键资源"定义为对于经济发展和政府运作所必需的最低限度资源，以此增加了"关键资源"的种类。紧接着，2002 年 7 月《国家安全战略》颁布，该战略对《美国爱国者法案》进行了详细描述，并对关键基础设施进行分类，包括农业、食品、水资源、公共卫生、应急服务、政府、国防、信息和电信、能源、交通运输、银行和金融、化学工业以及邮政和航运等类别。

该战略在 EO 13228 的基础上扩充了关键基础设施类别，考虑到化学工业以及邮政和航运对经济发展的重要影响，就将这两类加入进来。更重要的是，这是第一次对网络基础设施和物理基础设施的连接方式进行讨论，并指出其与物理基础设施的区别。同时，美国国土安全部也表示将优先保护网络基础设施[4]。

5. 国土安全第 7 号总统令

2003 年 12 月 17 日，布什总统签署国土安全第 7 号总统令(Homeland Security Presidential Directive-7，HSPD-7) [5]。该总统令明确了负责进行关键基础设施识别、优先级确定以及关键基础设施保护的执行机构，并要求国土安全部等联邦机构与一些民间实体进行合作。HSPD-7 为联邦机构指定了其负责的关键基础设施，对应关系如表 2.1 所示。

表 2.1　国土安全第 7 号总统令

监管机构	关键基础设施
美国国土安全部	信息技术 电信 化工 交通运输系统，包括公共交通、航空、海运、地面、铁路和管道系统
美国农业部	农业、食品（肉类、家禽和蛋制品）
美国卫生与公共服务部	公共卫生、卫生保健和食品（除肉类、家禽和蛋制品）
美国环境保护署	饮用水和废水处理系统
美国能源部	能源，包括石油、天然气和电能的生产、提炼、存储和分配（除商业核能发电装置）
美国财政部	银行和金融
美国内政部	国家纪念馆和地标性建筑
美国国防部	国防工业基础

6. 第 21 号总统政策指令

2013 年 2 月 12 日，奥巴马总统签署了第21号总统政策指令(Presidential Policy Directive-21，PPD-21)，以巩固国内团结合作，共同保护关键基础设施。美国的关键基础设施种类繁多且比较复杂，PPD-21 涵盖了分布式网络、不同的组织结构以及适用于物理空间和网络空间的操作模型。这些关键基础设施有些属于政府，有些是私营的，还有一些是跨国的。PPD-21 规定，关键基础设施必须是安全的，能够抵抗各种威胁，即使受到危害也能够快速恢复。所以，美国必须为关键基础设施提供预警、保护、缓解、响应和恢复等机制，有计划地降低关键基础设施的脆弱性，消减不良影响，确定并消除风险，增加应急响应和快速恢复能力[6]。

PPD-21 明确指出美国国土安全部部长肩负着促进国内团结合作的重要使命，要尽一切可能协调所有联邦部门来增强美国关键基础设施的安全性和恢复能力。美国国土安全部部长还要能够鉴别物理和网络威胁，把威胁分级归类，并协调相应部门对威胁性攻击可能产生的影响进行详细描述。PPD-21 规定需要建立两个关键基础设施中心，一个中心针对物理基础设施，另外一个针对网络基础设施，二者协同工作，实现关键基础设施态势感知功能，并获取有用信息，共同保护物理层面和网络层面的关键基础设施[7]。

同时，美国另一项重要任务是大力发展国家网络调查联合工作组（National Cyber Investigative Joint Task Force，NCIJTF）。NCIJTF 是一个协调、整合并共享网络威胁调查信息的国家中心机构，由美国联邦调查局（Federal Bureau of Investigation，FBI）管辖。NCIJTF 汇聚了美国国土安全部、情报机构、国防部等相关部门的代表。美国司法部部长和国土安全部部长将通力合作共同完成保护关键基础设施的任务[8]。

PPD-21 规定要尽可能满足研发（research and development，R&D）需求。美国国土安全部负责统筹协调科技政策办公室（Office of Science and Technology Policy，OSTP）、特定领域机构（Sector Specific Agency，SSA）和商务部（Department of Commerce，DoC）等联邦机构的工作，整合联邦或联邦资助的研发活动，以增强关键基础设施的安全性和恢复能力，包括：

（1）积极研发，使美国有能力设计并建造安全且具备恢复能力的关键基础设施，增强网络技术的安全性。

（2）提高建模能力，确定安全威胁对关键基础设施的潜在影响，以及对其他方面的级联影响。

（3）调动积极性，激励对于网络安全方面的投资，鼓励采用能够增强关键基础设施安全性和恢复能力的设计特点。

（4）优先支持美国国土安全部建立的战略导向[9]。

PPD-21（奥巴马签署）虽然废除了 HSPD-7（布什签署）中"关键基础设施识别、优先级排序和保护"，但是又规定除非明确取消或者取代 HSPD-7 发展计划，否则计划仍然有效。PPD-21 确定了 16 类关键基础设施，并指定了相关的联邦特定领域机构或者共同承担职责的联合特定领域机构（Co-SSA）。美国国土安全部部长应该定期审核关键基础设施部门变更需求，审核通过可批准变更；在变更关键基础设施部门或者为部门指定特定领域机构之前，需要咨询总统国土安全和反恐事务助理。关键基础设施部门和特定领域机构的对应关系如表 2.2 所示。

表 2.2　关键基础设施部门和特定领域机构的对应关系表

关键基础设施部门	特定领域机构
化工	SSA，美国国土安全部
化工设施	SSA，美国国土安全部
电信	SSA，美国国土安全部
关键制造业	SSA，美国国土安全部
大坝	SSA，美国国土安全部
国防工业基础	SSA，美国国土安全部
应急服务	SSA，美国国土安全部
能源	SSA，美国能源部
金融服务	SSA，美国财政部
食品和农业	Co-SSA，美国农业部和卫生与公共服务部
政府设施	Co-SSA，美国国土安全部和总务管理局
医疗保健和公共卫生	SSA，美国卫生与公共服务部
信息技术	SSA，美国国土安全部
核反应堆、核材料、核废物	SSA，美国国土安全部
交通运输系统	Co-SSA，美国国土安全部和运输部
水资源和废水处理系统	SSA，美国环境保护署[10]

2.2　关键基础设施的相互依赖性

P. Pederson、D. Dudenhoeffer、S. Hartley 和 M. Permann 通过研究关键基础设施的相互依赖性，得出了一个重要结论，大多数关键基础设施系统可能由于策略、程序或地理位置相邻等原因而互联互通，而这种连通性使关键基础设施之间发生相互作用。Pederson 等在爱达荷国家实验室的研究发现，这种相互作用会造成基础设施关系复杂，基础设施之间含有相互依赖性。所以，为了向关键基础设施提供更全面的保护能力，需要对基础设施的相互依赖性进行深入探索。这项研究主要探讨了基础设施相互依赖的概念，以及针对一项基础设施对另一项基础设施产生的影响建立模型等问题，并根据基础设施之间的相互依赖性，将影响划分为三个级别：一级影响、二级影响和三级影响。例如，通过研究电力基础设施，他们确定了导致加利福尼亚州能源危机的因素，并建立了一个三级影响模型：第一级主要影响的是天然气、石油管道和水，第二级影响热电联产、炼油厂、转运仓库和农业，第三级影响石油生产、公路运输、空运、银行和金融[11]。

如果没有这项重要的研究成果，则只能够单独对某一项关键基础设施研究保护策略而忽略了其他关键基础设施对其造成的影响。更重要的是，关注一级、二级和三级影响，不再是以保护某一项关键基础设施为主，而将会建立一个更加详细全面的安全策略。

2.3　关键基础设施的最优化模型

G. Brown、M. Carlyle、J. Salmeron 和 R. Wood 在美国海军研究生学院运筹学系的研究项目中发现，应用两层和三层优化模型将使得关键基础设施在应对恐怖袭击时变得更加有弹性。他们通过一组协同的恐怖袭击模型来分析关键基础设施漏洞，以此提出减少漏洞的合理建议。这项研究建立了新的决策支持系统中的军事和外交规划模型，对于注重"企业业务连续性"的商业团体同样有用，政府机构也全盘采纳了这个概念并将其应用于政府连续性。使用高精度模型可以用公式抽象表示关键基础设施系统，通过对模型求解获得最终答案。虽然人们更喜欢使用简单聚合模型，但是除非经过了高精度模型的复核，否则所有的答案都值得怀疑，任何由此产生的方案都可能是无效的。试探法虽然有用，但是用来识别漏洞并不可靠[12]。

Brown 等的研究以数学建模为基础，针对以下场景建立了战略石油储备、边境巡逻和电网 3 个模型以分析攻击的 4 个组件：①关键性，即资产的重要程度；②脆弱性，即资产受到监控或攻击时的受影响程度；③可恢复性，即资产遭受损害后恢复的困难程度；④威胁，该资产遭受攻击的可能程度。

该模型基于军队和民用规划人员的对比建立，需要进行决策判断。Brown 等利用巧妙的数学计算得到结果，声称此研究是建立在高精度模型的基础上的。然而，建模和仿真是有很大区别的，此研究确实基于建模，但问题在于所使用的建模方法是否为一种高级建模方法。高级建模方法使用详细、高精度数学模型，能够为决策判断和预测提供信息。然而，仿真的精度通常定义为模拟器所能复制现实的精确程度，这也是 Brown 等研究的不足之处。仿真可以和建模一样被定义为"高"精度或者"低"精度，就仿真来说，它指的是研究接近"真实世界"的程度。这两种精度的区别在于，仿真精度是指一个仿真所代表的真实世界的精确程度，而模型精度是个体模型代表真实世界的某一部分的精确程度。

高精度数学建模作为最佳模型应用于国家关键基础设施的组件选择，能够提升人们的知识水平，为更好地做出重要决策做好准备，从而使关键基础设施更好地发挥作用。

2.4　关键基础设施面临的攻击

如今互联网和社交媒体发展速度惊人，人们正生活在一个互联互通的世界。用现在的"物联网"时代来说，数十亿甚至更多的机器和设备将会用于进行交流互动，还能够无须人工干预自行做出决策。自动驾驶技术被用于车辆交互和自行判断，从而避免发生碰撞事故。

随着更多的设备相互连接，新产品和新服务随之而来。芯片和传感器变得更小但更强大，可以嵌入更多的产品中，能够创造大量的物理连接数字系统。汽车、烤箱、办公室复印机、电网、医学植入物等物联网机器，实现了数据收集和交流互动。到 2020 年，已有 310 亿台设备连接到互联网[13]。

越来越多设备连接到网络空间，将极大地影响美国的关键基础设施。受到直接影响的基础设施包括电网系统、交通运输和通信系统。其他基础设施行业也会受到影响，如食品、水务系统、应急服务、银行和金融服务，但是它们的性能和连续性服务所受的影响远不如前三项基础设施。设备和关键服务的加入使得整个社会变得更加互联，而这种依赖性的增加使得关键基础设施更加容易崩溃。

针对国家、公司和个人的攻击已经升级，犯罪活动更加普遍，这些都威胁到了互联网的安全。虽然国家支持的应对措施在不断增加，但未来的攻击将变得更加复杂化、更具破坏性。目前已经出现了全球性的数字军火贸易，黑客工具和利用未知漏洞的零日攻击等复杂的恶意软件被疯狂交易[14]。

美国银行和金融团体遭受了更加复杂的攻击。2013 年 3 月，网络攻击破坏了富国银行、摩根大通、花旗集团、美国合众银行、匹兹堡金融服务集团、美国运通和美国银行的业务。Symantec 公司估计这次攻击在全球范围内对消费者造成的损失约为 1100 亿美元，其他机构估计的损失也大概在 250 亿美元到 5000 亿美元之间。"网络经济间谍"也对大公司造成了重大破坏，美国网络司令部的基斯亚历山大将军将这些攻击称为"历史上最大的财富转移"，他估计美国公司在信息窃取方面的损失已经超过 2500 亿美元，很多知识产权和长达数十年的研究成果都遭到窃取[15]。

时任美国国防部部长帕内塔曾发出"网络珍珠港"警告，"网络珍珠港"攻击针对关键基础设施，可能会导致广泛的实质性破坏。这种攻击可以远程实施，攻击目标为工业控制系统，通过修改或再编程目标工业控制系统，控制管道、铁轨、水坝和电网，不仅会对关键服务造成破坏，还会损害基础设施系统中重要、昂贵的部分。

2011 年，美国国土安全部报告称，针对美国关键基础设施的攻击增加了383%。报告提到，网络武器的数量和能力大幅激增，但是电力、能源、交通和通信等基础设施越来越依赖于互联网，因此未来的攻击将更具破坏性。不同于核武器，网络攻击工具的使用门槛很低，即使个人经验有限，也能够很快具备攻击网络空间的能力[16]。

2.4.1　美国面临的挑战

9·11事件促使美国建立了国土安全部，20个联邦机构和超过19万名工作人员转移到这个新的联邦部门。在此之前影响范围可与之相比的举措是1947年建立国防部。联邦机构和工作人员被重新分配到美国国土安全部，可能会造成重大的政治和人员问题。除了组织人员数目庞大，不同组织机构之间也存在目标冲突。考虑到这些，美国从国家安全角度重新定义了国土安全的基本前提：保护国家安全是联邦政府的责任，需要国防部、国务院和情报机构集体合作，为保护美国及其海外的利益共同努力。国土安全定义为：通过与私营组织合作，以及联邦机构协调辅助，保护关键基础设施和关键资产。

美国大力发展关键基础设施，使其成为世界上最强大、最富有的国家，但关键基础设施也可能成为其致命弱点。因此，需要根据当前情况制定合适的策略和战术来保护国家安全，根据基础设施资产数量衡量任务的艰巨程度，并制定详细的资产目录。关键基础设施和关键资产的物理防护任务如表2.3所示。

表 2.3　关键基础设施和关键资产的物理防护任务

部门		具体数据
农业和食品		1912000个农场，87000个食品加工厂
水		1800个联邦水库，1600个城市污水设施
公共卫生		5800所注册医院
紧急服务		87000个美国地方政府
国防工业基地		215个行业的250000个公司
通信		20亿英里的电缆
能源	电	2800个发电厂
	石油和天然气	300000个生产场所
交通运输	航空	5000个公共机场
	铁路客运与铁路	120000英里的铁路
	高速公路、卡车和公共汽车	590000座公路桥梁
	管道	200万英里的管道
	海事	300个内陆和沿海港口
	公共交通	500个主要城市公共交通运营商

续表

部门		具体数据
银行业和金融业		26600 个联邦存款保险公司、保险机构
化工、危险材料		66000 个化工厂
邮政和航运		1370 亿个交货地点
关键资产	国家纪念馆和地标性建筑	5800 个历史建筑
	核电站	104 个核电站
	大坝	80000 座水坝
	政府设施	3000 个国有运营设施
	商业资产	460 座摩天大楼[17]

注：1 英里≈1.61 千米。

表 2.3 中的关键基础设施在每个领域都扮演着重要角色，提升了美国的国力和财力。其中大多数领域并不受美国政府控制，而是由私人控制，因此战略部署需要在联邦、各州、地方政府与私人和企业组织之间建立合作机制，这才是最困难的地方。

通过分析发现，由于关键基础设施维护不及时，存在着巨大的安全隐患。美国并没有一个清晰的投资策略来维护关键行业并保持其现代化水平，而这些关键行业却影响着国家之根本。而且，几乎 85%的关键基础设施被私人和企业组织直接控制，他们也没有尽到及时维护这些关键基础设施的职责。因此，当前必须为这些重要资源的及时维护和更新换代提供保护。

根据关键基础设施的相互依赖性，美国最重要的 3 类基础设施为能源系统、交通运输系统、电信系统。它们之间的相互依赖性对其他 13 类关键基础设施也产生了深远影响，有必要充分了解其漏洞和风险。下面对这 3 类关键基础设施进行详细介绍。

2.4.2　能源系统

能源系统是美国最重要的基础设施，对生活的各个方面是必不可少的。经济发展依赖于能源，人民的生活质量与能源体系的有效运作紧密相关，卫生保健系统、个人就业和教育系统也依赖于能源的供给，国家安全与防御系统更是完全依赖于能源基础设施。能源主要由电力系统和石化系统产生，能源基础设施主要围绕电力和石化这两个行业。

电力的生产包括三个主要步骤：发电、输电和配电。电力的生产来自水电站、核电站和化石燃料发电厂。输电和配电系统连接起广阔的电网系统。配电系统负责管理和控制电力，并将其分配到企业、政府机构和个人住宅[18]。电能不能大量存储，发电后只能尽快使用，当电力系统遭受恐怖袭击时，必须采取灵活的应对策略。因此，需要关注电厂、输电线路以及调度中心和变电站这几个主要组成部分，其中任何一部分遭受攻击都会带来巨大的安全问题。因此，应该更新传统观念，不仅核电站和水电站具有脆弱性，输电线路和变电站也具有脆弱性，只是大多数美国人没有意识到这个问题。

美国大多数电力来自消耗化石燃料的燃煤机组，占电力总量的51%，核电站生产的电力占到20%，石油和天然气生产的电力占18%，水电和其他可再生资源生产的电力占11%，这就是美国电能的来源。输电系统包括高压线路、输电塔架、地下电缆、变压器、断路器、继电器等，配电系统包括低压配电线路和电缆、变电站等。对电力系统产生威胁最多的攻击是物理攻击、网络攻击和电磁攻击。物理攻击可以集中攻击任何一个发电站或输电配电组件，任意一个出现问题都可能导致电力供应中断，如果通过协同方式对控制系统实施网络攻击或电磁攻击，就可能导致大面积停电，引发严重的网络故障，甚至使整个电网产生波动。从理论上讲，如果距离攻击点较远的设备发生级联故障，可能会导致电网系统崩溃，造成长时间大面积的停电[19]。

为了使电网系统免受网络攻击，必须追踪网络武器发展趋势，使用新型的安全技术从而更好地保护数据监控与采集（supervisory control and data acquisition，SCADA）系统，如使用防火墙和加密技术、对网络进行入侵检测等。使用基于智能代理的网络监控技术可以更好地应对网络威胁。如果要检测内部网络攻击，如内部员工的报复性攻击等，还需要额外研发相关技术[20]。

美国国家电网由三个独立的电网系统构成：①东部互联系统，覆盖美国东部2/3的地区以及加拿大东部邻近省份；②西部互联系统，覆盖洛基山脉以西的西部各州以及加拿大西部省份；③得克萨斯州互联系统，覆盖得克萨斯州和墨西哥部分地区。在这个非常分散的电网系统中，服务运营商也是独立的，承载了3000多个当地公用机构、15000多个发电机、10000个发电厂，以及分布在广阔地域的输电线路和配电网络，以此来满足生产和分配电力的需求。企业、政府、学校和家庭等社会各个方面都需要电力支持[21]。电能不能大量存储，但在使用时又需要及时供给，这就意味着电网系统必须将三个互联系统的电力合理分配到用电区域。

1992年，美国引入了能源政策法案以解除政府对电力工业的管控，以便将西北和东北地区产生的低成本电力输送到电力成本较高的地区。在这之前电力生产、传输和分配设备都由地方政府和公共机构控制，依据法案就可以将这些设备进行拆分。这次立法还有一个重要决定，即允许工业界人员参与国会议员竞选。在这样一个新的监管自由的环境中，工业界和国会议员的共同利益达成了一致[22]。但是也埋下了权力滥用的隐患，在此后若干年内，条件允许的时候这种可能性便会成为事实，如后来爆发的能源巨头安然公司的丑闻。1996 年 6 月，125 号财务会计标准发布，允许安然公司"在第一年即可设定发电厂未来几年的预期利润"。安然公司每季度购买大量发电厂，并且把这些发电厂未来几年所产生的预期利润写入公司的资产负债表。这样即使发电厂在随后的几年没有利润甚至倒闭，财报上也显示为每季度持续盈利[23]。

直到 2000 年 3 月，经过为期四年的诉讼，美国最高法院执行了输电线路新法规，要求电力生产和销售相互分离，输电线路对所有人开放，以提高国家电网系统远距离运作的价值。电力交易增量巨大，对于像安然公司这样的批发经销商，可以从发电厂购买最低成本的电，再高价销售给经销商。安然公司实际上在扮演套利批发商的角色，在一个完全不受监管的市场，这三个交易过程（批发商购买电，将电卖给经销商，经销商将电卖给普通用户）的耗费在加利福尼亚州超过 300 亿美元，还造成了大面积的停电和限电[24]。

然而，电网系统作为美国最重要的基础设施，事实证明更容易受到内部人员攻击，而非恐怖分子。也就是说，草率地解聘关键资源政府管制的官员，以及利用这个系统来增加利润和奖金的企业高管，给政府带来了 300 亿到 1000 亿美元的损失。没有哪一次恐怖活动能与这次安然公司和政府官员监管失职所造成的损失相比。所以，不仅要保护关键基础设施免受恐怖分子攻击，还要注意那些被信任的、受聘来监管和保护重要资源的内部人士。

美国能源基础设施也依赖于对石油和天然气的管理能力。美国经济依赖于一个具有成本效益的石油生产、精炼、分配和关键产品运输系统。美国原油运输能力基于 160000 多英里的运输管道、存储终端和炼油系统，包括约 160 个炼油厂，生产能力是每天 5000 桶到 500000 桶。虽然美国油井超过 600000 个，但仍需进口石油来满足公民和企业的需求。交通行业所使用的能源有 97% 是由石油类产品提供的。

天然气系统拥有一个庞大的网络，包括超过 275000 个天然气井以及 278000 英里的天然气管道和超过 1119000 英里的天然气配送管线。这个系统主要用于满足市场的天然气需求。与其他基础设施一样，设计这个系统时并未考虑其承受袭击的能力[25]。天然气满足了 25% 以上的住宅和工业能源需求，是美国能源基础设施的关键部分。

总之，电网系统、石油和天然气系统对经济的方方面面至关重要，这些服务即使中断几天都有可能产生巨大的影响。针对这些系统的潜在攻击范围非常广泛，考虑到地域分布和复杂性的相互依赖性，做好攻击防御需要协调系统和系统之间的接口。与此同时，所有行业都完全依赖于计算机网络系统，由于尚未经历复杂的网络攻击，并没有集成完备的计算机安全与入侵分析程序来抵抗此类恐怖袭击。

2.4.3　交通运输系统

各种形式的交通运输系统不仅为公民出行提供了极大便利，对经济而言也是必不可少的组成部分。几乎所有的基础设施都依赖于交通运输系统来交付它们需要的资源或产品。

美国高速公路系统与州及当地路网相互连通，包括超过 400 万英里的高速公路、道路以及超过 45000 英里的州际高速公路和收费公路，还包括 600000 多座桥梁。除了高速公路系统，美国还依赖于铁路网络，货运距离超过 300000 英里，覆盖路线里程超过 10000 英里。运输系统还包括 500 个商业服务机场和 14000 个通用航空机场，这些都为美国关键基础设施系统提供商业服务[26]。

自 9·11 事件以来，美国已投入 250 亿美元用于保护航空系统，但是并没有对其他关键基础设施进行安全投入。例如，S. Flynn 研究指出，在 12000 英里的内陆水道系统中，包括在密西西比河和俄亥俄河等重要河流水道，大型货船交通是一种成本低廉的商业运输形式。一只大船承载的货物总量可以与 58 辆卡车媲美，而成本只是后者的 1/10，运输企业每年可以节省的运输成本超过 78 亿美元。内陆水路州际航行系统包括 257 个水闸，其中 30 个水闸建于 19 世纪，还有 92 个水闸也已经有 60 多年的历史，而这些水闸的计划平均寿命是 50 年。美国在这方面累计的维护费用已超过 6 亿美元，仅仅为了保持系统运行的费用就超过 50 亿美元[27]。

内陆水道系统对危险化学品的运输至关重要，比通过公路系统运输这类制品更为安全。发电厂所需的发电材料，如煤炭和化石燃料，也可以通过水路系统来运输。和公路系统相比，水路系统的运输量更大且成本更低，可以进一步降低居民和商业用户的用电成本。

铁路系统运输货物和乘客，因此需要关注公共安全问题。铁路货运系统运载大量的化学物品，如氯气，可能会发生危险事故，铁路系统有可能成为恐怖分子的目标。火车承载了超过 40% 的城际货运量，大幅减少了高速公路系统的化学物品运输量。美国铁路系统每年有 2000 万人次城际客运量，4500 万名乘客乘坐由当地交通部门运营的火车和地铁。铁路系统的脆弱性与其他系统有所不同，因为在这个量级的客运量中，无法执行类似飞机安检的检查来检测潜在武器，因此美国在安全性上做了折中，通过管理等手段转移了交通高峰期铁路和地铁的客运量，同时尽可能节省乘客上下火车和地铁所用的时间。

美国海运基础设施包括 361 个海港，沿海、内河系统，以及大量的水闸、水坝、运河。美国海运基础设施非常复杂，货船跨越范围很大且通过港口运输的货物量极多，也需要进行保护。

随着现代集装箱航运的出现，港口安全成为美国基础设施特别脆弱的部分。

通常使用非常复杂的装载方式以加快集装箱运输的速度，但在装载和卸载时很少有时间来检查每个集装箱内的货物。事实上，2004 年，美国进口的集装箱数量超过 900 万个，其中有 95%都没有经过安全检查。这些 40 英尺（1 英尺=0.3048 米）长的集装箱有可能成为"21 世纪的特洛伊木马"，它们可能载有大规模杀伤性武器（weapons of mass destruction，WMD）或炸药，一不留神就容易混过港口的检查系统。政府对集装箱安全检查提出倡议，货物在离开其他国家港口去往美国之前需要进行安全检查。但这只是一个理想方案，需要与其他国家密切合作，确保集装箱中的货物没有被替换。这也要求托运人员进行适当的技术调整，防止集装箱被替换。美国港口未来十年在安全保证方面的花费将超过 75 亿美元[28]。显然，交通运输系统对国民经济和国家安全非常重要，美国需要尽全力开发新的保护方法以应对交通系统所面临的安全挑战。

2.4.4　电信系统

多年来，美国电信行业一直提供可靠、健壮、安全的通信，促进了美国经济繁荣，保证了国家安全。美国国防部以及联邦、州和地方司法机构使用电信公司和企业提供的通信服务，商业企业也依靠通信服务与顾客进行交流，美国的经济实力建立在电信行业提供的坚实基础之上。

电信基础设施类似于能源和电力基础设施，其他基础设施需要依赖其提供的快速、安全的通信渠道和通信能力，因此电信基础设施的任何损坏将会对多项基础设施产生级联影响。政府和电信行业必须协同工作，建立弹性且安全的行业机制，以保护广泛分布的电信核心资产。

电信部门通过复杂多样的公共网络基础设施为公众和私人用户提供语音和数据服务，包括公共交换电信网（public switched telecommunications network，PSTN）、互联网和民营企业网络。PSTN 为电话、数据和可租用的点对点服务提供交换线路，由物理基础设施构成，包括 20000 多个交换机、接入线路等组件，连接了近二十亿英里的光纤和同轴电缆[29]。

随着越来越多的数据服务请求，数据网络技术的进步也促成了互联网的全球化发展。PSTN 仍然是这一基础设施的重要支柱，蜂窝、微波和卫星技术提供了系统接入渠道。传统的电路交换网络和基于数据包的宽带互联网协议网络相融合，电信设施经历了重大转变，催生了下一代网络（next generation network，NGN）。随着 NGN 的发展和无线功能的出现，这些不断变化的基础设施必须保证可靠性、健壮性和安全性[30]。

电信基础设施是恐怖组织的攻击目标之一。政府有责任与电信行业合作共同保护电信基础设施，以获得恐怖活动的电子证据。利用这些证据，电信企业可以寻求保护使其免于法律诉讼和追责，政府可以掌握恐怖分子活动的踪迹并加以防范。美国电信行业正遭受网络和物理威胁，政府必须与企业合作建立相应的政策管理机制来缓解安全风险。

2001 年 9 月 11 日，美国世界贸易中心和五角大楼遭受攻击，说明恐怖主义已经严重威胁到美国电信基础设施。电信基础设施自身具有的弹性、多样性和丰富的通信能力降低了攻击带来的损失，但是专门针对电信基础设施的攻击，或同时针对其他基础设施的攻击将会对美国产生深远影响。未来，电信基础设施将是恐怖分子攻击的重点目标之一。

2.4.5　关键基础设施安全研究

基于关键基础设施的认定工作，美国围绕科学、工程和技术制定了九个研究规划，以保护前文提到的 16 类关键基础设施，包括：①探测和传感系统；②保护和防御；③登录和访问入口；④内部威胁；⑤分析和决策支持系统；⑥应急响应、恢复和重建；⑦威胁和漏洞挖掘；⑧高级基础设施架构和系统设计；⑨人类和社会问题[31]。

结合长期安全目标，将优先在 5 个技术和工程领域展开研究：

（1）提高传感器性能。研究炸弹检测技术，开发与电网监控同步的全球实时定位系统，改进传感器阵列，提高爆炸和辐射检测能力，研究供水系统、建筑、供暖通风与空气调节（heating, ventilation and air-conditioning，HVAC）系统的篡改检测技术，提高 SCADA 系统和 HVAC 系统的安全性。

（2）决策支持系统风险建模、仿真和分析技术。规范关键基础设施脆弱性分析和风险分析，进行定量风险评估以量化针对关键基础设施的恐怖主义风险。

（3）提高网络安全能力。研究面向关键信息基础设施系统的攻击自动检测、应急响应和灾后恢复等安全技术，促进安全互联网基础设施的发展。

（4）规避内部威胁。改进物理和网络基础设施的内部威胁检测技术，如异常行为检测技术。

（5）提高关键基础设施安全态势感知能力。对关键基础设施通信能力和计算系统架构进行统一规范[32]。

2.5　网络威胁全景

网络威胁全景主要包括本地威胁、国际威胁和国家安全威胁。

1. 本地威胁

进入计算机时代后，本地威胁开始出现。黑客之间会进行攻击挑战以作消遣，这时大家关注的焦点是能否成功渗透计算机系统并在同行中获得声望。第一代黑客不只限于美国，其他国家也有，逐渐成为国际趋势。后来，黑客希望从攻击中获取利益，慢慢发展成为职业黑客，恶意黑客行为开始在全球范围内出现。

2. 国际威胁

网络空间发生的首次国际攻击采取了组织犯罪形式，通过计算机和各种网站进行敲诈勒索、传播色情内容和贩卖毒品，从而获取巨大经济收益。当时美国并没有相应的法律制度对其进行约束，缺乏合法依据来制止和起诉这种恶意行为，因此无法对其定罪。

为了获取知识产权和商业秘密，工业间谍悄然出现。他们通过贿赂、敲诈勒索等方式攫取经济利益，从而在竞争中获得优势。

随着新的软件工具的出现，恐怖分子将目标转移到网络空间，使用这些工具寻求政治变革或者达到某些政治目的。由于美国电信和网络系统深度互联，恐怖分子有能力造成多个政府系统混乱。这在操作上是可行的：恐怖分子能够立即发布攻击成功的信息，以此提高其在全球范围内的曝光度，招募新的成员加入组织，并充分利用网络空间远程训练新的追随者。

3. 国家安全威胁

功能强大的计算机系统、攻击数据库的软件工具、漏洞百出的计算机网络以及欠佳的安全防护系统，都将危及国家安全。从国家情报的视角，所有的国家情报采集程序都被设计用来获取政治和军事信息。然而，一些国家为了获得经济利益，允许情报机构访问相关的信息和数据。这是一种破坏其他国家安全的商业行为，他们获取了知识产权，并与本国商业机构共享所产生的经济利益。

信息战士是国家培训的特殊人员，可以熟练使用计算机系统及软件工具，并能够研发网络武器。培养信息部队是为了提升防御能力，避免敌人在军事上具有战略优势。防御态势和能力取决于最小化损失和最大化网络防御能力，从而可以保持最大的军事决策空间而不受敌方影响。

2.5.1 网络威胁的概念

复杂的软件工具、开放互联的网络和有限的网络安全措施使得网络攻击对美国关键基础设施构成严重威胁。建立操作系统和各种软件应用程序所需的代码量非常大。有时，一个项目需要编写几百万行代码，而且这种情况普遍存在。一些特定渗透工具可以利用代码中的漏洞进入系统。网络攻击会采取零日攻击的形式，在首次发起攻击时并没有可用的防御代码签名，因此针对此类攻击的安全防护异常困难。越来越多的攻击工具不断被研发出来，教育的普及也使人们在计算机应用方面的技能有了明显提高，而有些人做出了错误的选择。

无论是通过正式的教育，还是通过非正式的"黑客社区协会"获取到相关知识，都会使网络威胁持续增长，知识的传播导致一系列新技术的出现，创造了新的软件工具。随着计算机芯片能力、网络宽带速度和共享数据能力的提高，其共享数据的能力已经超出 EB 量级，使得这些软件工具的攻击效率有了进一步提高。

因此，网络威胁定义为攻击者的计算机技能，以及使用软件或数字工具的能力。网络威胁等于攻击者的能力加上攻击者的意图，攻击者的意图包括实施破坏、采取行动、进行监视等意图。为了应对这些网络威胁，需要综合考虑法律制度、情报系统、军事系统等一系列因素。

2.5.2　网络武器

一系列功能强大的网络工具和程序进一步扩大了网络威胁范围。网络武器包括木马、病毒、电子邮件攻击、DDoS 攻击、数据窃取、资源滥用、数据篡改、网络攻击、匿名、网络情报、零日攻击、移动计算的威胁、社交网络的威胁、SQL代码注入攻击、僵尸网络、网络钓鱼、垃圾邮件、搜索引擎投毒、网络爬虫、NFC攻击等。

部分计算机威胁和攻击已在第 1 章进行了描述。一些攻击过程将在第 4 章"网络冲突与网络战"进一步解释和讨论。

网络威胁和网络武器的演变是犯罪活动扩大的直接结果，越来越多的黑客团体对外出售网络攻击工具，包括大量的攻击策略，涵盖了 DDoS 攻击和各种恶意软件，并能够提供攻击服务或网络武器。

2.5.3　攻击意图

从根本上说，攻击关键基础设施的原因集中在如下三点：

（1）攻击关键基础设施可以对美国国家安全产生巨大影响，通过限制军队的网络决策空间，从而减少美国的自卫能力。

（2）只攻击最重要的 3 类关键基础设施，就会产生深远影响。电网系统奠定了其他 15 类关键基础设施的相互依存关系。对该基础设施成功实施攻击所造成的损失将是毁灭性的。针对交通运输和电信基础设施的网络攻击也会对经济造成同等程度的损失。由于基础设施的相互依赖性，还会间接影响其他基础设施。

（3）成功攻击基础设施系统将削弱公众对国家安全能力和经济实力的信心。

正是由于这些原因，美国的三位总统曾发布行政命令，组织国家使用物理或网络手段抵御可能发生的攻击，从而更好地应对潜在的威胁。

2.6 关键基础设施网络安全提升框架

2013 年 2 月 12 日，奥巴马签署第 13636 号行政命令，以提升关键基础设施网络安全。政府和私有部门共同努力保护美国国家、团体和私有基础设施。在以前，私有部门在这方面一直不情愿参与其中，之所以不情愿主要是因为《信息自由法》可能让他们卷入大量的民事诉讼，从而因为诉讼、民事责任和隐私问题而丧失知识产权。考虑到处理私有部门所关注的问题非常必要，奥巴马向 NIST 发布了一条命令，与政府和私有部门共同研究一个提高关键基础设施网络安全的框架。

随着针对美国关键基础设施的网络入侵行为不断增多，奥巴马意识到有必要提高国家网络安全。美国国家安全和经济发展依赖于国家关键基础设施的可靠运作。私有部门和政府合作，可以增强美国信息安全，从而有效制定风险标准。第 13636 号行政命令建立了政府和私有部门之间的网络安全信息共享机制。网络威胁的相关信息可以在私有部门之间共享，以促使其更好地进行自身防护。该行政命令甚至授权美国国防部部长可以将网络安全服务项目扩展到所有的关键基础设施部门，在必要时可以将涉密的政府网络威胁信息共享给合格的关键基础设施公司或是提供关键基础设施安全服务的服务商[33]。

第 13636 号行政命令最重要的一点是给 NIST 指派了任务：指导商业和政府组织共同构建一个框架，提升关键基础设施的网络安全。框架 1.0 版本发布后，对威胁感知、技术、风险评估、商业活动等方面进行了持续改进。

NIST 记录了《关键基础设施网络安全框架提升》的发展规划，提到并不是所有的组织都有成熟的网络安全技术来识别、评估、降低网络安全威胁。随着日益增多的网络威胁正在被用来破坏美国的关键基础设施，这个框架可以帮助公司和部门提高处理网络威胁的能力。

NIST 也说明了网络安全从业人员的重要性。关键基础设施独特的网络安全需求需要专门的网络安全从业人员。有大量文件能够证明常规网络安全专家的短缺，而对关键基础设施部分安全问题有所研究的合格专家更加缺乏。随着网络安全威胁和技术环境的不断增强，网络安全从业人员需要适应关键基础设施的设计、开发、实施和维护方法，不断提升自身网络安全技能。

NIST 正在着手建立一个可操作、可持续发展、能够不断完善的网络安全教育计划，即国家网络安全教育计划（National Initiative for Cybersecurity Education，NICE），用来为私有部门和政府培养一批有经验的网络安全从业人员。这些组织必须弄清楚对网络安全从业人员的需求，招聘人员并通过培训来提升其技术水平，然后让他们从事设计、运行等安全防护工作，确保关键基础设施的正常运行。

NIST 将会持续推动有助于提高网络安全从业人员能力的活动（包括 NICE），并与其他政府部门合作，如美国国土安全部。NIST 和其合作伙伴将会持续增加与学术界的合作，扩大网络安全从业人员的数量以满足需求[34]。

《关键基础设施网络安全提升框架》解决了一些服务和产品的供应链风险管理问题，这些服务和产品应该包含在组织的风险管理程序中。供应链风险管理是一个新兴领域，缺乏统一标准，而且缺乏实践。由于关键基础设施的相互依赖性，应该重点关注供应链组织的风险评估和风险管理。组织机构可以研究制定完善的风险处理和风险防御策略[35]。

《关键基础设施网络安全提升框架》的重要性在于构建了一个自愿的、基于风险的网络安全框架，以工业标准和最佳实践为基础，旨在帮助组织机构管理网络安全风险。这个网络安全框架建立在政府和私有组织机构深度合作的基础上，是一个"动态文档"，随着"动态文档"的持续增强和完善，政府和私有组织将在高效风险管理、国家安全防护、经济安全防护方面进行更加深入的合作。

第 13636 号行政命令将关键基础设施定义为"对美国来说至关重要的、无论是物理还是虚拟的系统和资产，其瘫痪或破坏将会对国家安全、国家经济安全、国家公众健康和安全产生破坏性的影响。"由于外部和内部威胁压力越来越大，无论负责关键基础设施的组织机构规模大小、威胁曝光程度以及当前网络安全的复杂度，它们都需要有一个持续的和迭代的方法来对网络安全风险进行识别、评估和管理。

关键基础设施组织机构包括公有和私有企业的所有者和经营者，以及在巩固国家基础设施中扮演一定角色的其他实体。每个关键基础设施部门都履行职责，由信息技术（information technology，IT）和工业控制系统（industrial control system，ICS）支撑。对技术、通信以及 IT 和 ICS 互联互通的依赖，改变并增加了潜在漏洞，潜在的操作风险也日益增长。例如，越来越多的 ICS 和生产数据被用于提供关键服务或支持业务决策。网络安全事件对组织的业务、资产、人员健康和人身安全以及对环境的潜在影响都应当纳入考虑范畴。要管理网络安全风险，就要对该组织的业务驱动因素和所使用的 IT、ICS 相关的安全因素有一个清楚的认识。由于 IT 和 ICS 不尽相同，每个组织面临的风险也千差万别。所以，基于网络安全框架实现的工具和方法也会有所不同[36]。

网络安全框架为组织提供了一套结构化、组织化方法，其可以：①描述组织机构目前的网络安全态势；②描述组织机构网络安全目标；③进行改善并按优先级排序；④评估实现目标的进展情况；⑤与利益相关者沟通网络安全风险问题。

这个框架包括框架核心、框架实施层级和框架配置文件三部分。NIST 对这三部分进行了详细解释。

框架核心是一系列关键基础设施部门通用的网络安全活动、预期结果和适用的参考示例。框架核心描述了行业标准、指南和最佳实践，方便从执行层到实施/操作层等不同组织之间交流网络安全活动和成果。框架核心由五个"功能"组成，即识别、保护、检测、响应、恢复。综合考虑这些"功能"，组织机构可以制定一个全生命周期的、高层次的、战略性的网络安全风险管理框架。根据框架核心可以识别每个"功能"的基础关键类别和子类别，并将其与参考示例比对，而且针对每一个子类别都有相应的标准、指南和最佳实践。

框架实施层级，简称"级"，为组织机构提供了查看网络安全风险和管理风险流程的方法。"级"描述的是一个组织机构的网络安全风险管理实践能够体现框架中定义特征的程度，如风险和威胁感知、可重复和自适应。从"部分"（第一级）到"自适应"（第四级），在一定程度上代表了一个组织对框架的实践程度。它反映了从情报信息、应急响应措施到风险引导的发展过程。选择不同的"级"时，组织机构应考虑当前的风险管理实践、威胁环境、法律法规要求、企业目标和组织限制。

框架配置文件，简称"配置文件"，代表组织机构在框架类别和子类别选择的业务需求。在特定的实施方案中，框架配置文件对于核心来说可以看成标准、指南和实践的结合。通过比较当前配置文件（初始状态）与目标配置文件（目标状态）可以改善网络安全态势。组织机构需要编订一个配置文件，可以用来查看所有类别和子类别，并根据业务驱动因素和风险评估，确定哪些是最重要的，还可根据需要增加类别和子类别。考虑到成本效益和创新等业务需求，当前配置文件可以用来进行优化和测量。配置文件可以被用来进行自我评估，组织机构内部或组织机构之间可以进行有效沟通[37]。

五个框架核心功能可以帮助组织机构评估网络安全风险：

（1）识别功能。识别功能可以帮助组织机构理解管理系统、资产、数据的网络安全风险。识别功能是框架的基础功能。了解业务环境、支撑关键功能的资源和相关的网络安全风险，组织能够更加专注，并调整保护措施的优先次序，这与风险管理策略和业务需求相一致。识别功能包括资产管理、商业环境、管理控制、风险评估和风险管理策略。

（2）防护功能。防护功能负责制定并实施合适的安全防护措施，以确保关键性基础设施正常运作，限制或控制潜在网络安全事件的影响。防护功能包括访问控制、安全意识培训，以及制定数据安全措施、信息保护流程和步骤规定、安全防护技术指南。

（3）检测功能。检测功能负责识别网络安全事件的发生，能够及时发现网络安全事件。检测功能包括异常和安全事件监测、安全连续监测和检测。

（4）响应功能。响应功能负责对检测到的网络安全事件采取应对措施，控制潜在网络安全事件的影响。响应功能包括响应计划、通知、分析、降低风险和持续改进。

（5）恢复功能。恢复功能负责事后复原，恢复因为网络安全事件受损的任何功能或服务，及时地恢复正常操作，以减少网络安全事件的影响。恢复功能包括恢复计划、持续改进和事件通知[38]。

第 13636 号行政命令及其促成的《关键基础设施网络安全提升框架》1.0 版本的重要性在于建立了政府与私有组织之间的沟通渠道，政府和私有组织是平等合作关系，甚至可以分享涉密网络威胁，以达到改善美国网络安全的目的。

注释与参考文献

[1] Moteff, Parfomak. "Critical Infrastructure and Key Assets: Definition and Identification", Congressional Research Service, Library of Congress, 2004, 3-4.

[2] Loc. Cit.

[3] Ibid, 6.

[4] Ibid, 7-8.

[5] Ibid, 9-10.

[6] Presidential Policy Directive/PPD-21. "Presidential Policy Directive—Critical Infrastructure Security and Resilience", 1.

[7] Ibid., 2, 4.

[8] Ibid., 3.

[9] Ibid., 8.

[10] Loc. Cit.

[11] Pederson, Dudenhoeffer, Hartley, et al. "Critical Infrastructure Interdependency Modeling: A Survey of U. S. and International Research", iii, 3, 7.

[12] Brown, Carlyle, Salmeron and Wood. "Defending Critical Infrastructure", 530, 542-543.

[13] Negroponte, Palmisano and Segal. "Defending an Open, Global, Secure, and Resilient Internet", 8.

[14] Ibid., 3.

[15] Ibid., 17.

[16] Ibid., 18-19.

[17] "The National Strategy for the Physical Protection of Critical Infrastructures and Key Assets", 9.

[18] Committee on Science and Technology for Countering Terrorism, National Research Council of the National Academies, "Making the Nation Safer: The Role of Science and Technology in Countering Terrorism", 30.

[19] Ibid., 180-182.

[20] Ibid., 187-190.

[21] Perrow. "The Next Catastrophe: Reducing Our Vulnerabilities to Natural, Industrial and Terrorist Disasters", 215-216.

[22] Ibid., 227-228.

[23] Ibid., 236.

[24] Ibid., 232-233.

[25] Committee on Science and Technology for Countering Terrorism, National Research Council of the National Academies. "Making the Nation Safer: The Role of Science and Technology in Countering Terrorism", 196.

[26] Ibid., 212.

[27] Flynn. "The Edge of Disaster: Rebuilding a Resilient Nation", 84-85.

[28] Benjamin and Simon. "The Next Attack: The Failure of the War on Terror and a Strategy for Getting it Right", 249-250.

[29] National Strategy for the Physical Protection of Critical Infrastructures and Key Assets. Op. Cit., 42.

[30] Ibid., 48.

[31] The Executive Office of the President, Office of Science and Technology Policy, The Department of Homeland Security Science and Technology Directorate. "The National Plan for Research and Development in Support of Critical Infrastructure Protection", vii.

[32] Ibid., vii-xi.

[33] Executive Office of the President, "Presidential Document—Improving Critical Infrastructure Cybersecurity, Executive Order 13636", 2.

[34] National Institute of Standards and Technology. "NIST Roadmap for Improving Critical Infrastructure Cybersecurity", 5.

[35] Ibid., 8.

[36] National Institute of Standards and Technology, "Framework for Improving Critical Infrastructure Cybersecurity", 3.

[37] Ibid., 4-5.

[38] Ibid., 8-9.

参 考 书 目

Benjamin, D., Simon, S. "The Next Attack: The Failure of the War on Terrorism and a Strategy for Getting it Right". New York: Times Books, Henry Holt and Company, 2005.

Brown, G., Carlyle, M., Salmeron, J., et al. "Defending Critical Infrastructure". Interfaces, vol. 36, no. 6, 530, 542-543, 2006.

Committee on Science Technology for Countering Terrorism, National Research Council of the National Academies. "Making the Nation Safer: The Role of Science and Technology in Countering Terrorism". Washington, DC: The National Academies Press, 2003.

Flynn, S. "The Edge of Disaster: Rebuilding a Resilient Nation". New York: Random House, in cooperation with the Council on Foreign Relations, 2007.

Moteff, J., Parfomak, P. "Critical Infrastructure and Key Assets: Definition and Identification". Resources Science and Industry Division, CRS Report for Congress, Congressional Research Service, The Library of Congress, Washington, DC, October 1, 2004.

National Institute of Standards and Technology. "Framework for Improving Critical Infrastructure Cybersecurity, Version 1. 0". Washington, DC: NIST, February 12, 2014.

National Institute of Standards and Technology. "NIST Roadmap for Improving Critical Infrastructure Cybersecurity". February 12, 2014. Available at http://www.nist.gov/cyber framework/upload/roadmap-021214. pdf.

Negroponte, J. D., Palmisano, S. J., et al. "Defending an Open Global, Secure, and Resilient Internet". Independent Task Force Report No. 70. New York: Council on Foreign Relations, 2013.

Pederson, P., Dudenhoeffer, D., Hartley, S., et al. "Critical Infrastructure Interdependency Modeling: A Survey of U. S. and International Research". Technical Support Working Group Agreement 05734, Under Department of Energy Idaho Operations Office, Contract DE-11C07-051D1457. Idaho: Idaho National Laboratory, August 2006.

Perrow, C. "The Next Catastrophe: Reducing our Vulnerabilities to Natural, Industrial and Terrorist Disasters". New Jersey: Princeton University Press, 2007.

The Executive Office of the President, Office of Science and Technology Policy, the Department of Homeland Security, Science and Technology Directorate. "The National Plan for Research and Development in Support of Critical Infrastructure Protection". Washington, DC: White House, 2004.

The Federal Register. "The Daily Journal of the United States Government, Presidential Document—Improving Critical Infrastructure Cybersecurity". Executive Order 13636. Executive Office of the President, February 12, 2013.

"The National Strategy for the Physical Protection of Critical Infrastructures and Key Assets". Washington, DC: White House, US Department of Homeland Security, 2003.

The White House, Office of the Press Secretary. "Presidential Policy Directive-Critical Infrastructure Security and Resilience". Presidential Policy Directive/PPD-21, February 12, 2013.

第3章 关键基础设施保护及工程 设计问题

3.1 引　言

自古至今，金融系统、道路系统、供水系统以及政府正常运转一直是社会的关键基础设施。随着工业时代的到来和基于机器自动化大规模生产的引进，关键基础设施随即也被引入社会生活中。到了19世纪，许多领域的技术性突破为工业革命带来了曙光，其中包括：对各类机器及机械系统的不断研究；对材料的进一步认识；对化石燃料发电的深入理解，如从蒸汽机烧煤到其他以石油炼制的燃料发电；炸药的发明带动的采矿业；与铁路紧密相关的交通运输业；优化问题及动作分析相关的数学方法等。

科学和数学的快速发展，加上为人才选拔而在相关领域教育方面做出的改进，带来了全球性变化——专业化的增强，少部分人能利用更少的资源，生产远高于原来产量的产品。这在新的领域造就了更多专家，他们的发明创造范围虽窄但极其深入，通过把不同领域的知识结合在一起来构建更多的基础设施，为社会创造更大的价值，最终这些设施由大家共享并成为生活中不可或缺的部分。因此，越来越多关键基础设施被创造出来。基础设施得到改善，随之而来的是货物、服务、资源和专业知识的迁移和共享，从而缩短了革新所需的时间，增强了不同学科间知识的融合，带来了更多的科学发现和技术进步。

电话变得日益重要并取代了电报，人们沟通更加迅速。同时，人类思想发生了转变：我们适应了电话，并将其视为高效竞争的必需品。竞争所需的运转速率会使快速沟通变得日益重要，而有线和无线通信是实现快速沟通的关键。随着这些通信工具变得日益重要，它们就需要做得更坚固、更快速、更廉价，因此人们不断对其进行重大改进。随着系统越来越可靠，更多人开始使用它们，并开发出更多用途。这些行业的工作需要更多教育，使用这些技术需要更多培训，因此教育系统随之升级，开始输出更多接受过高水平教育的毕业生。社会所需要的耕地产粮的人越来越少，越来越多的人涌入城市，城市对水、电的需求与日俱增，这导致了规模巨大的供水工程，最终为了增加发电而加大开采，并陷入恶意循环。

创新决定了战争胜负。在第二次世界大战期间，创新的重要性逐渐凸显：从对无线通信应用的增强，到无线电探测器、核武器的使用，最终到核电的使用，还有青霉素等医学上的突破，以及运筹学、高效数学和优化数学的进展。治愈新疾病的能力使得医疗保健比以前更加重要，第二次世界大战中超过 4000 万人死亡，使得许多西方国家更加重视个体生命，这也许可以勉强算作其有益的方面。最终，医疗保健行业的从业人员，从小型个体从业者转变成高度专业化的专家，他们在某个细分领域有很深的造诣，从而能够挽救更多的生命。一百多年来，医疗保健和公共卫生不断向国家基础设施的关键角色演化，而第二次世界大战是其发展的关键点。火力也成为重要因素，第一个海上战役在太平洋中途岛打响时，双方舰艇彼此看不见。空中战斗力引发了飞机、火箭等运输工具制造业的创新，航空航天学在 20 世纪后期确立为工程学科后地位更加稳定，航空运输像通信系统一样，也成为关键基础设施之一。

这种基础设施的形成模式路径非常清晰。科学或数学的创新引领社会运转方式的改变，而市场领导者获取的"小众市场"优势，迫使市场竞争采取类似的变化。这些变化推动科学创新从好奇出发到获得竞争优势，再到接近生活最终成为生活必需品，使得整个系统成为基础设施，进而成为关键基础设施。这些发展的推进，对物资供应、专业知识、工程设计、运营操作和日常管理的需求更加重要；因此，越来越多的关键基础设施为满足专业化的需求而出现。互联网是一个例子，生物学、材料科学的出现也是如此，在这些领域，科学进步将会在未来几年得到体现。

随着更多更关键的基础设施被创造出来，将需要消耗更多资源：更多的教育，更多的参与方，更可靠的信任机制，更复杂的相互依存关系。把每个基础设施建立于其他基础设施之上，为这些设施的管理创造了史无前例的巨大潜力。但这仅仅是挑战的开始。

如今在美国，需要价值 1 万亿美元的工作量，才能使关键基础设施恢复到理想运转水平。这反映出政府和基础设施运行者的社会契约出现了断裂。尽管很多人都开始担心对关键基础设施的恶意攻击，但实施的保护力度还很欠缺：桥梁倒塌、道路塌陷、水管漏水、煤气管道爆炸等，当维护不充分，而且恶意攻击者想要制造破坏活动时，只需要对支离破碎的基础设施要素进行一次极小的改动就足以摧毁它。

3.2　关键基础设施保护的基本要素

关键基础设施保护领域有一些共同主题，是支撑所有保护工作的基础。关于保护的各方面细节，以及结合基础设施设计及应用解决过程的共同主题将在本节进行介绍和讨论。

3.2.1　关键基础设施设计及应用

保护就是对组件和组件复合体（通常称为"系统"）做一些工作。基础设施几乎都是由子系统组成的系统，各个子系统通过预先定义好的接口，由不同的个人和组织进行控制。例如，美国的高速公路系统由州属高速公路系统和州际高速公路系统组成，这些高速公路都连接到当地道路和街道系统。

每个地区管辖本地街道，各州控制州属高速公路，国家整体上负责州际高速公路系统。接口是街道和高速公路交会处，对应于基础设施中配套组件的连接处。例如，大多数的高速公路在夜间由电灯照明，而这些电灯连接到电力基础设施；大多数高速公路有紧急呼叫亭，它们连接到一些通信系统；许多高速公路有用来休息的停靠站，其中会有淡水和污水处理设施等。

每个组件都具有基于物理设备的物理组成部分。工程学赋予组件属性，将它们结合起来形成具有某种属性的复合体，并将其结合成越来越大的系统。每个系统都有自己的属性。基础设施作为一个整体有一些基本特性，组件的工程设计以及组件结合方式形成了这些特性。例如，供水系统具有进水供应系统、净化系统、各种管道系统、泵和保持系统、压力控制器等。其中每一个组件都有其特有属性，如管道的强度以及所能承受的水压、泵的最大流量、阀的最大扭转度等。整个供水系统的特性来自这些组件，如正常负载下的水压、单位时间可以净化的水量、最大储水能力等。工程学利用材料的属性、社会的建造能力以及成本和时间等方面的限制，进行综合分析并最终构建整个系统。

基础设施由不同类型的运营商经营。例如，在加利福尼亚州，独立系统运营商（independent system operator，ISO）从整体上操作电网，而每个电力供应商和消费者操作各自的设备。电价由当地的电力公司控制，同样，电力公司由加利福尼亚州公用事业委员会控制；电力公司根据加利福尼亚州能源市场的实际情况从ISO 处购买电能，类似于纽约证券交易所的交易，区别是竞标、购买、出售的规则不同；各参与方对其运营负有不同责任；各方根据成本和服务对象的质量，有自己的权衡标准，这取决于运营规定及竞争环境。运营商照章办事，开启和关闭某种服务，修补损坏的组件，向客户收取服务费，对组件和整个基础设施进行日常操作。

如今，在先进的基础设施系统中，运营的许多方面都由自动化系统控制。这些自动化控制系统就是 SCADA 系统。这些系统的工作包括检测测量值的变化、改变执行器来调整系统以产生正确的测量结果等。例如，输油管道在一定压力下运行才能使油以合适的速率流动以满足需求。压力过大会使输油管道破裂；压力过小则油停止流动。随着需求的变化，输油管末端流量发生改变，沿途的油泵和阀站需要不断调节以适应流量变化，从而将压力保持在一定范围内。虽然一个人一天可以 24 小时坐在控制阀前做这类工作，但自动控制阀更加经济，而且能及时做出比人更可靠的微小调整。SCADA 系统传送有关压力和流量的信息，以便对阀门进行系统性控制，从而保持整个系统的平稳运行，最终适应不断变化的条件，如在系统故障或压力波动时进行调整以保持系统平稳运行。

运营管理由运营商通过其管理机构和人员完成，而对运营商的管理通过政府和私人形成的外部要求相结合完成，包括股东、董事会、业主以及大量现存的法律和政府框架。若基础设施在国界或跨越国界相互影响，就被称为国际组织。这种现象存在于不同社会体系乃至整个世界。例如，互联网就是一个快速扩张的全球性基础设施，在网络数据包层次涵盖了大量高度兼容的技术。

目前存在的互联网通用语言，能够广泛兼容并支持内容的分发。最著名的是运行在互联网上的万维网，它主要基于一门相当简单的可嵌入图表的语言。这种环境，如同大多数 IT 环境，存在大量相互依存的关系。图 3.1 从 IT 的角度描述了使用支撑性基础设施来获取商业应用。存在于最上层的商业应用依赖于人员层和应用层，其中人员层包括管理人员、普通用户和技术支持人员，而应用层包括计算机程序、数据、存储文件，以及输入/输出（I/O）接口。这些又取决于系统层基础设施，包括操作系统、库文件和配置文件。应用程序往往依赖于应用层基础设施，如域名服务（domain name service，DNS）将主机名（如 all.net）转换成IP 地址，身份管理系统用来控制身份识别和认证，通信协议用来表示常用的通信方式。所有的这些必须基于一个物理层基础设施，如计算机平台、有线/无线通信网络、物理线路、路由以及来自不同地方不同组件的访问权限。这些都需要范围更广泛的大型关键基础设施，如电力、制冷、供热、通风、通信技术、稳定的市政机构、必要的金融体系、系统运转所需的人员和必要的环境条件，包括满足这些人员需求的整个社会供应，以及人员及其家庭的安全和健康，所有这些对于他们的工作都是必不可少的。

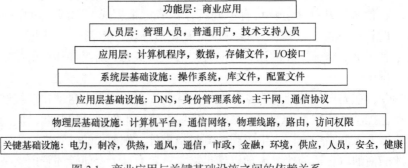

图 3.1　商业应用与关键基础设施之间的依赖关系

对于所有依赖基础设施的结构和系统，这种相互依赖图都位于整个架构的上层。而每个国家或地区的每一个基础设施不尽相同，通常它们都具有类似的相互依赖性，上面几层一般看起来大同小异。

3.2.2　基础设施的演变

基础设施组件随时间而改变，但基础设施的某些元素可能存在很长一段时间。即使最现代的基础设施——互联网，要去改变其中一些元素也非常困难。互联网开始兴起时 IP 地址版本是 IPv4，至今大多数网络仍运行 IPv4。IPv6 具有很多优点，应用范围也很广，但 IPv4 极有可能在未来 20 至 50 年甚至更长时间存在。这导致考虑兼容性意味着必须支持 IPv4，而且应用程序也必须能在 IPv4 下成功运行。由于基础设施随时间而改变，向前兼容性牺牲了不少效率。

基础设施整体上存在时间较长，因此需要稳定的整体设计，并能随着时间推移在更换各种设备的情况下工作。基础设施的建造不是一蹴而就的，设计上也不会前后一致，它们随着时间和使用情况而演变。

基础设施也会磨损，如果维护不当系统就会崩溃。一切事物都会随着时间推移分崩离析，因此需要进行维护。尽管道路往往能存在长达数百年的时间，也必须要定期维护。桥梁很少能够坚持超过 100 年，而那些超过百年的桥梁则需要大量的维护工作和整修周期，大部分桥梁在被替换之前往往已经持续工作了 50 年。维修周期通常用于描述升级改造，更换周期则用于描述重新设计。由于这些事情往往发生在较长的时间周期中，维护与旧的基础设施之间的兼容性通常要持续数百年。

3.2.3　基础设施对社会的影响

最终，基础设施会在各个层次上改变其所处领域。在个人层面，像互联网这类基础设施，其不但提供了内容和通信，而且改变了人们处理事务的方式，最终以其自身发展带动了个人乃至整个行业的创新，但这只是开始。在 20 世纪后期，自动取款机彻底改变了人们的理财方式。以前只有工作日的上午 9 点至下午 5 点才能在银行取现，如今世界大部分地方的人们几乎可以在任何地方任何时间取现。这彻底改变了现金携带的习惯，避免了多数抢劫和偷窃案件的发生，并使得政府对个人行踪具备追踪定位能力。这意味着人们不再束缚于本地银行，而是无论何时何地都可以得到所需数目的现金，它彻底改变了人们的理财观念及消费方式。

高速公路系统从本质上改变了人们的旅游和工作方式，人们不再需要住在工作场所附近，货物也不再必须依靠铁路系统才能实现点到点运输。实际上在卡车和小轿车问世之前，铁路系统本身就是对交通运输系统的一次革新。这使得人们能进行不同类型的贸易，居住地的迁徙变得更为普遍，而社区也彻底发生了变化，这些革新都改变了整个社会的消费模式和生活环境。交通运输系统同时改变了食物的性质及其运输方式，冰箱和电网的出现使得食品的存储时间更长，分销流通领域更广。快餐和小吃的出现改变了大众饮食习惯，制造了更多垃圾和资源消耗，但同时创造了企业农场模式，取代了家庭式农业而占据主导地位。供水系统改变了灌溉的模式，但同时也对当地大量野生动物、其栖息地及淡水等资源造成损害。垃圾处理给海洋附近居民带来了可观收入，但也导致海洋环境发生巨大变化。采矿业生产人类所需要的能源和原料，但露天开采摧毁了大面积的土地，断绝了该土地作为其他用途的能力。石油生产导致原油泄漏，危害野生动植物并造成海洋污染。

这样的例子不胜枚举。人们创造了基础设施以改善自身的生活方式，而附带后果又和基础设施紧密相关。如今，整个反馈系统的复杂度已经超出了人类的模拟能力。这些复杂的反馈系统致使物种灭绝、环境毁坏，如果想要基础设施继续兴盛下去为人类谋取生存长期利用，它们就必须受到管制。对于大多数生活在发达国家的人，要在这些现实面前寻求可持续性，除了设法深入了解并巧妙处理关键基础设施，别无选择。从电能的获取到社会对其他资源的利用，这些关键基础设施将在很大程度上决定社会和人类的未来。

3.3　故障及工程设计

许多与工程相关的数学为了简化计算都是基于理想情况。在理想情况下，工程设计将会非常简单。经验法常用于简化复杂分析。经过工程设计的系统会被大量复制，以避免重新设计。许多假设都基于使用零部件来构造复合体。历史记录和大量分析造就了这些经验法则，一旦违背这些假设，通常就需要进行重新计算。一个很好的例子是数字电路设计，在给定的技术条件下，扇入和扇出简化了对输入输出连接数目的分析。如果在确定范围内，同样的技术应用在输入、输出或者其他因素（如温度、湿度或环境电磁残留），并不需要额外的计算。一个输出可以连接到一定数量的输入，一切都能继续正常工作。然而，无论是由操作环境的自然变化还是外部人员的恶意攻击引起条件改变，这些假设将不再适用。虽然大多数工程解决方案专为特定的环境而设计，但针对它们的设计变更会非常昂贵。此外，如果环境改变使这些假设不再成立，那么依赖于这些假设的基础设施就会失效。

一个很好的例子是加利福尼亚州利弗莫尔附近的电力基础设施,在2006年夏季接连数日持续115华氏度（约46.11摄氏度）。在这种温度条件下，许多街区的变压器失去作用，不得不进行更换，造成数千人连续多日无法使用电力和空调。新的变压器替换了旧的变压器,温度覆盖范围会更广。如果全球范围内气温上升,电力和空调系统、蓄水系统，以及许多其他基础设施元件的故障率将增加，因为这与它们设计之初条件不同。

另一个例子是与温度相关的路面坍塌事故，在通往旧金山海湾大桥和 80 号州际公路等几条高速公路的道路交会处，因其极其繁忙而被称为"迷宫"。当时的情况是，装载有燃料的卡车发生事故并起火，产生的热量足以使支撑混凝土桥的钢梁毁坏，然后桥面塌落到下层另一条道路上，使得此段高速公路交通混乱。标准立交桥设计时没有考虑处理这种事故，按理说也不可能这样设计，这是一个令人惊讶的真实案例，之后此段立交桥不到 30 天就被彻底更换，为此获得最快完工奖，同时又因事故责任而受到处罚。在这个案例中，很多假设不再成立，包括导致故障的假设和维修假设。

3.3.1　弹性机制

类似的案例在各个基础设施领域时有发生。由于组件或复合体的故障，这些基础设施不时会失效，除非部件有足够的容错冗余来保持业务连续性。那些设计合理、运营得当的基础设施是值得称赞的，当一个部件或组合体出现故障时，基础整体还能继续工作，这使得它对于部件或者组合体故障是具有弹性的；或者说，至少在设计和运营上是合理的。如果没有设计足够的冗余，或者没有对故障的弹性机制，就会有级联故障发生。在过去十年，大部分美国电网和欧盟电网就出现过这种故障。典型的基础设施故障可能经历如下步骤（以电网为例）：

（1）夏季高温，空调大量使用而使电网达到或接近最大负荷运行。

（2）大用电量产生的热量升高了外界温度，使得电网中电线膨胀伸长，下坠并接触树木或其他物体。

（3）某条电力线因短路被切除，该线路的电力供应由其他电源线路替代。

（4）负荷增加，致使其他电源线路升温，其中一些下坠击中树木，导致这些线路关闭。

（5）继续步骤（4），直到电源不足以满足需求，或者所有的冗余电源线路发生故障，接着发生大面积停电事故。

（6）所有的负载变化导致电网波动，设备开始损坏，大面积电网瘫痪。

这不是一个空想的场景，实际上已多次发生。一个实例是美国西部各州的电力瘫痪。还有许多类似的场景：电网在接近其最大容量下运行，某处故障导致整个系统的其余部分发生连锁反应；每隔几年，就会出现一次大面积电力中断。电力恢复需要几小时甚至几天时间，而且经常需要数日甚至数周来更换损坏的部件。

值得注意的是，造成这些大规模停电的根源是为了提高效率而对电能进行跨区域共享。在夏天，电能从加拿大输送到美国，在冬季从美国输送到加拿大。这两个国家可以节省资源而不用建造更多的发电厂，并在一年中不同时段动态调整运行的装机容量。共享意味着在用电高峰时段或紧急情况下，更多的电力资源可以用来满足用户需求；但同时也意味着需要管理好网络互联，而且本地影响可以传播到相当大的地域。

　　类似的影响存在于所有基础设施之中，根据其如何设计、实施、操作，各个基础设施或多或少都有故障弹性机制和相互依赖关系。鉴于基础设施自身的属性，一定会有部件由于各种原因出故障、被替换、被修改。城市的发展需要更多水资源；通货膨胀的出现需要在财务计算机里处理更多数据；当新技术出现时，需要在已有的轨道中添加电动火车。所有类似的变更和故障都将引起基础设备部分失效。关键基础设施设计面临的挑战是确保这些故障短期内发生频率较低，并将其影响控制在合理范围内。目前采用的方法包括减少故障次数、降低故障严重程度、加快恢复速度以及加大对轻微故障的承受能力。

3.3.2　容错机制

　　系统瘫痪是由未被冗余覆盖的组件故障引起的。一旦一直存在且未被冗余覆盖的组件发生故障，系统瘫痪会随之而来。例如，计算机通常设有时钟来使不同组件的操作同步。如果计算机中只有单个时钟并且出现故障，那么计算机也会停止运作。如果组件未被冗余覆盖且一直没有出现故障，那么系统可能永远不会瘫痪。这方面的一个实例是手刹失效的手动挡汽车。因为手刹一直没被用到过，所以虽然手刹失效，但是这辆车并未发生事故。

　　故障并不会导致瘫痪的另一实例是部件存在冗余覆盖，因此即使出现故障，由于部件存在冗余，也可以避免系统瘫痪。一个很好的例子是存在细小裂缝的球棒。由于木质结构的天然冗余，球棒只存在部分裂缝而不会断裂。即使每次击球都会击中裂缝，但球棒仍旧不会裂开；但如果出现故障而且冗余失效，就会出现崩盘现象，正如猛击有裂缝的地方就会使球棒断裂。

　　有三种不同的方法来降低复合体的故障率。一种方法称为非容错，即使用更高质量的组件来减少故障发生。例如，由于时钟对于计算机的操作如此重要，所以时钟部分可以使用比计算机其余部分更好的组件，以确保它们不会发生故障。同样，使用金属来制造球棒可以让其不像木头球棒那样开裂。第二种方法称为容错，原理是增加更多的冗余覆盖。当组件发生故障时，复合体仍旧可以继续工作。例如，我们在计算机设置两个时钟，当其中一个失效时，另一个仍可继续履行职责；自动挡汽车的变速器通常会有一个"停止"装置，即在动力传动装置中设置一个插销，从而使车轮无法转动。第三种方法是设计组合体，使得发生故障的部件较少。组合体越复杂，可能出错的部件越多。如果组合体设计更加简单且可靠，故障次数就会更少。所有这些概念都可以用数学术语进行详细定义。

　　数学刻画始于故障部件的实验数据，其中大多数类型的组件适用于"浴盆曲线"（图 3.2）[1]。在其生命周期起始时，大多数组件会有一个初始故障率，因此其中相当比例的组件在创建后很快报废。一般认为这是制造误差或缺陷引起的结果。在这个初始阶段存活下来的组件，从进入正常的使用阶段直至报废之前，有一个相对固定的故障率。在报废阶段，这些组件的故障率再次提高。因此，曲线看起来像一个浴缸。曲线的初始故障率部分可通过一个初级测试而消除，通常被称为老化试验。在此期间，各组件在正常的操作模式下运行一段时间，以排除那些有制造缺陷的部件。生命周期后期曲线可通过系统性更换达到年限的组件而进行消除，通常这种情况称为退役。像老化试验和退役这样常用的缓解办法，属于非容错技术，会使组件在正常运行期间有一个相对恒定的故障率。其他非容错技术包括更好的制造工艺以减少组件全生命周期的故障率；设置更严格的偏差控制以消除微观原因导致的故障；工程设计上对温度、压力、张力等参数更高的容忍度；时间更长的老化试验和更早的退役。较好的组件通常成本更高，因此存在质量和成本之间的工程折中。通常假定基于工程决策所得的组件在使用期内有一个固定的故障率，非容错机制会使得这些故障率降低。

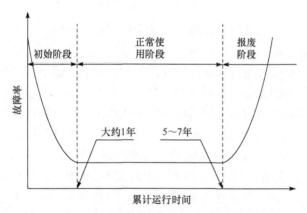

图 3.2 组件全生命周期的"浴盆曲线"

容错机制是基于复合体的故障率可通过冗余覆盖和组件保养而得到控制的理念。举一个简单的例子，假定要使复合体正常运转，每个部件都必须正常运转，并假设复合体由三个部件组成，每个部件的故障率均为每年一次，那么整个复合体的故障率将是每年三次，因此平均故障时间（mean time to failure，MTTF）是四个月。即使各处都使用最好的部件，由成千上万个部件组成的复合系统也会多次故障，除非复合体的故障率极低，或者通过某种形式的冗余使得单个组件的单点故障不会导致整个复合体瘫痪。想象一下，如果每烧掉一个灯泡，全世界的电力系统就瘫痪，那电网将如何工作？冗余可以通过各种形式出现。一个简单的例子是"保险设计"，即在设计之初便把系统设计成可以在高负载下运行，而不是仅能满足预期操作值。虽然它有可能永远都不会达到那个能让系统瘫痪的最大负荷。这种情况下的冗余是每个组件的最低水平。例如，用于建造大桥的钢梁可能比所需的直径更大，因此钢梁上冗余的部分能够承受微小差错。这也可以认为是非容错技术，因为该设计减少了部件单独的故障率。如果不将每个钢梁建造得比实际所需更加健壮，而是系统性地多设置一些额外的钢梁，那么在正常负载下，即使砍断一根钢梁，大桥仍能正常工作。这样整个大桥即使失去任何一个钢梁仍能支撑过去。当然，由于使用了更多的钢梁，大桥部件的故障率总和将增大，部件故障也更多，但是整个大桥复合体的 MTTF 将会增加，因为两根钢梁同时失效大桥才会坍塌。如果前述的复合体有四个组成部分，那么其故障率将是每年四次；而如果任何部件失效后复合体仍正常工作，那么 MTTF 就是半年。这或许就是对四个月长的 MTTF 的一种改进，但它却造成原设计约 4/3 的开销。原设计四个月建造三根钢梁，而新的设计因多加一根钢梁增加了两个月的工期。原设计中 3 根钢梁用时四个月，即 1.5 根钢梁用时两个月；容错设计中 4 根钢梁用时六个月，即 1.33 根钢梁用时两个月。因此，在使用钢梁方面，容错设计的开销更大，但它有更多其他优势。

　　原设计中，单根钢梁发生故障就会使大桥坍塌。容错设计中，在第二根钢梁发生灾难性故障之前，就可以对第一根钢梁进行故障检测然后维修或替换。如果能做到这一点，那么大桥可以无限期投入使用，除非直到第二根钢梁失效，仍未检测出第一根钢梁的故障并对其进行维修。只要一年中三个季度的检测和维修费用低于建造一座新桥的费用，容错措施就是成功的。检测和维修时间通常用平均维修时间（mean time to repair，MTTR）表示。鉴于所有部件工作时长随机的原则，结合 MTTF 和 MTTR 来描述大桥可用的时间百分比，称为可用性。同时假设大桥在维修过程中停止使用。对于没有冗余的大桥，可用性方程为 MTTF/（MTTR+MTTF）。有冗余设计，则方程变得更加复杂，但如果修复的总体速率大于故障发生的总体速率，那么其可用性将高于无冗余覆盖的可用性一定倍数并保持稳定。但如果 MTTF 小于 MTTR，那么故障率将最终超过修复能力。这种分析和传染病分析非常相似，但基础设施有其特殊之处。

　　显然，这种分析过于简单。例如，对于钢梁，每四个月并非真的存在 1 根钢梁以一个恒定速率发生故障。假如某天桥梁负载很重，又刮着大风，而且温度不断快速变化，所有的钢梁将比其他时候承受更多的压力，同时失效的可能性更高。这就是共模故障的一个例子。

　　同样的原因会导致许多组件出现类似故障，另一个例子是相互依赖性。极其复杂的复合体中，一些部件对于持续运行更加关键，因为它们被更多部件依赖。例如，假设主要城市供水系统有一个大的蓄水池，它的完全失效可能会使整个系统瘫痪，尽管有许多从它出发的不同方向的水管，但是其中任何一个只会造成小范围的供水中断。在实际设计中，容错机制和非容错机制可以联合使用。例如，蓄水池可能设计为非容错性更强，而管道通常被设计为容错性更强。

要理解基础设施的通用模式故障，另一件重要的事是关键基础设施往往涉及"通行权"，即允许其他基础设施使用同样的线路，以避免重复挖掘或购买，否则这些基础设施只能通过变更土地所有权和使用权来实现服务和商品交付。通行权和障碍物桥接消除的使用会使得多个基础设施综合使用邻近空间。例如，一个大坝可能同时用来控制水流，保护湖泊养鱼，浇灌其他农场的作物，运送车辆穿越峡谷，发电，建造无线信号塔，承载石油、天然气和电信等线路。大坝如果受攻击或发生崩溃，便会造成范围更大的后果。类似系统的通用模式故障防范至关重要。

3.3.3 故障保护

减少复合体故障次数的另一设计理念是故障保护。故障保护的思想是即使大量部件发生故障足以引发复合体故障，复合体也能以安全方式失效。故障保护模式适用于几乎任何一种系统，对于系统瘫痪导致极其严重后果的情况更为重要。例如，在核电厂，故障保护模式是极其关键的驱动程序，而在大多数供水系统中，故障保护的设计相对受限于局部设计。

尽管如此，它们有一些共同的故障保护方法。一个例子是，它们都依赖于重力作为安全机制。在核反应堆中，对控制棒的控制失效会导致很高的核心温度，进而烧熔用以维持控制棒上升的机械。不过由于重力作用，控制棒下降，从而抑制核反应，使得停堆相对安全。供水系统对重力的利用是，如果水泵发生故障，供水系统将继续供水一段时间，因为供水侧比需求侧水位高，在重力作用下继续保持水的流动。

另一个例子是限制器在可编程逻辑控制器（programmable logic controller, PLC）中的使用。PLC 操控许多控制过程，如供水系统、核电厂以及许多其他类似的控制系统。这些 PLC 通常会限制某种机械或电气过程，以防止系统运行超出设计范围。在供水系统中，有控制旋转阀开闭快慢的限制器，以防止水压变化过快导致部件损坏。核电厂中也存在类似的限制器，以防止控制设置中出现过快变化导致厂区部分设备毁坏。许多情况下，这些限制器用作故障保护机制，如果控制系统中的故障导致初始设置出错，其导致的后果将受到控制，不至于毁掉整个厂区。

类似地，自动切断阀也可以防止因系统发生级联失效而产生过载。例如，在发电机组和电网其他部件上使用自动切断阀，防止因其他组件故障导致电压回流而使整个系统级联失效。又如，水力发电机组，在正常操作中，水推动涡轮机带动发电机旋转，在涡轮机轴向产生转矩，来抵消电气系统因电磁感应而产生的回路阻力。随着电力侧使用更多的电量，需要在机械侧产生更大的转矩。现在假设这个系统连接到一个主要电网主入口，而电网的其他部分出现故障。由于电在线路中以光速传播，电压和电流朝着发电机端迅速下降。如果不加以控制，当它到达发电机时，会立即产生与需求侧变化量相等的力矩，这将使涡轮机倒转。由于水是不可压缩的流体，且在重力作用下流动，一般速度较快，水量较大，它不可能一下子大幅调高供水量。这意味着，所有这些差异引起的力矩必须由涡轮叶片和涡轮机轴向的转矩吸收。如果电力需求侧的变化足够大，转轴将大幅扭曲，导致涡轮机物理上失效，输送到电网其他部分的电量下降，进而在下一个涡轮机上引起更多的级联效果。解决方法就是使用不同类型的限值器以防止产生超过部件承受能力的急剧变化。这些限值器会使整个系统以一种更加安全的方式失效，从而大大地减少 MTTR。对于发电机，电气限值器可以防止电量变化不超过阈值，从而跳闸断开线路（断开线路意味着移除驱动轴转矩，不会使转轴大幅扭曲）；或是作用于驱动器自身的物理限值器，也可使其卡住齿轮。在大多数情况下，会使用这两类及其他更多限值器，以便使系统处于故障保护模式。即使组件发生故障，复合系统仍能保持相对安全的运行状态。

3.4　人为攻击

到目前为止，本书的讨论一直是有关复合体的设计原则。这些复合体由"自然失效"模式下的组件组成。"自然失效"模式是指由于世界的自然法则和人类的人工干涉使得故障随机发生的模式。这里隐含的假设是，所有这些故障是意外发生的。下面的讨论将抛开这些假设。

3.4.1　恶意攻击者

在面对蓄意的、狡猾的恶意攻击者时，前面设计原则所做的部分假设会土崩瓦解。例如，即使是最复杂、最狡猾的攻击都不能从实质上改变物理定律：攻击者不能使水在一段较长时期内停止向下游流动。另外，因为设计者构造的电路、大梁、管道和其他组件，只能在特定操作范围内工作，一个恶意攻击者实际上可以在某时某处改变一些操作条件，以便使故障率或部件模式改变，从而导致由这些部件构成的复合体发生故障。举一个简单的例子，为了使阀门失效，有人可能会倾倒胶水进去。对于大多数阀门，它们的设计者并没有想要它们在高度黏稠的液体环境下工作，而倾倒胶水肯定会改变其工作条件，并附着到装置的内部。虽然可以下令密封所有的阀门，以防止这样的事情发生，但是它会大幅增加成本，而且这只是可能导致失效的一种攻击手段。此外，其他防御方法可能成本更低、更有效，能防御更广泛的攻击。例如，将所有的阀门放置于物理上安全的区域，也能够防御大量的其他攻击，但这也并非普遍适用。

阀门攻击中倾倒胶水只是最简单的一种方法。事实上，大自然几乎可以重现这种事情：火灾引起树液流出，并碰巧滴落在阀门上。攻击者可比这狡猾得多。例如，为了使计算机发生故障，他们可能会触发火灾探测系统，引起灭火系统将水喷洒进放置此计算机的房间，这是一种间接攻击的例子。在触发火灾探测系统的例子中，可能会有很多其他的副作用。例如，紧急情况下人们离开大楼时可能陷入一种异常的出入模式，攻击者可以随时打开门进入大楼。通过乔装打扮成急救人员，攻击者可能会在火灾报警时潜入，并获得工厂监控设备的访问权限，或窃取关键部件，或装置炸药等。而且这种攻击相当简单，虽然它比琐碎的单步攻击复杂一些。

更复杂的攻击是利用放大现象。在放大现象发生的情况下，一个看似细小的动作可能会造成极大的影响。例如，通过改变控制室的空气温度，控制室内的工作人员和系统的出错概率会增加。而工作人员和系统出错可能会导致其他环节出问题，从而使得简单的攻击以链式引发严重后果。如果限值器没有正常运作，那么在高温下，电网中几个小故障将会导致局部放大，从而诱发更大的故障，最终形成级联，也许会引起相当长一段时间的大面积电力中断。在金融市场，放大现象尤为棘手。例如，通过买入或卖出大量股票，股价将会大幅波动，导致其他人买卖股票，从而导致价格变化的不断放大，形成更多的买家和卖家，并且问题会一直持续下去。当市场被高估时，可能导致许多股票价格迅速下跌，人们陷入恐慌而大量买入和卖出。这就指出了大规模攻击成功的另一个共同特征——某些条件下，可以将大量的"势能"快速转变成"动能"。

无论是股市的泡沫、即将溢满的水坝、母亲节当天的电话系统或者面临某地数年来最高温度的电网，都存在很多潜在的级联效应，此时系统可以释放巨大的能量。无论是无意引发抑或恶意触发，一件小事的影响在某种条件下能够扩大很多倍。假如在一个势均力敌的选举中，少数地区的几百或几千票就可以改变整个国家的选举结果，这样攻击者仅需在合适的时间攻击几个薄弱环节，就可以造成极大影响，大自然的规律和人性的弱点将起辅助作用。手法高明的攻击者会利用这些条件来达到最佳攻击效果。无论他们是出于自身利益来诱发级联故障（如在对民族国家的发起主攻之前做空股票），或者干脆等待时机来利用自然条件（如在高温下切断变压器和绝缘子，或在大型飓风时毁坏主要天然气管道），蓄意的、狡猾的恶意攻击者在对基础设施进行攻击时，可以并且经常会扩大其影响。

攻击步骤组合及攻击序列变化能以几乎无限的复杂度来进行组合应用，从而引发潜在的严重不良后果。例如，一个典型的序列始于攻击者趁抽烟休息时间打开后门或者通过撞匙（一种简易的开锁工具）撬锁来进入设施。接下来，他们可能会进入一个空的办公室，插入无线接入点，连接已有的转发合法流量的代理通道，使用该代理的地址和证书，同时进行嗅探并访问网络的其他部分。整个过程通常需要不到一分钟。接下来，攻击者可能会离开建筑，并到附近的旅馆，在那里他们使用在攻击目标外植入的发射器与在攻击目标内植入的设备进行通信。他们可以观察网络流量，寻找服务器，或寻找未加密用户身份识别号（ID）和口令。或者，他们可能会扫描网络查找易受攻击的计算机或服务。一旦他们发现了进入方法，就可能接触到 SCADA 系统，或是访问 SCADA 系统的工作站点，或侵入一个金融系统。与此同时，他们可能会设置远程控制程序并植入再次进入机制，从远程站点下载其他攻击程序等，造成大量网络攻击入口。接着他们可能会离开该地区，出售这些入侵手段（后门和漏洞），供别人开发利用。可能有很多这样的人在为买家工作，并围绕某个城市或地区建立入侵机制。当他们掌握这些入侵手段后，可能会联合利用。例如，禁用一些紧急响应措施，并在放火的同时关闭部分给水供应。他们甚至可能声东击西，创造条件旨在产生更大的攻击效果，如引导警力朝向诱饵目标，从而留出更多的时间来攻击真正的目标。

规模更大、更正式、资金更雄厚的攻击者可能将这些能力与军事行动联合起来加剧伤害，使得攻击造成全国性的效果。

最富有经验的攻击者会将国家基础设施玩弄于股掌之间。例如，他们利用情报部门定期追踪他国的关键基础设施，并确定可能攻击的目标信息，通过计算来分析敌方基础设施，以确定破坏基础设施每个部分所需的最少资源，以及必须禁用或破坏的关键基础设施集合，从而削弱敌人的军事力量和工业能力。在许多情况下，他们明确知道打击什么目标，从哪里着手来发动大规模攻击。

3.4.2　攻击能力和意图

沿此思路可以一直推导下去，但如果未能明确说明现实中攻击者的能力并不是无限的，那就南辕北辙了。他们的能力确实存在局限性，而且在大多数情况下是以某种方式受特定目的而激发的。能力和意图相结合可以用于刻画攻击者，以便了解他们的真实能力。如果没有这种威胁分析基础，面对无数的攻击者，防御必须做到无懈可击才会有效。当然，设计防御时需要以威胁分析为基础，这样攻击者的局限性才能在防护阶段得到充分考虑。

通常认为攻击者的能力包括财务、武器、技术水平、人员数量、知识水平、初始权限等。意图则往往用激励因素、群组奖惩、战略和战术来描述。例如，一个技艺精湛的攻击者通常不需要资金、武器装备和初始权限，但拥有大量攻击技巧、若干队员以及丰富的知识储备，他会受金钱驱使、埋伏打围而极少使用暴力。当然，典型的恐怖组织有充足的资金，其武器装备类似于一个准军事组织，在多个领域受过训练并拥有相应的技能，拥有多个具备专业知识的小队，而没有初始权限。面对不同的攻击者，虽然有一些通用的方法，但实际采用的防护策略大相径庭。如果没有通过研究确定威胁者及其能力和意图，那就不可能设计一个合理的防御系统。

还有其他方法可用于评估攻击者的能力和意图。最简单的方法是基于经验进行简单猜测。从事关键基础设施相关工作且经验丰富的人非常少，而且一般人都拘泥于特定工作而缺少全局思维。经验丰富的防御者会搜索网络和出版物，建立事件库，对其进行描述，并了解所在行业历史上发生的威胁。一些公司可以从销售商处获取报告。这些销售商在该领域经验丰富，对类似的公司或行业做过研究，并有能力形成报告或复制一份该领域的历史报告。面对具体威胁时，可能需要进行高质量、高导向性的威胁评估，但在设计上很少这样做，因为设计必须适用于解决随着时间的推移而可能出现的一系列威胁。大多数基础设施供应商想要取得良好安全效果的最合理做法是：由长期研究该领域威胁的专业评估机构出具一份高质量的全面威胁评估报告。最后，情报机构会给出威胁评估报告，该报告的部分内容可能有选择地提供给某些基础设施供应商。

3.4.3　容错系统的冗余设计

既然能够对一些威胁者的攻击能力和意图进行合理假定，那么就有可能描述出一组基础设施的故障和失效模式。举例来说，如果面临的威胁是一群攻击者想要对人群投毒，你负责一个食物分发系统的运行，故障的形式可能是有毒物质被放进了食品原料中，而失效则可能意味着将这些有毒食品大量输送到人群中，导致人员伤亡，造成一段时期内食物供应链部分中断。

为了实现保护，按照容错计算的说法就是减少故障次数，并使冗余措施到位，以容忍更多的故障，而不是理所当然地认为食品供应不存在威胁。要做到这一点，有多种方法可以采用，如在粮食的供应链起点杀菌消毒、在生物污染物达到原有消毒点之前消除污染，多层重复密封包装以使伪造的二次包装需要更复杂的技术，从而使得威胁越来越难以实施。

之前所有关于失效模式的假设是系统被设计成可以容忍自然发生的故障（此时不存在恶意攻击者），当系统面临不同的潜在威胁时，需要使用不同的故障模式。事实证明，相比于自然发生的故障，更高层次威胁的故障模式更加复杂、保护措施更加多样化，但基本方法是相似的。将一些潜在的冗余保护措施和不易受故障影响的设计结合在一起，这样即使单个组件容易出现故障，组合体也不容易出现故障。当然，十全十美不是目的，最终目标是将额外损失降到最低。

降低额外损失是风险管理的目标。从根本上看，风险是由威胁、漏洞、这些威胁引发的故障和故障带来的后果组合而成的。风险管理是一个控制风险以期额外损失最小化的过程，由风险规避、风险转移、风险缓解、风险接受结合在一起。

例如，某个城市自来水厂遭到导弹攻击，造成大量的故障，较长一段时间内饮用水系统将完全失效。这种风险通常牵涉到国家政府部分的职责，需要由政府提供通用的防御机制。

前文描述过这样的攻击：有人通过后门进入建筑并植入无线接入设备，这种风险可以通过风险缓解手段降低到可接受的水平，使得通过后门进入建筑和植入无线设备都难以完成，攻击也就不太可能成功。就像大街上有人过来将毒气注入空调进气口，这种风险是可以避免的——不要将空调进气口布置在街道上。当然，对不同的环境而言，有更多的事情要做。现实生活中，事情并不会刚好完全符合最优化公式。因此，必须在不完善的认知条件下进行决策。

考虑相互依赖关系时，风险管理将变得极其复杂。例如，假设你设置了一道防护，基于入侵检测和报警机制来应对出现的入侵行为。乍一看，这是一个很合理的方法，但是当攻击目标价值很大且威胁很强时，分析就会变得非常复杂。如果攻击者决定切断整个地区的电力系统作为他们攻击的前奏呢？这时感应系统可能无法正常运行，警卫系统可能无法判断对哪里做出响应。因此，要解决这个问题，感应系统和警卫系统必须具备在外部电力中断时也能够响应的能力，如放置一个可运行时间超过 30 分钟的不间断电源（uninterruptible power supply，UPS），再加上一个发电机来辅助供电，这样就能应对电力中断的最初几分钟甚至更长时间的外部电力中断。为了加强警卫系统的能力，这种分析都是有必要的，但可能还不够，因为依赖关系并非那么简单。例如，假设 UPS 是由计算机控制的，狡猾的攻击者可能想出其他解决办法，如通过一些小伎俩，寻求搞垮此计算机系统的方法作为他们大停电攻击的一部分前奏。此外，如果警卫系统依赖计算机来优化报警并在投入响应力量之前做初步评估，而攻击者又能控制该计算机系统，那么攻击也很可能成功。

在报警评估阶段，实际的攻击可能仅被看作误报，从而制止了响应，这就给攻击者留下足够长的时间去实施破坏。这意味着，物理安全取决于计算机安全，计算机安全依赖于电力系统，而电力系统依赖于另一个计算机系统。这种依赖链条不断推进，但并非没有终点，如果设计人员理解这些问题并在设计之初就做出细小改动，就能以极少成本减少甚至消除相互依赖关系。这就是为什么安全设计在一开始就必须同时考虑风险管理，而不是等系统的其余部分都就位了才开始风险管理。想象一下，如果没有尝试解决这些问题，所有可能的相互依赖关系都会存在，一个设计良好的安全运行环境和一个需要不断应对变更需求的设计之间将有云泥之别，在安全性方面也差别迥异。

3.4.4　任意随机性模型

回顾故障和失效的概念，人为威胁存在的情况下产生的故障比自然条件下多得多，并且这些故障种类繁多，也不符合任意随机模型的"浴缸曲线"。相反，威胁根本不可能以特定序列产生故障。威胁所产生的故障序列具有随机性，是人类思考过程、学习过程和自我引导过程综合作用的结果，这是在自然条件下无法产生的。与此同时，每一个自然发生的事件不但被那些关键基础设施的保护者研究，也被攻击者研究。当桥梁断裂时，攻击者找出发生的原因，并可能考虑把有类似条件的大桥作为攻击目标，以减少发动攻击的成本。试想一下，如果攻击者决定攻击所有已知状况很差的桥梁会怎么样。几乎所有大城市地下都有蒸汽、供水和污水管道，其中很多年久失修、维护不善、报警系统不完备，不能得到很好的保护。攻击者知道这一点，如果他们有心去攻击，就会选择这样的基础设施作为攻击目标而不是那些戒备森严的目标。

为了抵御手段日益灵活的恶意威胁，系统需要容忍更多更复杂的故障，强化自身来防御比自然故障更为恶劣、局部性更强、效果更直接的安全事故，防护者还必须明白，"蚁多咬死象"可能成为一些威胁者选择的攻击模式。但这并不意味着就可以对自然的力量视而不见。迄今为止，大自然一直是关键基础设施面临的威胁，但是仅仅只和自然打交道不足以缓解人为的威胁。

为了成功防御现实中的威胁，越来越多的相关故障情形必须加以考虑。常见模式失效必须在很大程度上进行消除，才能有效抵御人为的攻击，而且故障必然是爆发式出现，而不是随机分布地出现。当系统暴露在恶劣的环境中时，级联故障就会出现，任何一个系统可能很快遭到破坏甚至出现崩溃，除非它有另外一个系统作为备份。在面对攻击者时，工程设计呈现出全新的维度，所做的假设取决于那些可能会被攻击者利用的内容，而不是当前可以依靠的东西。在基础设施层面，可能有必要牺牲一些目标，从而从整体上保护基础设施，避免产生更大的危害，尤其是当防护者的资源受限时。

当然，有很多种可以利用的方法。报警系统便是其中之一，像许多计算机安全方法一样，报警系统存在误报和漏报问题，这在医疗系统中称为假阳性和假阴性。这些指标试图平衡报警和响应能力，它们决定了报警系统的直接成本。风险管理也是一种可用的方法，风险管理最后总会处理两个关键方面：一方面是攻击者和防护者之间技术水平和资源的比拼，另一方面是时间及其影响。

3.5 时 序 问 题

在电网中，因为响应时间极其短暂，时间问题尤为突出。很多人都建议使用计算机和互联网来检测电网中某处电力中断，这样就可以在电涌到达之前通知电网的其他部分。这听起来像一个伟大的想法，但它不能起作用，因为电网中的电力故障在电力基础设施中是以光速在电线中传播的。虽然电力传输线在电杆处会通过打结的方式进行固定，但是这只增加了很小的长度。电力进行长距离传输的路径非常直接，因此如果光在导线的传播速度是 $6×10^8$ 米每秒（考虑双向传播），从加利福尼亚州到华盛顿州的距离 954 英里，转换为约 1535314 米，即 $1.5×10^6$ 米，那么电力传输时间就是 1/400 秒，即 2.5 毫秒。从加利福尼亚州的旧金山获取网络数据包，传送到华盛顿州的西雅图（约为洛杉矶到西雅图距离的一半），通过网络连接需要大约 35 毫秒。这意味着，如果一出现故障，在旧金山的一台计算机立即发出通知给另一台在西雅图的计算机，到达西雅图时已经延迟 32.5 毫秒，这于事无补。即使在最好的情况下，假定两侧计算机都不做任何处理就直接传输，且在电力线传输两次，仍会产生 30 毫秒的延迟。现在，可能有人会争辩说，互联网连接速度缓慢，或者应用的数据有些不准确，他们或许都是正确的，但这并不改变光速本质。在旧金山电网的振荡波及全网之前，有可能通过无线电或激光获得一个传向西雅图的信号，但并没有足够的时间来彻底改变用来发电的物理机器。唯一能做的事是将电网的其余部分断开，但这就会失去其他部分的电力供应，而且将导致电力中断。

因此，发电系统中可使用安全切除的方法来处理事故，但在大面积级联停电后，缓慢的重建过程会持续数日甚至数周、数月时间。

当然，并不是所有基础设施的工作方式都与电网类似。水流比通信信号慢得多，管道中石油流速更慢，政府决策的制定往往会涉及多个司法程序，通常会持续几个月甚至几年。时间问题是保护的根本问题，这对攻击者也同样适用，正如它已在日常生活中保护设计的方方面面得到应用。一切事务都需要时间，在合适的时机，耗费极少的精力和行动就可以击败任何系统或攻击。

3.5.1　攻击图

对恶意攻击的攻击序列描述可以采用更一般的编码方式——攻击图，它是带权重的"链接"和相互连接的"节点"的集合。这些图通常描述攻击的状态，即攻击从一个地方蔓延到另一个地方的路径。例如，用一个攻击图来描述对公用设备间的破坏威胁。该图可能始于一个破坏者决定开始实施破坏。该节点链接到破坏者所使用的每个典型的智能流程，反过来又连接到作为攻击目标的设备间。攻击图中每个节点所花费的时间对于想要检测攻击的防护者来说仿佛并不重要；然而，在一些情况下，进行更多的情报分析就可以发现给每个节点计时对研究防护问题是非常重要的。一旦设备间被确定为攻击目标，破坏者就会出现，可能手拿喷漆，或从设备间的地面捡一块石头，或手持撬杠。同样，在实施攻击之前这些准备工作可能需要一些时间，但除非攻击者首次"踩点"并被发现，否则这些准备工作对于防护者来说毫无意义。喷漆可能会被运用到设备间的外部，然后破坏行动结束——对于攻击者来说这是一次成功的攻击，对于防护者来说结果可被识别。除非防护者可以检测到有人试图喷漆并在喷漆之前及时做出响应，调动人手到设备间，否则防护者无法减轻这些后果。

当然，如果防护者没有注意到设备间被喷了油漆，但是其他人看到了，这样攻击后果可能会累积很长时间，也许是几个月。随着时间推移，破坏会累加，人们看到了破坏，会降低防护者的部分声誉。

或许，破坏者决定使用石头或砖块，并将其投掷到窗户上。如果防护者已经预料到这种情况并清除附近区域的石块和砖头，这就意味着破坏者需要自己带石头或砖块。大多数的破坏者不会这样做，所以防护者通过这种防御策略避免了这种攻击。在这种情形下，防护者不得不在破坏者之前采取行动，而且是在破坏者可能会实施破坏的任何时间之前。此时，攻击图显示攻击者所处的位置（图中的一个节点），以及攻击者的下一步行动是拿起石头或砖块，但由于防护者提前清除了这些东西，攻击图被切断，在当前所处步骤和拾取砖头步骤之间不存在链路。另一种思考方式是这种防御从虚拟层面减少了所处位置和捡起砖石的链路——砖头和石块都不存在，而现实中并非如此。该链接可能被完全切断，或者更可能的是，有些砖块或石头在清理时被漏掉了，因此链接只是减少，攻击者需要花费更多的精力来搜索该地区的砖块或石头。也许该链接的切断或大幅减少将导致破坏者返回并自带砖头或石头。如果是这样，那可看作另一组链接去获得一块石头并返回。如果发现攻击者在现场寻找石头或砖块，那么可以拦截他们或做一些其他事情，来警告他们停止并以此切断攻击图。

也许破坏者已经决定对这个陈旧的设备间破门而入，并用它作为一个俱乐部来存储他们的喷雾罐，为实施破坏做准备。假设破坏者带来了撬杠，当破坏者破门时，前面所述那些报警就有可能检测到破坏者。攻击图上显示破坏者开始撬门，接着一段时间后破坏可能会被检测到。攻击者撬门时，报警必须被发送到评估程序，以确定是否响应。攻击者可能因为门而受到拖延，这取决于门的结构、锁的强度等。

如果门足够坚硬，那么攻击者可能会放弃，所以门的防护切断了攻击路径。也许，攻击者会返回，手持大锤、呼朋唤友。于是更多的节点和链路形成了，每个节点（或链路）都有一个成功或失败的窗口，都会增加相应的措施。这种攻击路径以及在此期间产生附加成本和新的结果。最终，攻击结束，一切回到攻击前状态，但防御态势可能有所改变。

以上描述的过程展示了破坏者对单个设备间实施破坏时，哪些步骤可以作为攻击图的一部分。事实上，破坏者和其他威胁源有很多，有许多设施需要去防护。在大多数情况下，他们不是同时行动的；当然有些时候，他们行动一致，如暴乱或协同攻击过程。例如，在破坏者第一次闯入设备间和设备间修好之间的时间段，第二个破坏者顺道就进来了。他们可能决定更改阀门设置或将其黏住。这种二次故障可以从前面描述的 MTTF 和 MTTR 方程的角度来进行考虑。如果冗余没有涵盖该情形，那么二次故障发生时，也许会产生严重得多的故障后果。

在更高层次上进行分析，保护系统的设计必须考虑攻击到达的速率，正如容错分析必须考虑组件的故障率一样。为了使设计有效，它必须能够处理在合理预期中威胁的最高攻击速率；否则，系统可能不堪一击。当然，对手是狡猾的、恶意的、有目的的，在某些情况下，他们将会对防护系统进行识别，并尝试评估其防御能力，从而确定在什么时候投入多少力量，以及判定目标是否值得攻击。军队的出现可能会阻止攻击，而现实中军队可能会及时响应攻击以降低影响。随着冲突的加剧，一些情况可能会同时发生，此时响应和修复尚未完成，后续攻击不仅是有可能的，而且还会被敌人专门设计以打赢战争。必须考虑冲突的强度，也要考虑被保护资产的重要程度，以及通过当地法律强制和其他应急服务、区域功能，甚至国家、国际军事组织形成额外响应力量的能力。

3.5.2　博弈模型

如果这一开始被看成一个游戏，游戏中有多个角色，每个角色都为了个人利益而变换策略，防御者为了保护自己而协同工作，那么必须对这种游戏有一个透彻的理解。事实上，博弈论的研究领域就是专门用来处理这些策略性情形：不同的角色目的迥异，他们之间冲突不断，冲突相互交叉。例如，设备间是为了保护阀门不被转动，而某个破坏者仅仅使用此设备间并不会造成十分有害的结果。在某种意义上说，破坏者和基础设施保护者都是胜利者，因为它们相互之间并没有激烈竞争。一个更好的例子是一个流浪者决定在设备间"安营扎寨"，并且扮演了一个非官方保安人员。虽然流浪者没有破坏设备间，但是他的入驻使设备间存在责任问题，而且还会影响设备间对真正威胁的检测能力，因此对于设备间的用途，结果并不是十分令人满意，实际上冲突各方有着不同的但不冲突的目标，使用更具描述性的词就是他们有着"非共同"的目标。

博弈论一般用来对复杂情况建模，玩家制定策略，并对其进行评估，决定怎样设计这些策略。例如，国际象棋游戏是两个玩家的"零和"游戏。它是"零和"的，是因为一方获胜就意味着另一方失败。玩家轮流交替出招，然后等待对手玩家出招，因此它也是同步的。然而，攻击和防御游戏中，如在基础设施上攻击者和防御者之间的竞争，就不是这样的。在大多数情况下，他们是多玩家、非零和、非同步、非共同目标的。防御者有一组需要保护的资产以使其业务可用，而攻击者千差万别，可能是流浪汉想找个地方睡觉，也可能是敌国试图发动军事行动。

从攻击者的角度来看，攻击目标是他们自己制定的，但是从防御者的角度来看，通过分析业务连续性，目标早就非常清晰。攻击者从某处发动攻击，防御者需要防止攻击者转移到其他地方, 不管这个地方是物理的还是虚拟的。攻击者从源地点向目标地点移动形成 "源→目标" 曲线, 或称为 "$s→t$ 图"。保守的观点是, 防御者应该假设攻击者试图到达目标, 即使攻击者没有这样做。这样的假设保证防御者在攻击发生时做出正确的响应。实际上, "$s→t$ 图" 已经由那些实验研究和相关领域的人十分详细地分析过了, 并有很多数学结论表明不同的情况下这些 "$s→t$ 图" 分析的复杂性。这在建立分析结果时非常有用, 并且在建立阻断攻击图时提炼最优解的能力上更有帮助。以最小的代价来阻断此类攻击图, 或者在最佳的地点布置最低的防御值, 称为 "切割" 攻击图, 或者是找到一个 "割集"。在互联网上搜索 "$s→t$ 图最小切割" 会出现很多结果, 但大多数人不会愿意阅读, 包括在 $\log n$ 时间内寻找近似算法, 其中 n 为攻击图中的节点数目。利用这种分析, 可以形成对防御成本和攻击图覆盖范围的自动分析 (如有没有对攻击图进行阻断、是否为最优阻断方案、代价是多少)。

从更广义上来看, 因为有许多攻击源, 其能力不同, 攻击意图不同, 并且攻击目的也可能存在多个, 这都可能造成极其恶劣的结果。标准数学分析仅仅在某些确定情况下有用。尽管如此, 它还是可以提供一些有用的指导的, 而且在多数情况下, 指出防御成本 (成本是根据对最终结果的估量) 的上限和下限, 使得设计者明确知道何时停止尝试新的方法, 以降低这些成本。

更普遍的游戏有着更复杂的分析框架, 极少有封闭式的解决方案。最终, 随着分析持续, 深思熟虑的防护者得到的结论是存在数目巨大的可能攻击路径, 因此需要能够自动化生成有限粒度的攻击路径的方法, 从而能够在合理的时间和空间消耗下进行分析。仅仅找到图的割集并不能详细描述如何防御到位, 以及时阻止攻击序列, 或提前在某处设置防御。也就是说, 除了要考虑 "$s→t$ 图" 中节点的移动, 还要考虑固定设计中存在的隐式假设。如果考虑不充分, 那么最终防御者的设计和分析方法就只是基于模拟的方法, 而脱离了实际。

3.5.3 基于模型的约束和仿真

仿真是目前可以用来生成各种必要的设计指标的唯一技术, 它可以帮助人们从整体上清晰地理解一个防护系统的运行状况。虽然设计准则和设计分析提供了许多有用的信息, 但更好的做法是把设计生成的系统放在事件驱动的仿真系统中运行, 这样可以在一个相对较短的时间内, 利用成百上千的不同场景对其进行测试, 生成大量的结果, 并感知整个系统在受到威胁时的性能。虽然仿真不能取代现实世界的经验, 不能产生创造性的方法, 也不能预测员工和应急机制在临敌时的表现, 但它可以帮助测试出有关他们表现的不同假设, 并看到由于性能上的偏差而导致的不同结果。通过分析统计结果, 可以总结出还需要的训练量以及响应时间。许多故障场景能够再现, 以观测随着时间变化形成的系统偏差。依赖于仿真环境，工作人员能够以更高的频率在不同场景下进行训练和测试，与日复一日的工作中发生的真实事件相比，仿真环境可以使工作人员获得更多的经验，并帮助他们提高自身表现。即使是从业已久的专家也可以从仿真中学到新的东西，但这受限于仿真性能，而且仿真系统的搭建、运行、使用代价高昂，代价取决于想要的精确度和颗粒度。

仿真在处理复杂的情况时多少会受到能力限制。这方面一个贴切的例子是情报处理，其中可能会使用启发式方法，以获取有关安全系统和流程的隐含信息。这可能与外部提供的数据相结合，如供应商广告提供的一些组件信息，或许还会进行系统测试。例如，派一个人伪装成流浪汉，游荡到阀门设备间，看一下现场和厂区具备哪些检测、评估和响应能力，以便为将来使用做准备。在一段时间内，这样一个复杂的攻击可能涉及许多看似不相关的活动，它们最终交织在一起，对基础设施单元形成高度有效的分布式协同攻击。这看起来有点天方夜谭，但可能有必要去研究美国及其盟军在第一次海湾战争中是如何打击伊拉克的基础设施的。他们收集伊拉克基础设施的情报，手段包括从部分设施的建造者那里获取建造方案，使用卫星和无人机获得全面和详细的影像。他们把那些对伊拉克战争起关键作用的基础设施实施建模，进行分析，并决定攻打方案、攻打地点、攻打顺序，以击溃数百万人的军队。

理解国防及其模型的另一关键点是，防御涉及运营的各个环节。对许多企业来说，培训工人该说和不该说的事显得不合时宜，但对关键基础设施，这是运营安全的重要组成部分。对员工实行背景调查是另一个方面，许多高层考虑个人隐私，但背景调查对防御数量庞大、种类繁多的攻击来说至关重要，这种方法众所周知并且应用广泛。攻击者的目标导向活动难以表征，协同作用导致的薄弱环节或者增强防御造成的影响不但复杂，而且潜在数目众多，对物理空间和信息空间之间的交互往往理解不够，即使资历很老的专家也不例外。

只要给予足够的时间，一个模拟可以反复运行，要去合理地涵盖这样一个复杂的空间需要重复的数目可能会非常大。鉴于此，建模是仿真的关键部分，它是提高理解保护机制所必需的。因为每一个基础结构元件在某些方面都是独一无二的，这意味着每一个元件可能需要单独的模型，从而在所需的粒度上进行有效分析。

此外，对于需要保护的更大规模的基础设施，建模还有一个更重要的意义。鉴于只有有限的资源，并需要采取行动以响应检测到的特征和事件，如何评估响应设置并使用可用资源的问题是实时决策的核心问题。虽然可以对这类行动多次演练，并告诉人们某些特定资产比其他更重要，但是考虑所有的情况之后，聪明的攻击者会使用出乎意料的攻击，通过将精力集中在某个攻击点上，并分散防御资源，或者使用反馈控制来削弱这些防御，从而成功地造成相当大的伤害。在基础设施或者基础设施集合的层面，鉴于很难去追踪一个庞大而复杂的操作，因此全局建模就变得很重要，它被应用于辅助决策者去理解还需要做什么，什么时候需要妥协并"弃车保帅"。这就需要一种态势感知，以及预测未来可能性的能力，并以合理的方式来响应——在处理当前状况的同时还能保护未来不会受到更大的伤害。这种方法称为基于模型的形势预测和约束。设计是基于对形势的理解与分析，通过从可用选择中筛选，预测和约束将来的形势，以避免大量损失，并趋向于获取胜利。"最小-最大"方法在博弈论中有明确定义，然而，对定义了实际安全性的复杂空间进行最小化和最大化分析，是一件很难实现的事情。从某种意义上来说，这样做堪比在象棋游戏中每一步都采取绝对最佳策略。

由于设计策略完美的国际象棋已经很复杂，而基础设施防御更加困难，这个游戏需要最敏捷的思维、最佳的模型。因此，军备竞赛中模型生成和仿真很可能导致局势的紧张程度随时间的推移持续增加。

3.5.4　最优化及风险管理方法和标准

从关键基础设施设计者和操作者的角度来看，与防护有关的设计目标是对其所控制的基础设施元件提供恰当的防护措施，来优化这部分的成本和损失。当然，这不符合基础设施整体成本和损失的优化目标，也不符合国家或地区基础设施的成本和损失的优化目标。例如，如果地方公共事业能够依靠国家和政府受到保护，那么从个体的角度来看，它用以保护自身的措施几近于零，尤其是大多数公共事业还处于垄断地位。但是，大型集中管理往往更加脆弱，出于提高全局效率和减少工作量的考虑，大型集中管理者倾向建立具有通用模式故障的系统，而出于局部最优化的考虑，本地的决策者往往会做出不同的决策。

当然，基础设施不同于其他系统，因为它们可以跨越绝大部分甚至全部的地域界线，必须要适应随时更新的技术和应用，并且往往随着时间的推移逐步发展而不是经历阶段性的变化。从头开始重建更安全互联网的观念是不大可能实现的，好比为了满足新标准而重建整个世界的道路系统。因此，从其本质上讲，基础设施具有并应该具有大量不同的技术和设计，以及与这些技术和设计相对应的不同的故障模式和失效模式。好的影响是可减少通用模式故障，这是相较于高度结构化和统一控制的完全设计系统更具有优势的地方。这也使得以基础设施作为整个实体进行的管理变得相当复杂和受限。

为了缓解这些问题，大部分基础设施的正常操作模式是由与其他基础设施元件之间的接口定义，而不考虑这些元件内部的运作方式。

基础设施可被看成由其他复合体构成的一个组合体，其中每个复合体独立并不同于其他复合体，而且复合体有足够多的共性，使得它们之间通过接口以一种重要的方式相互影响。因为每个复合体独特且相异，这些基础设施元件有各种不同的技术和操作模式，且每个元件以其安全架构、设计、实现来保持独立的安全性。这种表面上的低效实际有很大的安全强度，因为它也意味着为了攻击一个地区或国家的大部分基础设施，需要实施许多不同的攻击计划，因此在实际中，几乎不可能出现基础设施崩溃或长期持续中断，从而给国家或地区带来灾难性后果。这个例子让人更深刻地理解这点，第一次海湾战争中，美国及其盟友攻击了一个又一个伊拉克基础设施元件，以削弱其能力和战斗意志。为了完成这些任务，耗时数月来制订和协调计划，数周轰炸的强度水平远远超过以往任何军事行动。即使这样，伊拉克基础设施也只是部分被摧毁，但在相当短的时间，甚至在战斗持续进行期间，基础设施就得以重建。

因为每一个基础设施元件只是执行自身的风险管理活动，并根据其基础架构设计决策优化，所以要达到管理者所期望的安全水平，就需要大量逐个单元的设计，以保护这个基础设施的安全运行并抵御威胁。不同的基础设施元件和业主使用不同种类的技术。风险管理决策几乎普遍由高管做出，这些高管有各自的选择倾向性和决策权。当涉及安全问题时，极少高层在深刻理解问题的基础上做出决定。虽然许多企业的高管有金融和市场营销背景，但关键决策者几乎没有信息安全背景。因此，尽管他们常常在基于财务信息的基础上做出良好的商业决策，但也必须依靠专业员工提供足够信息，以便在安全领域的决策过程获得帮助。因此，首席信息安全官登上大型企业的舞台，但大部分的基础设施都不是大型企业。绝大部分本地基础设施是由当地公共事业单位运营的，例如，水利以及部分电力基础设施可能由州政府运营；当地银行负责大部分金融业务；小规模公交线路的业主、出租车公司、城市或地区的公共交通系统负责大部分运输业务；当地消防和警局负责应急事务处理；当地诊所或小型连锁医院负责卫生保健；小加油站以及其他类似的供应商负责本地的能源供应等。每个小到中等规模的组织必须做出自己的安全决策，即使只是整个关键基础设施的一部分。

尽职调查的方法通常基于这样的理念，既然事情已经发生在自己身上，那就要阻止它再次发生，否则就是玩忽职守，除非其危害小到不值得花成本进行防护。基于普遍共识，从法律责任的角度来看这是必要的，它往往尽量由基础设施供应商去做，但是有些供应商不负责以至于最终被吊销营业执照或者被起诉。这是典型的情况，即内部经验是理解风险的基础。进一步扩展这种做法，与当地工业和专业协会成员接触，并基于此来做出风险评估。从优化安全解决方案的角度来看，尽职调查的方法不可取。但是对于一些小规模供应商，要求它们在安全上花费数万美元是不合适的，因此可以将尽职调查作为权宜之计。不幸的是，一些大型供应商也采用尽职调查的方法，这就是一个极大的错误。

方法论被用于分析风险以支持设计中的决策，通常先从概率风险评估（probabilistic risk assessment，PRA）开始，PRA 可以很好地解决随机事件，却对恶意攻击者束手无策。尽管如此，PRA 还是有所帮助的，应该用于它适用的地方。PRA 对一组可行事件分配概率，这些事件能推导出可识别的结果。例如，可能每年都有人以 20%的概率猜中 SCADA 系统密码，这样他们就可以改变供水系统的氯化消毒，而不会被准确检测出来，预计会带来 10 万货币单位的损失。对产品的概率和影响的乘积进行加和，得到预期损失，这通常称为年度预期损失（annual loss expectancy，ALE）。继续用上面的例子，密码猜测攻击导致供水氯化的改变造成20000 货币单位的 ALE，连同其他所有考虑到的损失一起，形成全局的 ALE。本方法中降低风险的目标是优化防御选择，以最小化 ALE 和防御成本的总和。下一个典型步骤是假设所有防御彼此独立，并且对降低事件发生概率有一个可量化的效果。例如，假设使用强密码可降低密码猜测攻击的概率到 10%，花费的代价为100 个货币单位。那么，投入 100 个货币单位将平均每年节省 10000 个货币单位的损失，减少了 9900 货币单位的额外损失。计算出的投资回报比（return on investment，ROI）为 9900/100，或 99/1。对每个防御组合以及各自对损失成因的效果进行分析，可通过 ROI 对防御进行排序；由于假设它们是独立的，ROI 可以进行排序，采取的防御可以沿着这个排序从最佳 ROI 开始，直到投入小于回报。或者可以这么说，预算可以从最佳 ROI 开始，直到花光所有的预算，然后第二年以类似的方式进行。

显然，PRA 在保护方面存在一些问题。

所有的攻击和防御都是相互独立的，可以对每个攻击或防御生成合理的概率，可以列出所有的事件序列，可以准确计算出预期损失，随时间迁移事态是相对静态的，大量投资是有效的，降低攻击的概率是直接可用的，这些假设本身就问题重重。事实上，PRA 应用于安全场景只是一个猜测，扩大了对所采取的专家意见的影响。然而，PRA 已广泛应用于一些团体，商业公司对事件类型和发生概率有一些可用的精确统计信息。

覆盖方法经常用于以下情况，围绕 PRA 得到数据被认为是不可行或是浪费时间，但是其中针对可识别的威胁、可利用的漏洞的描述是合理的。例如，保护公用事业中一个内有阀门的小型建筑免受破坏者攻击，通常涵盖可能对此建筑做的所有明显事情。有门可能被打开，所以需要锁。如果有人破门，锁可以被撬开，所以需要警报装置产生一个响应。有窗可能被砸碎，人们可以从那儿爬入房中，因此需要焊条，或使报警系统检测房间内的动作或热量，而不仅仅只是检测门的开闭。墙壁是木制的，所以很容易穿墙而入，这又意味着需要一个警报，或加固墙壁。有人可能会放火焚烧建筑，所以火灾报警器是必要的。随着可能发生事件的清单越来越长，对现场布置的风险缓解措施的分析需求也水涨船高，可能需要考虑不同的设计和不同的防御集合。需要多做加固还是增加警报才能做到及时响应？何种警报在此环境中工作不会产生大量的误报？是否需要定期巡视此处？在情况恶化之前是否有足够长的时间觉察到蛛丝马迹？如何评估警报以消除误报？

覆盖方法可以解决这些挑战。在覆盖方法中，首先列出一个认为可能发生的所有坏事的清单，以及已知的可能适用的不同防护措施的清单。然后确定每个防御措施的代价，以及其能覆盖的相关事件。例如，房间内附带音频报警的运动传感器可能覆盖破门而入、破窗而入、破墙而入；而门锁只能覆盖破门而入，但附带音频报警的运动传感器可能比门锁、窗户栅栏和加固墙壁花费更高。进一步说，覆盖也不是十全十美的。例如，门锁可能覆盖门不被打开，但是只有当攻击者无法撬开锁或无法卸下铰链时才起作用，所以它仅仅是破门的部分覆盖。一旦估计了所有的覆盖面和相应成本，就可以使用覆盖分析，来确定最佳防御选择，以最低的成本在所需的冗余水平达到全覆盖（也许每一个已知的薄弱点都至少需要一个防护措施来进行覆盖）。对于非冗余覆盖，此过程始于选择"必要的"防护措施，因为在特定的漏洞上这是唯一可以采取的防御措施。接着，对所有被此防护措施覆盖的漏洞进行清除，并且重复该过程，直到没有遗留任何覆盖面。在这一点上，也可以选择使用防御的组合选项对剩余漏洞进行覆盖，目标是总成本最小，同时保证覆盖范围，所以可以使用运营研究领域的标准优化技术（如整数规划）进行优化。

防护态势评估（protection posture assessments，PPA）可以看成专家协助分析的一种，专家帮助了解威胁、漏洞和后果，并制定防御方法。通常情况下，首先对需要保护的关键运营过程以及它们运行所依赖的事物建立"业务模式"。这涉及一组正常运转的关键功能，以及这些功能发生故障后的关联后果。一旦充分理解了故障后果，就可以通过威胁评估过程和事件序列类别来识别威胁，其中事件序列类别暗含于攻击能力和攻击意图之中，并使得由此诱发的潜在严重不良后果得以识别。

这些事件序列通过产生可能的故障引发失效。其结果通常是一组从源端到目的端的局部路径，其中源端是威胁的起点，目的端对防御者产生潜在的严重后果。局部路径方法的一个例子是假定攻击者从外部开始，并试图到达建筑物内的目标，为了实现目的必须实施一系列步骤。第一步可能是收集目标情报，如发现该设备。这可以用多种方式实现，如通过在互联网上查找该设备或者使用卫星地图，但所有方法的目的都是了解它的位置及其他一些相关信息。下一步可能是突破外围防线。例如，如果此建筑物在沙漠中，攻击者就必须先到那儿。他们可能乘坐飞机、开车或步行，这取决于他们的能力和意图。该事件序列继续，但基本概念是，从源端到目的端的每个主要步骤都可以在攻击图上描绘出一组路径集合，攻击图最终从 s 到 t，这就是前面提到的 $s \rightarrow t$ 图。根据现场已有的防御情况，PPA 对 $s \rightarrow t$ 图进行调整，在考虑已有防御的效果后，以某种形式生成剩余 $s \rightarrow t$ 图。PPA 通常根据标准比较现有保护措施，确定当前状态和流程与标准之间的差异，其结果称为差距分析。改进建议将会给予那些最紧急、最具战术和战略的事情，而且这些事情是缩小差距必须要做的。这种考虑是出于有些事情更为迫切，因为它们容易被已识别的威胁利用，而产生较严重的后果；或者是因为它们只需要最小的成本和精力很容易被解决掉，而且产生的影响对防护者在此时间段内改善情况很有价值。由此产生的报告是典型的未来防御的路线图。

在本质上，基于情景的分析是更加严格也更耗精力的 PPA，也意味着更高的成本。基于场景的方法通常使用简化的较大群组过程，以产生大量的情景，然后分析每个情景的组成部分，以产生一个 $s{\to}t$ 图，这类似于 PPA 方法。

PPA 通常组织一些行业知识专家和安全知识专家，与基础设施公司内部专家进行讨论，得到 $s{\to}t$ 图，并由 $s{\to}t$ 图生成示例场景，而基于情景的方法的重点是通过较大群组头脑风暴试图生成场景列表，将这些场景分成几部分，然后重新组合以创建一个 $s{\to}t$ 图。场景生成的目标是提出更多的想法，能够用于产生攻击图，而 PPA 通常开始于攻击者如何攻击的模型，以及一个由攻击者的攻击能力和攻击意图生成的历史库。但无论是采取哪种路径，最后的结果仍然是一组针对不同威胁的 $s{\to}t$ 图集合。基于情景的方法还为参与者提供一段与安全相关的“学习经历”，使得基础设施供应商的决策制定者开始考虑防护。这是非常有益的，但往往很难做到。这种方法的一个更常见的版本是与多个基础设施供应商，以及不同领域的专家团队一起举办一个较大规模的会议，以便形成潜在的模型和共识，然后对单个供应商进行 PPA 分析。

随着风险特征得到描述，缓解和管理办法也被提出，决策者就必须做出决定。很难说存在一个关于决策者如何以及为何做出安全决定的通用准则，但也有一些共性。大多数决策者在改变自己的决定时有一个阈值。在决策中会有一种滞后现象，是因为大多数人不愿意思考，更不愿意再三思考。如果不得不思考一个问题，决策者必须由一个阈值来推动才会做出决定，但是一旦超过阈值而做出决定，这比在做决定之初更难以改变。在安全领域，大多数的高层决策者没有什么经验，但他们能看到新闻，获悉其他基础设施的安全事件，并意识到如果在自己的基础设施上某环节失效就会面临降级处分。他们往往倾向做出临界决策：决定可以接受低于某一水平的风险；随时以合理的代价转移风险；只有当知道风险存在并认为风险大于回报时才规避风险；在风险未被转移、避免或被接受时减轻风险。

尽管许多高管青睐最优化理念，但是在安全领域，由于对大多数的事情缺乏良好的指标以辅助做出正确的商业决策，最优化是非常棘手的问题。当高管要求用 ROI 来进行安全决策时，实际上只有两种情况。要么是基于薄弱事实基础的 ROI，要么是有人将不得不解释为什么 ROI 用于安全是有问题的。在前一种情况下，高管可能会采纳 ROI 的建议，或问一些探索性的问题。如果高管认可，那么以后出现问题，可能会解雇 ROI 信息提供者。如果高管提出探索性的问题，那么他们很可能会发现，全局安全项目层面的 ROI 计算几乎没有现实依据，立马会解雇提供 ROI 信息的人，或者至少意识到对安全项目投资不足。恐惧驱使高管做许多决定，为了使此法有效，必须提出恐惧并提供一种方法来解决它。但过了某个阈值之后，当他们的恐惧没有变成现实，他们会觉得自己被利用了，并厌倦制造出来的恐慌。这就解释了 ROI 在安全领域对高管的局限性。

解决此问题的常见做法是谈论标准。例如，建造建筑物时，需要遵循当地的建筑法规。这些都是通用标准，其技术层面是基于其他人的计算而做出的决定。建筑工人不会对建筑物的每一根电线做 ROI，来确定一组灯泡是否连接到一根特定电线上，从而去判定是否购买不同尺寸的电线。他们有标准的导线规格来对应标准电路的电压和电流，而且总是照此使用。在安全领域，可应用标准的数量越来越多，范围越来越广，并且如果遵循它们，大多数安全功能将运行得相当好。如果它们被忽略，且安全失效，那么尽职调查和适用性的问题就出现了，责任随之产生。大多数高管更喜欢的想法是，能够声称在该领域和其他人做的一样，而不会自称比别人做得更好。这也降低了他们的个人工作风险，它被看成合理、谨慎的，这是很难反驳的，因为保证了足够的最小工作量。在基础设施领域，基础设施和其他部分进行整合时需要使用标准，如果没有标准，那么人们将在很大程度上茫然不知所措。想象一下，如果每个人都有自己的交易方式，且没有达成一致的标准，那么金融交易将无法进行；存在大量金融机构，且每个金融机构将制定一个独特且可替代的交易协议。越来越多的详细技术安全标准被应用，元件设计人员也更频繁地使用这些标准来制造能够进行交互的组件。在政策和控制层面，也制定标准以引领通用设计原则和方法，覆盖了整个安全领域。然而，这并不意味着标准就是故事的结束，它只是真正的开始。标准通常基于的观念是，所有者和操作者将创建一个体系，并将标准应用于其中。应用标准意味着在一组灵活的设计规则下进行设计，它们可能会明确告知应使用哪种电线，但不会指出哪种设备是有效的。

最终，考虑所有情况之后，风险管理可用于协助决策者做出关于高度不确定的未来事件的决定。这些人类决策带有主观的性质，他们知道得越多，会做得越好。机会总是青睐于有准备的人。

3.6　保护监管和责任的影响因素

如前所述，一般不可能去设计并运营一个可以处理所有一直存在的威胁而不中断正常服务的基础设施，这样做的代价非常大。此外，如果设计和运营以这种方式完成，那么成本会飙升，而那些防护工作做得较差的经营者反而可能会更成功，赚更多的钱，要价更低，并把对手淘汰出局。基于这些原因，市场那只看不见的手，如果不加抑制，会造就脆弱的基础设施，它可以处理日常安全事件，但将在较恶劣的情况下崩塌。

问题在于，通过法规，在多大程度上限制市场的无形之手，才能满足国家和全局的目标，以及公民的需求。这个决定没有预先定义的答案，但它是公共政策之一。那些基础设施的保护者面临的挑战是如何在存在法规时最大限度地满足市场需求。这些需求构成了保护责任，设计者和经营者必须满足。

保护责任一般来自法律法规、基础设施所有者及其代表、外审和行政审查，以及高层管理。其中一些责任是强制性的，因为它们受外部所迫，而其他责任则基于经营理念和社会标准内部产生。每个独立的基础设施类型在各辖区有不同的法律和法规约束，因此每个基础设施供应商必须仔细研读自身相关法律条文，并进行分析，以确定是否被授权和被允许。尽管如此，覆盖基本层面将有助于使安全持续进行下去。

3.6.1 市场和影响等级

市场从本质上讲不喜欢安全控制存在，除非由于缺乏安全控制导致安全事件及其影响等级高到不采取适当强效的保护措施就难以生存。市场的无形之手不能直接解决这类事情的原因是，运气可能会带来成功。例如，假设每年一些基础设施元件会以 50%的概率受到灾难性打击，但有 32 家公司直接竞争该市场，安全投入会使经营成本提高 5%，利润削减 10%，有 4 家公司投入了安全成本。在这个简单的分析中，忽略了金钱的时间价值；第一年后，14 家公司倒闭，2 家本会倒闭的公司继续经营，因为他们有足够的安全性保障，那些未受到攻击的公司会继续经营。现在市场上有 18 家公司，其中 4 家公司的利润是其他 14 家利润的一半。第二年，9 家公司受到攻击，其中 7 家公司倒闭，幸存的 2 家碰巧有安全措施。

现在，还剩下 11 家公司，其中 7 家没有安全措施，且比 4 家具有安全措施的公司挣得多，其利润率比为 2∶1。在接下来的一年中，又有 3 家公司倒闭了，剩余 4 家有安全措施的和 4 家没有安全措施的公司。现在这 4 家没有安全措施的公司已经挣足了钱，来收购那 4 家有安全措施的公司，他们舍弃安全控制，并已经证明了他们的效率更高，利润更大。不受控制的市场将一次又一次重演这种情形，此时市场迅速运转，竞争加剧，没有管控，严重的安全事件并不是多得可怕，企业有可能运营数年而不被淘汰。那些质疑这一点的人，可以参考软件行业和互联网服务业。

大多数的物理基础设施都不是以这种方式运行的，因为它们至关重要，而且罕有竞争。大多数城市在获取天然气、本地电话、电力、垃圾或污水处理服务上别无选择。然而，在银行、互联网服务、汽油、长途服务以及其他领域，存在激烈的竞争，因此不论该领域有几家企业，都存在大量的市场压力。其中，安全防护成为市场问题之一的一个例子是个人信用卡数据泄露。法律对于此类泄露已经制定了许多强制条款，并开始对公司形成实质性影响。例如，更换信用卡会耗费每人一定的成本，包括禁用之前的信用卡时花费的时间和精力、发送协议证明此次换卡不是潜在欺诈行为、检查信用记录等。由于个人信息会在全球范围内被利用，信用卡内容失窃造成的损失也相当大。从市场占有率和声誉的角度来看公司受到的影响可能是巨大的，监管机构以及公共设施使用权的决策者有时也会受到影响。

3.6.2　法律要求和规定

公共事业公司以及那些处理公共事务的公司的法律和监管要求，与那些只和其他公司打交道（"企业对企业"商务交易，即 B2B）的私人企业的法律和监管要求是大不相同的。

关键基础设施供应商来自双方的阵营。显而易见的部分是面向客户的关键基础设施组件，但是基础设施的很多后端组件只和机构打交道，一般不与公众交互。后端机构的例子包括核电厂发电并出售给配电公司、网络服务提供商对电信业和金融服务业提供高带宽的骨干网服务、提取自然资源（天然气、石油）进行售卖和精炼的公司以及在大型水域间提供大型运输管道输送水的公司。大多数提供这些服务的商业企业本身就是公共事业公司，因此会受到公众股票相关法规的管制，当然，还有许多关键基础设施都是政府所有、经营或政府特许的垄断企业。

监管环境极其复杂，这包括但不限于对人、物、所有权、报告、决策、利润、销售和营销活动、雇佣、民事安排、定价等的规定，以及几乎任何能被考虑到的事物，但大部分规定和那些不涉及关键基础设施业务的公司一样。其结果是，一些特别法律倾向将问题限制在迫在眉睫的问题；竞争行为问题，功能安全、可靠性和信息安全的标准问题；与政府和其他企业的信息交流以及定价和竞争法规。每个行业都有一套自己管辖范围内的规定，世界上有 200 多个国家，许多更小的管辖范围包含其中，任何情况下，都有数不胜数的法律授权可能适用。例如，在加利福尼亚州，名为 SB1386 的法律规定，若加利福尼亚州公民个人身份信息未经授权遭到泄露，必须告知信息被泄露者，或向新闻界通告所有遭泄露的人。如果一家位于加利福尼亚州的自来水公司允许信用卡支付水费账单，那么它必须要准备好应对这个问题。美国境内许多其他州也有类似的法律。

电信运营商也需要满足许多州的类似要求。一个全球性的电信运营商，需要满足对个人信息保护的其他法律要求，欧盟国家可能会禁止它保留或者跨越国界传输，而在其他国家则要求保留，而这仅仅是一项法律要求中很小的一个分支。通常由大学或行业组织支持的新兴互联网网站提供和业务相关的法律清单，一般对安全问题有数以百计的不同法律授权，但这些只是开始。例如，建筑规范要受法规的监管，这可能决定了邻居层次、有毒物质水平的限制、肥料成分、存储温度控制。抛开防护决策的业务原因，这些法规要求代表整体保护工作的主要部分，包括必须能够识别的责任，以及履行这些职责必须分配的资源。

合同义务也是法律约束，但是它们的形成要求有不同的职责，实现时有不同的奖惩机制。当然，合同还可以在一定程度上根据实际情况，制定奖惩的具体内容，因此合同条款可能存在很大差别。然而，在实践中，它们都不会偏离一些基本的准则。对于关键基础设施，它们通常涉及交付服务或产品，并满足时间和速度安排、质量等级、地点、成本限制以及付款条款和条件。例如，从种植户那里购买的散装食品需要满足政府核准的质量等级、市场决定的价格、新鲜程度相关规定授权的保质期、合同约定的数量和价格。批发商购买大部分食品，要么加工成成品，要么直接销售给零售商，也受到一定程度同等的约束。零售商卖给普通市民需要接受检查。虽然细节上可以有些差别，但对关键基础设施来说他们所提供的产品或服务的各种指标通常有一定的范围限制，大部分指标被政府以某种方式公开，并受控于政府。支付过程需要和金融基础设施兼容的支付系统，并且相关信息的机密性要受到限制。

所有这些法律限制都会受制于不可抗力，如战争、叛乱、国有化、军队或政府接管，或其他超出供应商或消费者可控范围的改变，从而规定被改变，法律追索权也随之消失。

3.6.3　其他防护职责

因为管理者和所有者持有决策权，并且曾经出现未履行公众义务的情况，所以还需要规定其他保护职责。管理者和所有者决策直接关系到企业最高层决定，对公众的义务是一个更为复杂的问题。所有者和管理者的决策本质上形成了对其员工、客户和供应商契约式的责任。例如，许多司法管辖区的法律定义了"有机"一词，所有者决定出售有机食品时便对公众消费者形成义务，以满足这些局部性要求。农民售卖有机产品必须符合特定有机标签的规定，或受限于法律追索权。互联网服务提供商声称他们在维护客户信息隐私时也必须这样做，否则将引发民事责任。对公众的职责源于基础设施供应商对其服务者的隐式义务。在许多情况下，关键基础设施供应商因获得政府特许垄断经营而对市场独占控制。作为专营权的交换，他们必须符合附加的政府规定。他们可以放弃专营权，以换取挣脱法规的约束，但他们不会这么选择。许多电信领域的公司选择成为"公共媒介"，这意味着它们将传输客户想要交流的任何通信，而不关注交流的内容。作为交换，对内容的不限制或不控制使它们可以对交流内容不负任何责任，或者说不用承担法律义务。

大多数地方，公共媒介的法律还没有被应用到互联网，造成了数次不必要的中断以及其他扰乱运营的问题，而电话业务持续运行并不受这些问题的困扰，很大程度上是由于公共媒介的法律和计费框架。

员工及公众的安全和健康是责任的另一个隐含方面，往往在供应商未履行大部分的义务后才会得到强制管控。新兴的基础设施需要一些发展时间，但是对所有已建立的基础设施，这些职责由法律法规明确规定。灾难性事故告警、人员疏散，以及类似的事件通常需要关键基础设施提供商和地方或联邦政府之间的相互沟通。在大多数情况下，通知公众的信息路径由法规或其他方式定义，但不是所有的情况都有这样一条路径。例如，如果一个核电站发生了故障，可能威胁公共健康和安全，那么通常在预定的时间范围内有一个国家级的通告。如果火灾导致变电站中断，那么可能需要监管通知，但在通告媒体之前，受影响的各方很快就发现出事了，因为他们的灯泡灭了。如果天然气管道需要按照预定的计划进行维修养护，那么在大多数情况下，必须预先通知受影响的用户，通常将维修过程安排在最小用量期间，以尽量减少影响。

一些特殊需求，如患者生命保障系统的电力供应，或在确定情形下中断会产生极高代价的制造设施，或电信系统中会因某种原因产生闭锁的"红色标签"线路，都需要特别注意，并由此产生特殊保护职责。对服务于政府特殊需求的供应商，如与美国的"紧急广播系统"或"安珀警报"①系统相关的安全通信，或公共安全闭路电视系统，都需要有额外保护职责。这样的例子不胜枚举。

在全球条约存在的情况下，或者在许多司法管辖区内，自然资源及其使用也包括保护职责。例如，许多重要的基础设施供应商会产生大量废弃物，这些废弃物必须安全处置或再加工，才能回归自然或用于其他用途。在这些情况下，职责的范围可以从简单的分类分离以便差异化回收或处理，到核废料的处理和长期存储。对自然资源的保护职责通常涉及生命周期问题，例如，在电力线附近放置化学物质，以阻止植物生长；随着雨水降落及地壳运动，污染物通过地下水扩散到邻近地区。生命周期处理的都是诸如此类污染物问题。而如今，只有少数关键基础设施供应商被要求处理这些保护问题，随着时间的推移，这些生命周期问题将会被逐渐认识到，并成为所有供应商必须应对的关键基础设施保护计划的核心部分。

3.7　关键基础设施保护策略

不出所料，保护领域可能会非常复杂。它涉及很多不同的子专业，每个子专

---

① 安珀警报（AMBER alert）是用于美国和加拿大的儿童失踪或绑架的预警系统。AMBER 是 America's Missing: Broadcasting Emergency Response 的缩写。

业都是一个复杂的领域，大多数都拥有几千年的历史。这里不是总结每一个子专业过去几千年的历史，而是简单说明每一个子专业是什么，以及如何在关键基础设施保护中起作用。建议读者参考这些学科方面的其他书籍来获取更多详细的信息。

防护在此定义为"免受伤害"。而"伤害"类型又有多种定义，如"损毁"、"攻击"、"盗窃"或"损伤"。伤害的种类繁多，从短期和长期来看，保持关键基础设施免受伤害的潜在动机是让人免受伤害。如果有一天必须关闭电源或供水系统来拯救人们的生命，那么就应该这样做。因此，顺着这一思路，防护的重点是使用关键基础设施的人。

众所周知，保护环境非常重要。对人的关注与其说是自私自利，不如说只是一种权宜之计。因为从长远来看，对环境的伤害最终会伤害到人，所以环境保护与对人的保护是休戚相关的。这绝不可能通过审核，所以这里的关注点假设是：保护关键基础设施免受伤害，目的是让人们免受伤害，虽然有时会事与愿违。同时必须牢记的是，在战略层面上，事情都是极其错综复杂的，它们间相互依赖的关系推动着保护人类的整体需求，因为基础设施的建立是为了服务人类，隐含的战略需求是保护人类赖以生存的世界。

大部分防护领域的子专业已经在过去被冠以某类"安全"的标题。军事用语包括 Trans-Sec、Op-Sec、Pers-Sec、Info-Sec、Intel，诸如此类，每一个基本上都是某个子专业的缩写。本书不会完全使用军事领域的安全类别，而是包含许多术语的变种，但是读者应该能意识到因基础设施、公司等领域差别而导致的说法上的差异。

防护领域中相关专业的目的是巩固以生命和财产为代价获取的知识体系，并将其转化为一门学科，如果应用得当，将减少偶发事件的数量和严重性，从而可以降低警惕性和投入的安全成本。然而，随着时间的推移，警惕性越来越低、投入的安全成本越来越少，将会导致越来越严重、越来越频繁的偶发事件；但是，基本上不可能去预知事故发生与否和安全措施之间的直接联系。因此，很多人将安全领域及其子专业描绘成巫术或者妄想。

尽管有一些人怀有强烈愿望想要将防护变成一门科学，但直到今天它还不是。原因有很多，如缺乏对安全的重视和缺乏资金投入等。将子专业变成科学的许多尝试已取得成功，最著名的例子是在运筹学领域，它源于第二次世界大战期间利用数学来优化攻击和防御技术而做出的努力。然而，防护是一个如此庞大的领域，加上科技发展日新月异，要把防护变成一门科学可能还需要几千年才能实现。

3.7.1　物理安全、人员安全及运营安全

没有物理安全，任何想要的安全保障都无法提供。所有关键基础设施都具有

物理层。对物理层的防护是提供服务和商品，以及所有其他类型保护的必要不充分条件。同时，无懈可击的物理安全是不可能实现的，因为在物理空间，总是有比已部署的防御更加强大的力量。当前的防御对核武器以及地震、火山等自然力量都束手无策，但所述每一种都仅限于物理空间。在可预见的将来，足够大尺寸的行星爆破和大规模的核打击都可能终结人类，如果这些事件发生，能与此抗衡的防护措施必然超出了关键基础设施供应商的能力范围。类似地，政府倒台、暴动、骚乱等不可避免地使关键基础设施的业务连续性进程举步维艰，产品和服务交付将会不同程度地受到干扰。然而，许多其他自然力量以及人类的恶意行为可以得到有效防护，且必须对其在某种合理程度上进行保护，以确保关键基础设施的稳定性。

1. 物理安全

关键基础设施的物理安全通常包括集中和分散的办公室以及其他能够容纳工作人员和设备的建筑物安全、用来获取自然资源及交付最终产品或服务的分布式系统安全，以及一系列与维持基础设施及员工正常工作的必要业务操作相关的物理安全措施。

举例来说，一条石油管道通常包括一个来自某类石油泵站（泵站连接地下石油存储和补给）的原油供给、一根可能穿过地下再穿出地面的长管道、沿线的一组压力控制阀门，以及一组用来给需求方交付石油的交付点。阀门和泵必须受控，通常通过具有重写本地数据功能的 SCADA 系统远程控制。石油供应必须是购买且要求支付，形成和金融系统的接口。石油管线必须进行维护，因此在维修期间，需要有人可以从内部对其进行访问，还可能需要有机器可以从其内部来实施维护操作。

对于任何不移动的物体，物理安全包括对放置点物理层的理解和分析。分析通常从一个"安全距离"开始，慢慢地向被保护物体移动，涵盖从地心到外太空的一切事物。例如，分析应当从攻击者的攻击起始位置开始，直到攻击者的能力和意图实施伤害范围之内。就阻止物理行为的目的来说，围绕被保护物体的一系列包络线应该进行逆向分析，一旦攻击者接触到被保护物品，如盗窃，被保护物品将被转移到其他地方。每一条包络线范围要包含一个自然或人为的对攻击进行阻止、预防或检测和响应机制，且整个系统随着时间推移而进行调整。

回到石油管道的例子，一条横贯阿拉斯加的石油管道，距离（美国本土）如此之远，从而避免了由于其长度而导致的许多潜在威胁，因此对于大部分石油管道，保护机制基于天然屏障，如冻土带的长途跋涉、（从美国本土）到那里所花费的时间，以及在那种环境下所能够携带的物品限制，且在强有力的防御作用下不被轻易发觉。对于地下攻击，恶意攻击者在这种机制下面临的情况只会更加糟糕；

对于空中攻击，设法得到一个规模可观的飞机或导弹不需要太长时间，也没有任何实质性的物理屏障放置在管道上空。因此，检测和响应是对抗空中攻击唯一合适的防御。

不同的能源管线，如全世界向家庭输送天然气的管道，其保护要求和特点差异极大。许多管道裸露在户外的终端节点，基本上没有物理保护。它们穿过街道和下水道，几乎人人都可以接触到。然而，某处断裂的影响不大，因为流经的天然气总量巨大，虽然对终端需求的影响更为直接，但受影响的人数要少得多。由于这些管道来自较大的供应点，随着天然气流量和受影响人数的增加，物理安全的需求会不断提高。

随着对终端需求和对基础设施损害的影响加大，风险会逐渐增加。主天然气管道爆炸会夺去很多人的生命，火点遍布，且需要花费大量时间来修复。在一开始，可能会使城市部分瘫痪；如果在冬季，就会蒙受生命损失。

The Design and Evaluation of Physical Protection Systems（Elsevier 出版，2001）是一本关于设施安全的好书。该书的重点是介绍保护设施内最高价值事物的详细方面，因为这代表了一个极端：在风险极高的时候，更应做合适的事，在关键基础设施中往往如此。对于固定的运输系统类资产的物理安全，该书虽然在概念上有所助益，但是实际用处并不大。

保护长距离固定的基础设施传输组件的问题是，电力基础设施、其他能源管线以及地面上电信传输媒介必须穿过很长的距离。对全线进行有效的预防性保护措施的代价太大，现今大多数社会难以承担这样的代价。即使在破坏随处可见的战争地区，也无法做到对这些分布式系统的每一部分都实施直接保护。

当然，通常保护区域限制人类访问，传感器和地理距离被用于延迟攻击，攻击检测和快速响应使得攻击者实施成功攻击的代价高昂。在任意特定的时间，只有为数不多的自杀式炸弹袭击者可能成功，而且总人数没有大到值得保护者建立边界防御，因为基础设施随处使用传感器以及配备快速响应部队。

对于移动的物体，针对设施的防护方法有些问题。一辆载有进口包裹的卡车无法受到从地心到外太空的任何保护，除非在极端罕见情形下，一般警卫和防护栏并不会存在，或者即使存在也相当薄弱。以包裹递送服务为例，包裹几乎来自世界各地，并根据要求送往世界上其他的地方。每天数千万的包裹通过交通基础设施，使得在当前或可预期的技术条件下，以合适的代价详细检查每个包裹显得不切实际。包裹从卡车输送到配送中心，再从配送中心装到其他卡车、火车、轮船或飞机。通过这些交通工具，它们会被运到其他配送中心或要求的地点。虽然配送中心是固定的设施，能够使用前文确定的物理保护方法实施防护，但是交通运输部分却不适用。

在运输中存在多种方法来保护运输的物料，包括但不限于路线的时间安排和选择、警卫和护送车队、包装、欺骗、标记、屏蔽、监视技术，以及追踪技术等来进行检测和响应。保险有助于转移风险，适用于几乎任何正常价值水平的货物，而高价值的货物需要额外的保护措施以及保险。

显然，金条和大量的现金运送往往使用装甲车和武装警卫，而大多数正常包裹会使用硬纸箱，由雇员开着无防护的面包车进行运输。

对于危险性最高的货运，如核燃料和核废物，其保护水平非常高，包括：隐匿运输的时间、地点；使用伪装车队、无标记车队、进行特殊包装、军事护送、从上空监视、在包装上安装传感器、利用一天中车流量较小的有限时间运送等；控制线路，以确保与其他交通流量的最少接触，确保最大限度的保护能力；在终点和沿线进行检查、密封，建立隔离区；突发事件应急预案；特种部队沿着路线布防；空军掩护等。即使是最重要的货物运输，在长途运输时使用同样的运输基础设施（公路、铁路和桥梁），但其使用方式特殊。空军1号是美国总统指定的飞行器，实行特殊预警措施，空中交通管制系统调整空中交通基础设施的正常运作，以确保为总统增加保护。但使用相同交通基础设施的大多数乘客防护较少，在很大程度上是因为他们有较小的可能性受到威胁，同时因为从国家安全层面看，他们不是那么重要，由相关的国家安全资源部门提供保护即可。

正如在基础设施控制中一样，边界防护也用于交通控制，但其使用方式差别很大，因为交通工具的边界在移动。当在车内的时候，边界防护基本上与其他设施类似，只不过因为重量、噪声、动作及其他类似属性往往会在运输中发生变化，而不是固定在某个位置，对这些条件不敏感且能有效起到防护作用的可用技术太少，而且往往更加昂贵。尽管可以保护基础设施免受毒气攻击，但是保护卡车司机免受空气扩散物攻击几乎是不可能的，因为司机必须呼吸车外边的空气，否则成本极高。

另外，在运输过程中越来越多的包裹和用于运输的车辆被密切跟踪，不断接受检查。

射频识别（radio frequency identification，RFID）是在个人包裹和物品上增加条形码，让它们在通过设施的入口和出口时被跟踪。视频监控用来查看货物的存储和移动，以及通过卫星实时跟踪车辆本身。这些积极的防御措施使得盗窃、路线更改、停工、延期和其他活动能得到快速检测，并能对此快速响应来限制损失。那些承载汽车运行的交通基础设施也有保护措施，例如，安全标准；交通警察、消防及其他应急力量；用于检测各种车辆的传感器和视频监控；一般从检测和响应观点来看，能够增加交通基础设施物理防护的其他能力。

2. 人员安全

人员安全对于任何关键基础设施的运作来说都是至关重要的，因为是人来操作基础设施，随着时间的推移，在没有人的情况下它们都将会失效。为了关键基础设施的正常运作，人们必须在生理上得到保护，避免伤害，但人往往会移动，不愿意也不能像包裹（或物料、设施）那样被严格控制不动。在身体层面上保护人的安全，涉及范围囊括保护政府的重要任务，到保护工程师、设计师、运营商、测试人员和维护人员，这些重要人员是政府设施的一部分，而工程师、设计师等也对其所在的基础设施至关重要。

对于国家领导人，可以采用不分昼夜的保护方式，但对于普通人，这种方法不合理，也行不通。在关键的基础设施保护中，最需要保护的人并不总是高管，而是那些接触基础设施的工人。他们薪水很低，在同样的工作环境（无论是靠近电线杆的线路工人还是整日在桌子前的控制系统操作员）日复一日地工作。而且他们的工作往往高度重复，在紧急情况下，最重要的事情就是他们能够把工作做好。

有句飞行员的谚语说"长时间的无聊，紧跟着的是短暂的恐惧。"电力控制站在正常操作期间是非常安宁、平静的地方：一成不变的"呼呼"声，每小时可能来来回回几个人，所有人安静地干自己的活。然而，在紧急情况下，它就充满了活力，根据操作流程，在必要的时间内，人们快速奔跑着去处理突发事件以减少损失。因为开车过程很无聊，司机在开卡车的时候容易犯困，但是当反方向行驶的汽车出现在面前，而司机却行驶在一个视线不良的弯道上时，他需要快速响应并做出正确反应。如果飞行员、司机和操作员没有经历合适的训练、休息和安全教育，那么他们无法正确反应，突发事件就会变成一场灾难。

对于那些希望攻击关键基础设施的人，这些工人往往成为攻击者的目标，因为他们跟高管相比，虽然没有很高的报酬，但是有对基础设施直接实施伤害的能力。保护固定设施以外的移动工作者，如司机和维修工，其成本通常过高，不会进行强力保护。虽然在工作中装甲卡车司机比线路工受到更好的保护，但是在正常工作环境之外他们都没有受到保护，如在家里或度假时，而且工作保护也延伸不到他们的家庭，不像对一些高管的全方位保护。由此带来的更多问题将会在"人员安全"中讨论。然而，在工作中，还有更多关于工人的人身安全的事情。

消防员和警察是关键基础设施工人的代表，由于自身工作性质，他们时刻处于危险当中，也被提供了特殊保护。他们有特殊的设备和培训，目的是在工作中保证效率并节约成本的前提下，实现最大限度的人身安全保护。他们在团队中工作，能够互相关照，并在有需要时提供额外的帮助。他们有特殊的服装和设备：警察的防弹衣和消防员的防火服；警察有枪和手铐，而消防员有氧气罐、防毒面具、消防斧。这些设备包括功能安全和信息安全，它们在很大程度上密不可分。

在消防站里，对消防员的保护水平要低得多，因为他们受到本地居民爱戴，因此不会受到所在社区的攻击。警察局需要更高的保护，包括罪犯关押区、审讯室和其他类似的区域实施特殊的防护。枪支、弹药必须加以保护，还有可以访问罪犯数据库以及调查人员记录的计算机。另外，医院和其他医疗机构，为保护员工的健康和人身安全有不同的策略。对工人的保护高度依赖于基础设施的性质、工人出现的位置、这些位置工作的性质。除了设备和设施的保护措施，对工人的培训和安全意识也能发挥作用；而且根据具体情况，甚至可能需要把系统和处理流程设计成确保单个工人不能单独对基础设施实施严重伤害，并确保单个工人不会暴露在重度危险之下。

当谈到人员安全时通常谈论的是，保护关键基础设施免受有授权的恶意角色破坏，而不是保护人类免受伤害或保护基础设施免受未经授权人员的破坏。这包括一些旨在了解和记录哪些人是可靠、可信、诚实的方法，以及限制潜在的个人和团体对基础设施造成的负面影响，对恰当和不当行为进行奖励和惩罚，从而达到威慑和监视的作用。

人员生命周期通常始于关键基础设施供应商和一份工作申请。这时，对申请人进行背景调查，核实他们所说的关于自己的事情及其真实性，验证他们的身份，了解他们的过往，并作为未来表现和行为的指令。并不是所有的供应商都进行这些调查，那些不这样做的供应商有很大的可能遇到有问题的雇员和基础设施。

根据检查的类型，背景调查可以揭示以前的犯罪行为、工作申请中的谎言（如今非常普遍）、国外情报关系、假身份、高债务水平或其他金融困难，或任何其他可能会影响雇佣的信息。对于许多需要高度信任的职位，可能需要政审。显然，警察局会犹豫是否要雇佣有犯罪记录的人，消防员会犹豫是否雇佣纵火犯，金融行业会犹豫是否雇佣金融罪犯或有高额债务的人，对这些职位及其他更多职位来说，这些人都有可能具有潜在的不确定性。

在进行背景核查和审查过程之后，防护机制限制了对人员分配的工作任务。例如，外国公民可能被禁止从事某些敏感的工作，如涉及为政府机关和军事设施提供服务的基础设施的工作；没有足够的经验或专业知识的人可能不会被分配到需要高技能水平的专业领域，没有政府许可的人将被禁止在某些设施工作。

在工作环境中，所有工作人员的认证级别必须和其拥有的许可信息匹配，因为某些设施认证和授权水平可能比其他设施要高。在工作期间，有些工人可能不被允许访问某些系统或拥有一些能力，除非他们已经在供应商那工作了足够长的时间，随着时间的推移，公司对他们的信任增强。对工人定期复查来查看他们是否在没有加薪的时候一夜暴富，或是背负越来越多的债务，使他们有被敲诈的嫌疑。对于高度敏感的职位，工人可能需要向其雇主告知一些信息，如遭到逮捕、旅游的具体地点、结婚或离婚等。显然，这些信息相当敏感，同样应该小心翼翼地保护，但这些事情处在信息保护的下层。

由于各种因素，人类可靠性研究已经在大量人群上实行，尤其是在敏感性工作中，人类可靠性研究可以用来作为区分的参考。

往往在工人打破信任之后，其行为才得以确认，但根据预测的基本原则，这样的指令器在确定谁会背叛信任时无能为力。看起来非常忠诚的人可能实际上擅长欺骗或经过训练来打入内部。平常值得信任的内部人员可能受到胁迫，在面临家庭成员被杀或不忠的风险时，可能会破坏信任。再一次说明，人员安全问题非常复杂。

3. 运营安全

运营安全保护必须与特定过程（操作）一起进行。它目标明确，且往往在有限的时间内有效。首先识别与操作者相关的威胁，然后将脆弱性与这些威胁的攻击能力和攻击意图相关联，最后在操作执行过程中实施防御措施来抵御威胁。因此，这些防御往往是暂时的、一次性的、非结构化的，且因人而异。

操作通常由具有特殊目的的工作组成，一般是应对危机或偶发异常状况。横跨阿拉斯加州石油管道的建立需要实现操作安全，但它的正常使用需要实现运营安全。因为油罐车起火，加利福尼亚州奥克兰的桥梁倒塌，大概几周后才能修缮完毕，这显然是一项需要操作安全的特殊情况。然而，建设和维修道路涉及运营安全问题。

对于操作，安全保护措施是一次性的，因此通常缺乏系统性和周密性的设计，也往往不去寻求可行的一次性解决方案的优化，而且这种安全防护措施的成本不可控，因为通常并没有考虑长期的生命周期成本。接受风险的决定更为普遍，很大程度上是因为操作安全措施只做一次而非多次，所以人们会比在日复一日的简单重复事务下更为协调和勤奋。在某些情况下，操作安全比运营安全更加强烈，因为操作是一次性事务，所以可以应用价格更高、更加专业的人员和物品。

此外，虽然有经验的操作员能拥有一个更为广阔的历史视角，但是由于每一个案例都是独一无二的，决策几乎没有任何历史经验可作为参考。

运营安全是一个需要在保护正常和特殊的业务流程安全时使用的术语。这种类型的安全措施往往持续时间不确定，并会重复出现、随时发生，不针对某个特定的时间范围或目标。换句话说，运营安全相关的流程是关键基础设施正常运转的日常事务。运营安全保护往往是高度结构化和惯例化、定期回顾、外部审查的，并且不断演化。

运营的一个例子是围绕电力中断的维修过程。虽然这些活动在某种意义上来看都是独一无二的，但它们都相当普遍，并且使用可重复的过程。电力网中的每一个变压器或导线都可能在某个时间失效，相关各方都能充分理解维修或更换过程。他们大体上每天做相同的事情。风暴、洪水、地壳运动等，循环往复；随着时间的推移，在某种意义上他们已经习惯了以一种标准且发展的方式去解决一系列安全问题。

运营安全很大程度上是一个随着时间的推移而进行定义和精炼的过程。例如，空中交通系统，截至本书成稿时过去的五十多年中，空中交通系统的运营在各个方面逐步改善，已经形成了目前人类运输业中最安全的运输形式。即使个别劫机事件，并不会显著改变整体上的安全统计数据，但关键是不允许类似的事故再次发生，才是空中交通安全的重点所在。运营安全要求增强针对系统的检查，但这些检查并不是一次性的。全世界每天有数百万次飞机起飞，随着时间的推移找到瑕疵，将其一个个清除，虽然"金无足赤"，但可以期望不断趋近理想状态。

3.7.2　信息保护

信息保护是用来确保内容的可用性。内容与其功用一样，有多种形式。例如，客户的姓名，地址以及当前账户额可用来支付账单和开通服务，但假如这是它们存在的唯一目的，那么当其被用于其他目的（如被盗用于诈骗，或被叫卖用于广告目的）时，就会失去原本的功用。既然功用性是以基础设施为背景的，没有预先定义的功用，因此信息系统必须根据具体的基础设施供应商来进行设计，达到功用最大化的目的，否则就没有使内容的功用最优化。自定义系统的成本很高，所以大多数关键基础设施的大部分信息系统是通用的，因此留下了滥用的潜在危害。

除了常见的内容用途，如支付、广告等，关键的基础设施及其保护机制依赖于信息内容来控制其操作行为。例如，SCADA 系统用来控制水的净化、配电的电压和频率、石油管道的流量、存储设备的可用存储量、设施的报警和响应，以及许多类似的机制，如果操作不当，这些设施将停止工作。这些控制至关重要，如果操作不当，可能会导致服务丧失；基础设施临时或长期失去其功用；无法恰当保护基础设施；损坏其他设备、系统以及和基础设施相关的能力；或者，在某些情况下，通过对其他基础设施的依赖关系而导致系统崩溃，例如，一个控制储水量的 SCADA 系统处于非正常工作状态，可以清空所有的水箱，但会造成一段时间内供水不足。

例如，大多数水塔是由泵和排水管系统控制的，这些系统又由内嵌式 SCADA 系统控制，它们共同限制水塔的操作。水位太低，它们会自动打开水泵，除非异常情况出现，如这些水泵被当场手动关闭或是失去功能、SCADA 系统断开和水泵的连接，或 SCADA 本身出现问题。更加有限的功用性和更高的成本换来了更大的确定性，因此信息保护是"花钱买平安"。使用相对廉价的 SCADA 系统的代价是可靠性降低，尤其是当受到攻击时。集中式系统可以节约成本，但它将远程控制连接暴露在攻击之下，而在具有本地 SCADA 控制功能的分布式系统下，这些信息就不会显现。大多数 SCADA 系统具有本地 PLC，其操作设置和控制由中央系统通过受控的电信基础设施来实现，在此基础上，PLC 还可以重写本地的安全策略和操作限制。

信息受制于监管要求、合同义务、由业主和管理者定义的控制、高管的决策等。信息及其保护的许多方面都受审计和其他类型的复核。就其本身而言，需要定义一组保护职责，而且通常有一个管理架构来确保控制过程的正确定义、记录、实施和验证，以及证明履行了这些职责。职责编制后形成文档，文档也应经过审计、复核、批准，而且文档形成了一个合法的契约来实施保护措施，满足业务需求。通常情况下，方针政策、控制标准、流程等作为文档元素，定义要做什么，由谁、如何、何时、何地去做。这些操作日志随后（从管理的角度）用来证明所定义的流程得到执行，并用来检查和纠正策略中的偏差。

控制过程通常由经批准后的风险管理过程进行定义，旨在匹配风险及其确定性，从而保证成本可控，同时提供足够的保护来确保在其使用的环境中内容的功用。这通常包括基于业务模型识别影响（此模型在基础设施架构下基于业务模型定义了使用背景），识别危害基础设施的威胁及其能力和意图，识别体系结构及其保护特性和不足之处。必须根据潜在复杂相互依赖关系对威胁、漏洞和影响进行分析，这些相互依赖关系可以是直接的，也可以是间接的。可以接受风险、转移风险、避免风险或减轻风险到适当的水平。

在大型组织中，信息保护是由首席信息安全官或类似头衔的人员来进行控制的。然而，大多数关键基础设施供应商都是较小的本地实体，工人总数只有几十个，几乎可以肯定没有一个全职的信息技术工作人员。要使信息保护完全可控，就要由地方上的工人来控制。和物理保护一样，安全保护过程中可以使用威慑、预防、检测、响应、调整等手段。然而，对于较小的基础设施提供商，预防设计是主要控制手段，因为对小型组织重新设计以处理及适应来说，检测和响应太复杂、花费太高。尽管小型组织试图去阻止攻击，但它们通常不大可能成为攻击对象，因为攻击它们产生的影响非常有限。

如同物理安全一样，信息保护的考虑往往围绕内容及其功用；然而，如今使用的大部分信息都通过它的流动性来获得其功用。正如在交通运输方面，根据具体情况限制保护措施的使用。要使用保护措施，信息必须经过某种方式的处理，将信息作为输入，生成最终信息产品，并可在每一步生产过程的其他终端用于其他目的。信息必须在静止时、活动时、使用时受到保护，以确保其有效性。

信息保护系统的控制通常比其他系统更复杂，因为与其他系统相比，信息系统往往有更大程度的互联和远程寻址能力。

虽然石油管道必须物理上到达才可以实施破坏，但控制石油管道的 SCADA 系统可能会被世界各地的攻击者利用互联的系统进行远程访问。尽管有人很期望将 SCADA 系统和相关的控制系统与外部世界隔离开来，但这并不是当今的趋势。

实际上，监管机构已经对 SCADA 系统和互联网络连接进行了管制，以便实时获取更多信息。进一步说，对于较大型的互联基础设施（如电力和通信系统），只能通过远程连接来共享消息和长距离传输数据，除此之外别无选择。复杂的、难以理解和管理的安全隔离措施正在被越来越多地使用，它们可以建立起受控的通信线路，这同时也降低了通信线路被利用的可能。此外，SCADA 系统之间的协作可以提升效率，效率又转化为金钱，却降低了安全性。SCADA 系统只是整个基础设施控制系统中需要保护的一部分。从非金融企业的金融系统，到"人管人"的管理系统，弱时序的控制系统存在于每一个层面上。包括文本管理系统，所有这些都是信息系统。

所有的控制系统都基于一组传感器、控制功能以及一组执行器。这些必须作为一个系统在一定限制条件下进行运作，否则系统将失效。所做的限制条件高度依赖于具体情形，因此工程设计和分析通常需要定义出控制系统的限制条件。然后，这些限制条件和确定的风险等级及风险应对机制一起，被写到系统中。大多数严重的失效是由于限制条件设置不当，或是所使用的配置或限制条件与当前环境不匹配。例如，水阀的旋转速度可能必须要进行控制以防止管道受损。如果控制水阀的 PLC 设置不正确、设置可被改变或未按照设计来进行控制操作，控制都会失败。例如，阀门旋转超过限制（即打开过快），最终会导致管道爆裂。

要使其有效，传感器必须以一定的准确性和粒度反映现实，并达到有效控制需要的时限，从而保持整个系统在限制范围内正常运行。例如，水管爆裂时，错误的传感器数据可能会导致控制器判定阀门打开过于缓慢，从而使控制器发出了增加阀门旋转速度的控制信号，最终达到导致管道爆裂的水平。通常用冗余来防止传感器错误所造成的系统失效。不论怎样，额外的阀门旋转速度控制装置能够限制执行器速度，因此即使一个传感器失灵，最大旋转速率的控制信号也不能作用于正常运转的阀门，这样其打开速度就不会超过管道爆裂的限制。

执行器必须足够及时、准确、精确地执行控制系统下发的指令，同时满足系统的控制要求。例如，管道破裂的案例中，即使是 PLC 和通信正常运作，转动阀门的执行器或阀门本身也可能会失效，从而导致相同的故障。虽然控制所有可能的故障模式无法实现，但是一个合适的控制系统会使用传感器数据来判别阀门操作中的错误，并允许控制系统尝试去限制控制器动作，直到修复。

控制限制对故障的识别意味着该控制系统必须正确地将当前情况和传感器输入转换为执行器的输出，并适当地修正时效性、准确性和精度方面的误差，以保持系统整体上在限制范围内运行。更复杂的情况是，即使是计划最周密的控制系统，多个传感器和阀门同时故障也可能会导致系统失效。这就是为什么通常给这样的系统建立故障-安全模式来进一步增加确定性，在严重的情况下，使用物理限制来实现失效-安全确实是安全的失效模式。

这意味着安全系统能够确保正在进行的操作是正确的，能够检测到偏离正常范围的变化，并能够确保这些变化是在内部或外部控制系统的正常控制之下，且在常规或紧急的操作限制范围内进行的。因此，安全系统也是一个控制系统，负责确保其内容对其他系统有用。

物理安全警报和响应系统、监测系统和应急通信都依赖于信息保护功能的正常运转。在较长的时间段，信息保护是金融支付和采购系统、应急服务、外部支持等功能的关键因素。换句话说，信息保护支持并依赖其他各种基础设施元素。

在其他基础设施中，如金融系统，控制系统可能更加复杂，不太可能与互联网及世界各地完全隔离。例如，今天的电子支付系统主要是在互联网上运作，个人和基础设施供应商可以直接访问银行信息和其他金融信息，并从任何地方转账或付款。在这样的基础设施中，需要一个有更多执行器且传感器更为复杂的控制系统，同时需要一个更大的管理结构。

在投票系统中，要很好地确保所有的合法选票都正确地投出并进行计数，书面记录（或者类似不可伪造的、无可争议的记录）必须对投票者和计数员是透明的。最近与电子投票相关的投票失效事件无疑证明了盲目信任此类信息系统的做法，风险如此之高：系统这么分散，操作员未受训练、不可信任、毫无经验。这些系统在很大程度上已经失去控制，因此使用起来不靠谱。基础设施的不间断操作需要变更控制，但是在信息领域，变更控制尤为棘手。

对于工程系统，变更控制和配置管理是工程功能的一部分。设计者和工程师将设备放在现场，必须分析和限制其配置和配置变化，并建立限制变化的控制措施，来限制已授权人员对预设的限制做出改变。这种变更还包括额外的工作量，变更控制确保已经对变更内容进行了适当的分析，保证变更实施后不会导致系统失效。这些变更都必须经过安全程序的检测，确保只有经授权的当事人才能做出这些变更，这一过程是批准变更流程的一部分；否则，攻击者可以利用变更控制的缺失来改变控制系统和基础设施，从而造成伤害。

美国有一首歌曲《我的桶上有个洞》，歌词中写道，要修复桶上的洞，他们需要稻草，稻草必须由刀来切断，刀很钝，需要石头来打磨锋利，刀磨得太热了，需要用水冷却，而桶上有个洞，无法取来水。这里面临的难题是要对这些问题进行多深的检查才能确保业务连续性。很不幸，答案是"一条道走到黑"。虽然寄希望于攻击者可能永远不会制订这等周密计划，但是真正的攻击者会想到所有可能性，并做更多的工作来攻击高价值系统，而且关键基础设施的关键部分之所以被描述为关键，是因为它们价值高，值得作为攻击的目标。由于关键基础设施中信息技术和系统高度融合，目前，有必要进行大量的深度理解和分析，以避免来自远处的间接影响。因为信息工程没有悠久的历史，所以在本领域中，只有少量知识和技术成果被用来实施大规模的高可靠性工程。由于行业的变化以及如今这些技术不稳定的性质，没有工程历史、工程传统以及工程知识体系可用来参考以真正地弄清这些问题，因此也就没有一个简单且容易定义的可实施解决方案。

要进一步了解信息保护问题，读者可以参考 F. Cohen 的《首席安全官的百宝箱——管理指南》，它给出迄今本领域的高度概括，并为不同规模和类型的企业信息保护所需的不同事务提供指导。

3.7.3　情报和反情报利用

了解威胁和现状需要努力获取情报，获取情报的过程就是尝试发现基础设施中可以被利用的特征，而打败一些尝试的过程称为反情报，反情报就是为了对抗对手的情报工作而进行的工作。在最简单的情况下，无论出于何种原因，对基础设施的一个威胁源可能有一个导致基础设施失效的公开的攻击意图。考虑到攻击能力和攻击意图，这种威胁的特征可以归纳为：要确定在基础设施中是否存在尚未被解决的安全漏洞。而对基础设施的拥有者和运营者，如果存在这样的漏洞，那么他们可能会对基础设施或其保护系统做临时或永久性的改变，以解决新的威胁。根据紧迫性和严重性，可能需要立即采取行动，威胁被找到后，通过法律来逮捕相关人员，通过政府的军事行动破坏或禁用相关活动等。基于已识别的和已预料到的威胁集合和威胁类型，这些威胁可能会努力获取基础设施的信息，来进行攻击。反情报工作的重点是拒绝提供攻击所需的威胁信息，阻止他们获得情报的尝试来阻断攻击。把情报和反情报分开讨论基本上是不可能的，因为它们是同一枚硬币的两面。要想把其中一个做好，需要了解另一个，并理解它们的关系是直接竞争的。

一个打败他们的简单方法是，将相关信息确定为机密，拒绝给他们需要的信息，但这无法阻止那些试图通过其他手段获取信息的严重威胁。

例如，如果某人想要攻击一个电力基础设施，他可以从有电的地方开始，跟踪物理电源线，发现越来越大的电力传输设施、控制措施和切换中心，并最终到达电力源头。通过不公开电力线路图的方法来阻止攻击者不会非常有效，在互联网和卫星成像的时代，攻击者可以使用天上拍摄的卫星图像来跟踪线路，以此创建自己的地图。显然，对这种类型的情报工作可以做的事情很少，但也许一个防御者可以掩盖这些基础设施是如何被操作或类似事情的细节，使攻击者的工作更加困难。表 3.1 给出了关键基础设施部门和特定领域机构对于情报和反情报措施的对应关系。

表 3.1　关键基础设施部门和特定领域机构的对应关系表

情报	反情报
攻击者试图确定设施、设备、地点和在设施中的安全措施到位情况，并干预基础设施元素	防御者试图阻止任何有关设施、地点或防御的细节的出版物的使用
攻击者在公共记录中寻找建筑设计的意见书、检查的材料、其他报告和遵从法规的记录	防御者了解这些记录中的内容，并通过删除一些信息，如房间名称、设施的使用以及细节，努力减少其被攻击者的效用
攻击者寻找供应商，以确定正在使用的设备，包括联系某些类型的所有供应商，并声称自己是一个大客户，寻找其他用户的使用情况做参考	防御者使用合同和认知方案对供应商进行限制，限制透漏的知识，限制供应商销售人员知晓的信息，以减少他们掌握的信息
攻击者打电话自称是某一特定类型供应商之一，询问正在使用的设备的维修计划并提供折扣优惠	防御者对与供应商打交道的员工进行培训，使其能够在回答问题之前对供应商合法身份进行认证

　　当然，这场猫和老鼠的游戏一直在继续，最终一定会采用某种系统性的方法以便在反情报领域获取成功。更详细的与情报和反情报相关的启发性方法在 F. Cohen 所著的 *Frauds, Spies, and Lies, and How to Defeat Tem* 中被提及。

　　显然，情报领域可能是十分复杂的和深入关联的，针对一些威胁，它可能又是非常严峻的。在风险管理中使用的关于威胁的部分描述是，应识别攻击者和攻击者所使用的系统的情报能力，以确定信息将帮助攻击者获得优势。对于本地的水务系统，其威胁不可能像一个全球金融系统的威胁那样严重，并且威胁的类型可能是非常不同的。一个国家破坏军事基地供电系统和一个互联网攻击者进行信用卡窃取等犯罪需要投入的成本和侧重的方向显然是不同的。为了了解到未来事情会如何发展，阅读 K. Melton 所著的 *The Ultimate Spy Book* 是非常有帮助的。该书提供了国家采取的情报和反情报行动的照片及事件经过，其真实性已由美国中央情报局和苏联国家安全局证实。

　　关键基础设施必须应对来自严重威胁源的真实情报攻击。例如，在外包升级过程中，电力控制系统、通信系统、网络系统和银行系统，它们会把承包商所开发的软件代码植入 SCADA 或者类似的控制系统之中。有一个案例，一个关键基础设施供应商发现，一个已为承包商工作多年的雇员身份可疑，而且行为均与国外情报人员有关。网络情报嗅探正在其他国家进行，他们的情报人员定期采取行动，去获取信息和关键基础设施的控制权。

　　对所有国家的关键基础设施的情报进行收集，是维持和提高军事进攻和防御能力的必要部分，攻防能力是为了应对战争、暴力冲突的可能性，改变竞争者和敌人的处境。

　　然而，不只是国家使用这些技术，最低层次的基于互联网的攻击者、有组织的犯罪、项目的竞争投标者、职业小偷、政府机构和执法机关、私家侦探、记者和其他许多一直在寻求提供关键基础设施供应商情报的人，无论是为了在销售过程中获得竞争优势，或为了任何其他目的而使用这些技术。关键基础设施供应商是情报攻击的目标，因此为了保护自身及其工作人员、乙方供货商、甲方客户和其他人，他们必须采取行动来应对这些攻击。

当然，可以对这些类型的攻击进行防御，防御的手段包括确定弱点和应对策略，这就意味着要有能力对自己的人、系统、设施和方法进行情报攻击。许多公司有时会做这些活动，而批准这样的活动往往带来更多的复杂性，防御者会执行情报工作以寻找漏洞。威胁建模是有价值的，但防御者也必须明确安全防护工作的限制范围，并确定什么是值得保护的。所有这一切都是整个情报和反情报工作的一部分，应该由所有关键基础设施供应商来承担。

3.7.4　生命周期保护

正如之前讨论的那样，在关键基础设施中的保护问题是跨生命周期的。生命周期问题通常会被忽略，但是一旦识别出来就很明显。

从之前引用《首席信息安全官必备——管理指南》中可以看到，人、系统、数据和商业的生命周期都必须纳入考虑，对于更加普遍的情况，所有消耗的资源、产量和产生的废物的生命周期都需要被考虑到。这意味着要对基础设施所有元素的整个生命周期建模，这里生命周期所涵盖的范围比"从诞生到死亡"更广。

忽略地方性和全球性问题，仅考虑局部的生态基础设施。当从地球中取出自然资源来供给这个设施时，未来将无法使用这些资源，取出这些资源的地方会被改变，这些地方会永远留下伤痕，其他原本生存在这里的生命可能将无法生存，这些资源和周边环境关系的破坏可能会改变更大范围的生态环境，从长远的角度来看，这些负面影响甚至会超过资源本身的益处。假设资源是煤炭，可以被燃烧来提供电力。煤炭的开采可能会产生灰岩坑，这些灰岩坑将会破坏其他基础设施，如天然气管道或者地下水基础设施，或者可能产生一些未来使用方面的问题。

煤炭被开采后，通常情况下会使用不同的设施设备运输至发电站等。如果运输的距离较长，在运输过程中将会耗费更多的能源，能源基础设施和其他基础设施之间是相互依赖的，其中运输是其生命周期的一部分，可被攻击，这个部分需要被保护。因为煤炭依赖于交通运输基础设施，交通运输基础设施的安全性将决定煤炭能否到达其目的地，所以安全系统也必须要相互交互、协调工作。例如，如果燃料是原子能而不是煤炭，那么交通运输安全性的需求自然也就不同；如果发电站发电效率较低，并且之前的攻击使运输成本更加昂贵，那么在使用原子能作为燃料后，这类攻击自然就被阻止了。

这些步骤在相互作用的生命周期中不停地进行，其中包括不同事物、人类、系统和商业的生命周期，所有的这些生命周期步骤和交互过程必须被描述清楚，才能明白个体和整个基础设施的安全性需求。

　　不管每个基础设施中包含了怎样的细节，生命周期的本质就是其中复杂的交互元素，对它们最好的管理方案就是建立模型，使其可以被系统地处理并且能够和其他生命周期的模型结合进行分析。

　　从保护的角度来看，这些模型使分析员考虑的事情比之前更彻底、更确定。因为世界上发生的一些安全事件已显示出模型的缺陷，所以随着时间和经验的增加，模型应该被作为生命周期的一部分进行更新。这不仅允许分析员可以持续改善基础设施，也提供了创建策略、控制标准和规程的基础，来满足所有基础设施组件的生命周期中建模元素的需求。因此，模型是保护需求理解的基础，而生命周期帮助塑造了模型的基础。这些生命周期模型也可以被认为是流程模型；作为流程模型来看，它应该能够涵盖所有交互组件的一切方面，从这些交互组件被创造到其停止运行。生命周期模型本身有助于确保保护覆盖范围是完整的。

　　值得注意的是，虽然所有的基础设施组件都有有限的生命周期，但是基础设施整体是为了实现一个无限的生命周期。在生命周期中通常需要被注意的时间点包括最初计划建设基础设施时、组件和组件组合被创建时，以及最终被销毁时。然而，维护和操作、升级、销毁后的清理和恢复周边环境这些至关重要的元素，往往被公众忽视，即使比较困难，也必须作为日常工作开展。

3.7.5　变更管理

　　不管是否愿意、如何计划，变化都会发生。如未能对其进行成功管理，就会导致关键基础设施的失效，而如果进行合理的管理，基础设施将随世界的其他部分一起改变，继续改善生活方式，推动人类和社会的进步。

　　而那些想要摧毁社会的人希望引起的变化是破坏性的，变更管理作为保护过程的一部分，可以帮助确保这种情况不会发生。

　　变化可以是恶意的、偶然的或是被确定为有益的，但当变化发生时，如果保护没有被考虑到，那么肯定会产生可利用的弱点或导致意外故障。在某种意义上，变更管理属于生命周期标题下的一部分，但通常被分开处理，因为它们可以在生命周期的每个阶段都被考虑，或是在整个生命周期中某个重要组件的正常运营阶段内被考虑。

　　继续用燃煤发电厂的例子。发电厂本身的变更反映了技术更新，如清洁操作。这种变化可能需要引入额外的技术，如烟囱洗涤塔。这些洗涤塔的引入会引发零部件的更换，而零部件的更换开启了新的部件生命周期，攻击者可把洗涤塔的引入作为契机，设计一个机制以在必要时使电厂瘫痪。他们可能会在洗涤塔装配时添加一些材料，可以削弱其操作或在特定的操作条件下导致爆炸。为了让更换部件进入供应链，他们可以添加不合格的组件来造成破坏，或者使用自己的专家参与维护，获得工厂系统的访问权限，利用这个访问权限来植入其他设备或改变功能，便于后续的利用。洗涤塔需要使用计算机进行控制，而计算机又需要访问网络，就会威胁网络的整体安全水平。也就是说，洗涤塔的变更很可能"开辟"了一条通往运营模式改变或拒绝服务的道路。

从这个例子中可以看出，任何变化都会有连锁反应，任何事物的改变都会影响一切相关事物的变化。这就是变更管理必须到位的原因。一个基础设施中的所有相互依赖关系可能卷入任何改变的副作用当中。

变更管理过程必须考虑到两个方面，一个是需要系统地理解所有改变的直接影响和间接影响，另一个是在一件事情发生改变后，要有能力限制其他事情产生的相关改变所造成的影响；否则，每一个变化都需要重新设计，或者至少是对所有基础设施进行再分析。变更管理过程，必须根据分析结果来确定检查的程度，来确保一个组件的变化不会导致其复合组件的操作超出限制，这些限制往往是组件进行组合的基础。此外，如果一个组件的变化会改变其复合组件的外部接口，那么较大的复合组件必须进行审查，以相同的方式确定变化范围的限制。

通过以上分析，可以检查出相互依赖关系，并了解改变的真正成本。从分析结果可以看出，看似花费不高、微不足道的变更可能会有非常高的潜在风险和成本，而针对简单的问题，看似昂贵的解决方案，实际上可能在整体分析上是非常划算的。因此，变更管理是保护的关键，是做出关于关键基础设施的生命周期合理决策的关键。

3.7.6　战略性关键基础设施保护

战略性关键基础设施保护是对整个基础设施和人类整体的长期保护。就其本身而言，较少涉及特定的基础设施元素保护，更多的是关于对整个支持系统共同体的讨论，支持系统不仅仅支撑地球上的人类生活和社会，未来还会涉及太空甚至其他地方。

作为一个发起者，必须认识到所有的资源是有限的，对"污染的解决方法是稀释"观点是不能容忍的。然而，可持续发展的概念，在有些时候需要用发展的眼光来平衡，需要明智地使用有限的不可再生资源来达到只靠可再生资源便可以生存的水平。以目前的消费模式，在地球上，煤炭会很快耗尽，石油迟早会耗尽。在基础设施的时间框架中，煤炭还不是一个严重的问题，但石油是，因为现在生产达到峰值，之后其产量将开始下降，并且再也无法回到以前的水平。煤炭意味着更多的污染，并有许多其他的影响，如果想要保护动力和能源基础设施，那么在这一领域的研究和发展计划的过渡和转变管理应该从现在开始，而不是在最后关头。

保护应该更长远，而不仅仅只是当下。在大多数企业中，比较合适的时间范围是数月到几年，而关键基础设施中的时间范围至少是数十年甚至数百年。这改变了投资的本质，因此需要在保护方面投资。就像本地音乐商店每隔几个月会买一些商品，而基础设施供应商通常认为组件的改变需要多年的时间，复合组件的改变至少需要几十年，需要以一个发展的眼光来看待。

例如，当一根电话线损坏到需要重新铺设的地步时，可以用现有技术进行铺设，并在接下来的 30～50 年一直使用这个技术，或者在相同的时间范围中使用一种新技术。在当今美国和欧洲，双绞线或光纤的使用就是对问题的体现，引入电缆基础设施是因为带宽需求的增加，竞争看起来有利于光纤。然而，双绞线便宜得多，拥有易于理解的性质，更容易安装和维护，而且因为新的编码方法的使用，其带宽正在增加。在 10～20 年内，这是一个战略决策，可以造就或打破基础设施之间的竞争。虽然这可能看似是简单的经济问题，但事实不止于此。

不同技术的防护机制和防护成本是不同的。光纤在许多方面都不易被利用，但是在地壳运动过程中埋在地下的光纤很容易被折断。可用性对基础设施来说非常重要，因为技术一直是不断变化的，延迟安装可能会利大于弊。当光纤被除去时，它几乎没有任何价值，但随时间增加，旧铜电线物质价值却在提升并且可回收再用。电缆是一种共享介质，而光纤电话基础设施可能无法共享，这取决于如何实施。随着光纤应用的不断推广，电子设备也需要广泛安装，潜在的盗窃和滥用的可能性增加，并且光纤相关的电子设备和其他基础设施元素之间有复杂的相互作用。例如，铜绞线携带电力到达终点，而光纤并不能这样做，这导致了相互依存性和确定性的需求的增加。

如果要达到可持续性，就必须有一些标准，而这些标准必须经得起时间的考验，因为基础设施的进化性质意味着它们将在接下来的很长时间内被使用。欧洲和世界其他国家的电压与美国不同，这意味着设备往往是不兼容的。地理位置的限制虽然对电力行业没有什么影响，但是对信息和通信行业来说情况就不一样了，这些行业必须在一个全球的基础上进行交流。因此，在基础设施内标准也是关键的。例如，如果使用不同的频率，那么收音机不能沟通；如果使用不同尺寸和压力的管道，那么管道可能爆裂或者必须进行改装。

关键基础设施是战略性资产，对经济、生活质量、人类生存有着深远的影响，因此它们需要得到保护，为了人民的幸福，需要政府、工业努力去创造和维持关键基础设施安全。在战争时期，关键基础设施对军事行动来说是至关重要的，是敌对行动的首要目标。在竞争时代，这些基础设施是健康、财富和繁荣的关键。

水利基础设施终结了埃及的洪水和干旱，许多国家都在加快水利基础设施的建设。电信正在加速改变世界，它把世界性的知识带入了小城镇和村庄。总之，关键基础设施的战略价值是社会生命周期的基本，保护关键基础设施在很大程度上等同于保护当今社会。

　　理解基础设施的战略价值也有助于理解围绕它们的风险管理的本质。为了理解基础设施发生故障的后果，建模不仅要考虑构成基础设施单个元素的单独业务，还应该考虑基础设施对整个社会的价值和其失效之后对社会产生的影响。此外，单个基础设施产生的影响较小，但在总体上来看，由于常见的失效模式或相互依赖关系，如果许多单独基础设施元素失效，发生多米诺效应，就会造成整个社会崩溃。因此，社会应该把所有的关键基础设施作为一个整体来对待，否则将要面对局部最优化带来的后果。

　　当前，美国电力行业的情况堪忧。为了创建局部优化，政府解除了对电力行业的管制，导致了大范围的系统漏洞。与未进行管制时相比，现在整个社会在电力的花费更多，但是电力中断的次数却增加了，范围也更广；发电和配电的效率高了不少，但是出现产能过剩，欺诈发生的次数也更多，影响的范围更广。因为需要满足短期利润目标，大规模的长期投资减少，随着供应减少，价格上涨。这类似于美国的石油和天然气行业的情况，它们没有通过建立精炼能力来降低成本，只是通过减少供应和提升价格来增加利润。市场机制尚未进入，因为在天然气销售方面，每个企业都慢慢地提高了价格，所有企业都获得额外利润。由于没有产能过剩，并且企业在加气站方面做得比较成熟，市场份额基本固定。没有任何人能通过小的价格差异来获得大量的市场份额，而那些加气站的小业主也无法降低价格，因为他们的利润很小、供应量也很有限。这种现象拖延了经济增长和财富集中，还会使能源供应体系更为脆弱。

3.7.7　技术和流程的选择

　　一般的物理防护领域，包括边界、访问控制、隐蔽、响应力、位置和地质属性，拓扑结构和天然屏障属性、人为障碍边界属性/标志/报警/响应，设备的功能和路径、设备检测/响应/供应、设备的时间和距离问题、设施的位置和攻击图问题、出入管理、陷阱、紧急模式、监控和传感器系统、响应时间、响应力等级、观察-导向-决定-行动（observe, orient, decide, and act，OODA）循环、感知控制、锁定机制。例如，锁定机制中包含了锁的类型选择（电力闭锁控制、机械闭锁控制、流体闭锁控制、气体闭锁控制）、基于时间的访问控制、基于位置的访问控制、基于事件序列的访问控制、基于形势的访问控制、锁自动防故障功能、锁的默认设置、锁定篡改证据。

　　在其他领域中也存在类似的列表。例如，信息安全领域，在使用网络防火墙的情况下，可以列出外部路由器、路由控制、端口限制、网关机器、非军事区（demilitarized zones，DMZ）、代理、虚拟专用网（virtual private network，VPN）、基于身份的访问控制、硬件加速、装置或硬件设备、入口流量的过滤和出口流量的过滤，其中每一个都有变种。再来看操作领域，操作安全本质上是一个实施过程，所有安全领域中的技术对其提供支持，可以列出操作的时间框架、操作范围、针对操作的威胁、必须加以保护的商业秘密、威胁能力、威胁目的、显著的观察指标、脆弱性、风险的严重性、识别与应用的对策。在分析情报指标时，通常会明确或估计威胁中这些常见活动的影响：

（1）广泛地大量查阅文献。

（2）将情报人员派到敌对国家、企业或设施中。

（3）在计算机、建筑物、汽车、办事处和其他地方植入监测设备（窃听器）。

（4）对建筑内部和外部进行拍照。

（5）发送电子邮件询问问题。

（6）打电话以确定谁在哪里工作，并获得其他相关信息。

（7）寻找或建立一个电话簿。

（8）建立一个组织结构图。

（9）从成千上万的网络跟帖中精选信息。

（10）使用谷歌等进行搜索。

（11）将目标朝向个人进行诱导。

（12）追踪人们和事物的运动。

（13）追踪客户、供应商、咨询公司、供应商、服务合同、其他业务关系。

（14）对个人利益目标进行信用检查。

（15）使用商业数据库获取背景信息。

（16）访问个人的历史记录，包括机票预订和出行的地点及时间。

（17）研究人们曾工作的企业以及他们认识的人。

（18）找到他们上学的地方，和其聊天。

（19）跟他们的邻居、前雇主、调酒师聊天。

（20）阅读年度报告。

（21）委派一些人员参加工作面试，并使其中一些人得到目标组织的工作机会。

显然，对恶意攻击者和意外事件来说，替代品的数量是巨大的。对保护者来说选项很多，许多选择常常必须被同时执行。没有任何个体可以获得所有需要的技能知识，并在目标领域中完成一切任务，也就是说，没有人可以以一己之力来定义并设计一个基础设施保护系统，即使这个人拥有了所有必要的知识，针对一个具有一定体量的关键基础设施，也不可能有时间来进行必要的活动。保护关键基础设施是一个团队的努力目标，需要更专业的团队。

3.8　防护设计目标和防护职责

从某种意义上说，防护的目标或许可以表述为减少消极影响，但是在一个真实的系统中，必须说明要达到的明确目标。如果相关组织将要履行一些职责，那么定义这些要保护的职责是很有必要的。从事基础设施保护的工作人员应该认同其职责是阻止严重消极影响的发生，但显而易见的是，为了某些其他的职责，他们经常忘记了这个职责，就像为股东赚钱而忽略了对社会的影响。

定义防护职责的结构化方法是使用分层过程，首先是定义顶层，顶层是与法律法规、所有者、主管、审计员、高层管理人员相关的职责。法律法规是由法律团队进行研究的，并确定其为内部使用。所有者和主管通过一系列的政策和确切的指令来明确他们的需求。审计员负责根据将要进行的查验和企业的具体情况确定适用的标准。高层管理人员需要确定日常的职责和管理流程。

确定相关的职责应该通过程序来可靠实施。但是，如果未能实现，那么防护项目应该尽量寻求确定防护职责方面的指导，并将其作为自身要履行的职责之一。已确定的职责应该以书面形式进行编制并进行明确阐述，但是如果相关责任人等没有这样做，那么防护项目就应有义务再次将它们整理成一个文档，并对其进行恰当的管理。这些防护项目试图对企业级决策进行形式化表述，但在实施过程中会遇到阻力。为了避免建立正式的文档，或过度施压问题，负责执行防护过程的管理人员可能需采取策略，去识别书面阐明的职责，并确定用来设计防护项目的文档中没有规定的其他职责。

履行防护职责有益于公众和社会，但是强制这样做往往会对防护设计者造成风险。这是防护专家所面对的最基本道德挑战的核心问题。高级决策者拒绝履行他们的公众职责，使得安全专家左右为难。大部分安全专家的道德标准不包含保护公众的福祉，但是多数的专业工程人员却相反。这些工程师，特别是经过政府认证或授权的专业工程师，在主张职业责任方面有一定的影响力，他们也很少因为诸如承重墙的强度、建筑电线的规格等技术问题而受到管理者的批驳。当面对一个与人们生活相关的道德选择的时候，极大部分的工程师会拒绝在合规性方面做出让步。更换工程师只会换来更大程度的拒绝让步和检举揭发。在安全保护领域，几乎没有关键基础设施的强制标准，也没有除了内部管理程序之外政府核准的专业认证或审批程序，拒绝妥协的安全专家通常会被解雇或替换掉。

防护项目执行者的任务是找出一种方法来影响管理层，恰到好处地确定防护职责，并基于这些职责对防护工作投入资金。根据基础设施提供者的规模，负责防护的个体可能也是负责实现它的个体，同时还会有其他任务。这些个体可能会直接向首席运营官或董事会报告；也可能为一个商业团体中的部门主管工作，而从来没有接触过高级别的管理人员，甚至没有直接和任何制定规则的人进行过交流。距离高层管理者越远，影响或确定防护职责就越困难，执行安全防护的个体就需要更加熟练的技能才能成功。

为了定义防护职责，可以采用很多方法。聘请外面的专家来做这件事很常见，因为他们是以一个独立的角度来观察的；内部专家可以用其影响力使得内部获得一致意见，而外部专家可以打破这一垄断；内部专家可能会比外部专家在这些领域有更多的特殊专业知识。内部专家也可以针对防护职责的各方面进行大量的研究，为这些行动寻求内部支持，试图获取其他观点来定义这些职责。相关领域的专家定义了各自专业领域涉及防护功能的明确职责。例如，物理安全专家清楚在法律角度上有安全性和健壮性的需求，他们的一部分防护职责是在引进防护措施时，不给环境带来不必要的危害。因此，物理安全专家绝对不能为了防止攻击者逃脱而堵塞消防通道。其他领域也是一样。

1. 操作环境

操作环境必须围绕防护内容进行清晰描述。就像一个桥梁设计师必须清楚大桥所预期的负载、跨度、可能的天气条件以及其他类似的因素，才能设计出合适的桥梁，保护设计者要想在一个预期的操作条件下设计一个防护系统，就必须足够清楚操作环境。不同的基础设施类型和保护域之间的特征有很大不同。例如，远距离通信线路的物理安全与采矿设施中的个人安全在操作环境特征上是不同的。

安全相关的操作环境问题常常会带来普通工程上的问题，因为要考虑在普通工程环境中发生恶意人员实施潜在攻击的情况。工程师设计桥梁需要考虑自然灾害，但是当这些桥梁受到蓄意攻击的时候，其承受能力会超出设计规格，这种情况下安全专家必须找到一些方法来保护这座桥梁。保护设计时必须清楚任何假设的情况，以及蓄意攻击者避开这些假设的方式，这些都是组成保护设计的操作环境。

这个环境的典型元素包括人、合适的流程、这些流程和人所操作的设施、周围环境、实际上的威胁、威胁的典型行为、对基础设施正常和异常的使用、基础设施所有的组件、基础设施组件与其他基础设施之间的接口、关键的失效和失效临界点、上文所讨论的保护职责以及组织环境。这比设计基础设施组件和符合组件要求要考虑得更多，但是它本身就应该这样。基础设施保护环境远比操作设计环境复杂得多，但是现实中花在防护设计和执行上的时间、金钱和精力远比花在操作的设计和执行上的时间少。这就是防护所面临挑战的本质。

2. 设计方法论

一个系统的设计方法对于成功设计防护方法是至关重要的。除了某些近乎疯狂的方法，所有可能的防护设计的复杂度都是非常大的。现在有很多设计方法论。抱怨瀑布流程的文献非常多，称其中开发的规范、从事的设计、已有备选方案的评估、所做的选择，整个设计过程会推到瀑布流程执行之前的状态。虽然有这么多的抱怨，但是更为严谨的人在想办法解决安全设计挑战时，还是在利用这个流程。实际上，瀑布流程已经被研究得很透彻，也得到了很多积极的结果，但是对于防护设计还有很多变通的方法。

一个更有意义的可供选择的整体方案是确定整个系统和它的组件所期望达到的可靠性水平。可以用比较简单的属性来描述可靠性水平，如低等、中等和高等。对于低等可靠性，由于其产生的影响很小，不值得投入过多精力进行设计，所以执行不同的处理方法。对于中等可靠性，其会执行比较系统的方法，但是不会涉及设计和分析能力的程度。对于高等可靠性，将会使用最有把握、可行的技术，并且不会在乎其开销。当然，现实中设计师都知道没有不限开销的项目，他们必须要在不同的等级之间进行权衡，初步选择后，这种迭代方法可以逐步减少选择的空间，从而有助于集中设计过程。

有些时候，像横梁、墙壁或电线这样的事物既不会有数学上完美的设计方案，也不会有公道的单位价格。每个领域的设计师都应该知道不同等级的限制，并且建立一套设计规则以帮助他们获得所需的等级。这对于一次性的设计，比那些使用很多复制组件的设计来说更加紧迫。不过好在进行防护组件设计时，除非正在制造大量的定制配件和组件，复合组件都是由已有的组件组成的，并且由一个系统集成程序将它们集成到一起。虽然简单的项目可能会在一开始就被完全描述清楚，但是几乎没有一个系统防护项目可以在实施开始前被完全描述清楚。

防护设计过程通常始于一份目标清单，这些目标可能来源于对防护职责和操作环境特点的整合。通常设计师都是有条理的而非不假思索的。当然，他们首先得清楚问题的本质，然后分析问题并提出一些可供选择的方案。他们会为总体架构提出一系列结构图供选择，并且会详细描述每一种可选的结构所对应的保护等级。架构师会进行选择并思考每一项选择如何实现，力图找到应对威胁时它们会发生的故障和受到限制的地方。设计师根据经验考虑操作问题，确定可能的应急措施。他们也会进行简单的冗余需求分析，来确定通过不同的方式消除系统的脆弱性需要多少冗余。同时，他们会制定一系列架构选项，同时会有代表性地提出一些初步的设想。这些想法会实现在基于操作环境而设计、操作和运作的各部分中，这样潜在的缺点和限制就能被确定。此外，还会进行第二轮的选择，以确信可以满足需求的替代方案，在选择过程中架构师也需要继续考虑上述大部分问题。通过这样一个反馈过程，提出一个建议的设计方案或是少量其他可选方案，并且根据以下几方面进行详细的说明：在提供保护时它们如何操作、需要给其提供什么、如何处理操作上的需求。通过讨论和反馈，可以选出一到两个选项，然后开始更详细的设计。

在更详细的设计阶段，架构的所有组件都会进行细节上的设计。这些细节不是指零件和制造商上的细节，而是至少应该在一定范围内选择的运行特性，诸如栅栏高度和类型、摄像头类型和覆盖需求、距离范围、照明设备需求、网络拓扑、应答时间范围、军事等级，以及其他类似的确定元素和假定的基于经验可以得到的东西。同时会进行成本估算，在经过多轮反馈和交互之后，这些设计会比较稳定，更多细节会变得更加翔实和明确。

3.9　程序、政策、管理和组织方法

防护系统的程序、政策、管理和组织方法与其他的工程规范非常相似，也理应如此。防护系统设计是一项工程实践，但同时也是一个定义实践的过程：因为在创建事物的过程中，有一些操作规程和工艺要求允许组件合理地组装成复合体。防护是一个过程，不是一个结果。防护系统和基础设施作为一个整体，必须随着时间的推移而运行和发展，对于防护系统来说，其必须能够在很短的时间内做出反应，也能够适应比较长的时间。这样一来，过程的定义、人员的角色和动作的定义必须作为设计过程的一部分，这就与发电站和供水系统的控制过程很类似，也就是说在设计工厂时就必须定义人员和过程。不同的是，像电力设备和水资源系统这样的基础设施，这种特定领域的人和管理人员都清楚预期的结果，但是在防护过程中不是这样的。

在管理和操作层面，与防护有关的知识不足的问题通常会随着时间而自己解决，但是，现在这个问题是相当严重的。近几年来，技术已经发生了改变，威胁环境的改变产生了管理上的严峻挑战。既要保持对防护的高度关注，又要在合理的假设下保持适当的信任水平，这是一个很大的挑战。

为了确保无论什么职责都被认同、无论什么政策都被执行，管理程序必须落实到位，加强对这些责任和政策的管理使得它们能够被执行，执行过程需要被评估和确认，执行过程中的错误需要得到及时的缓解。保护设计师必须能够将保护系统的技术整合到基础设施提供者的管理中，以创造一个切实可行的系统，使得保护系统的活动组件可以按照设计规范运行，超出这个规范就不能运行。这必须考虑活动系统组件里面的错误，不仅包括技术上的，还包括人员、商业处理、管理的错误，以及攻击活动而引起的错误。例如，一个未经充分训练的保护程序通过对安全事件评估而得出的响应措施，会导致在需要的时候可用资源短缺，从而在保护系统中存在反射式攻击漏洞。

这些过程必须深度而有效地嵌入企业的管理架构，否则，管理决策上看似无关紧要的问题会导致攻击的成功实施。一个典型的例子是和商业伙伴共同决定把基础设施有关的内容放到互联网上供外部使用。一旦这些信息被放到网上，就会或多或少作为攻击者永久的攻击基础，其中很多攻击者在为未来潜在的攻击目标不断挖掘和收集信息。职位描述普遍包含操作环境的详细信息，导致攻击者能够

深入了解企业内部系统的使用知识。因为在很多基础设施行业内所使用系统的数量是有限的，一些很少的提示会快速产生大量信息而被用于攻击。有这样一个例子：一个脆弱性测试小组使用供应商列表来确定锁的类型，获取所用锁的类型的副本，练习撬锁，随后带着撬锁工具来到目标设施处实施攻击，这样有效地缩短了攻击者渗透障碍的时间。结合一个从最近更新的公共记录中获取的建筑平面图，就能制订进出控制系统的计划，进行有意隐藏、演练并最终实施攻击。如果各个层次的管理者都没有意识到这个问题，并且未能在日常决定时提高警惕，那么会导致防护系统的失效。

承认会犯这样的错误本身对过程的发展也是很重要的。这不仅需要设计与保护系统以及所有信息和系统正确操作相关的过程，而且这个流程必须能够在系统的正常运行模式下对错误进行弥补，使得小故障不会带来大问题。在一个成熟的基础设施进程中，保护系统不是为了呈现个人英雄主义而使人们在高压下工作。根据适当的计划，它完全可以在保证环境可行性的前提下进行"优雅"的降级。

当基础设施的防护工作开始之后，策略可能未被执行或出现错误，但是它通常在工作完成之后都没有被修复。策略变更得到最高管理层的认可是比较困难的，在越大的供应商中越困难。在公司内部，必须遵守保护策略，并且确定其法律地位，而其他种类的内部决策是没有同等地位的。这样一来，管理层对于制定一个保护策略通常是比较犹豫的。另外，防护策略会对保护功能起到杠杆作用，这也是管理层通常不愿意做出改变的一个原因。当安全性不被看成高管层需执行的职责之前，通常是没有高层的人关注安全问题的，所以安全问题受到了冷落。然而，保护设计师需要想办法获得合适的保护策略让策略能够发挥杠杆作用，使基础设施获得和保持与其功能相关的合适的防护水平。

至少，还有普遍接受的原则可用于防护相关的问题，包括最重要的职责分离等，以及大量用于策略和过程层面的标准，其中包括很多不同的原则，如维持防护与需求的相称性、进行风险管理以使得决策合理化、储备充足的知识来执行指定的任务以使所有的工作都能完成、分配明确的职责以使在工作没有进展时不会出现逃避责任的情况。在大多数情况下，职责分离是最重要的，因为它说明确定和验证防护已实现，防护到位的人和实施防护的人不是同一人。如果不这样做，那就成"狐狸看守鸡窝"了。

这之后提出了组织架构问题。许多高管都对防护程序的概念表示不赞同，因为防护程序会对他们组织结构的管理决策造成影响。组织机构经常在 IT 部门内部署信息安全策略，在设备部门部署物理安全策略，在运营部门部署操作安全策略，在人力资源部门部署人事安全策略等。这似乎是按照逻辑功能来管理的，但是一个组织的安全功能需要被认为是一个分离的功能，必须独立于管理链的影响。例如，如果审计员是为首席财政官工作，那么他们就无法做到公正处理，从而导致管理层和股东受到欺骗，与此同时，审计员的职责也不允许他们直接修改财务信息（那是首席财政官的职责）。安全功能有同样的、与职责分离有关的常规需求，如果一个商业的运行是有效的，那么基础设施防护功能必须独立于这个商业模式。

3.9.1 分析框架及标准设计方法

假设已经明确了业务和操作需求、明确了防护职责，并且合理地定义了操作环境（操作环境保护了框架和设计，连同构成防护项目和计划的所有过程、管理以及其他东西），那么就需要通过评估来判定防护是不足、充分还是过度，定价是否合理，同时对已经形成的方案进行演示，并和备选方案进行比较。

不像工程、金融和其他现存的专业技术领域，防护领域还没有一个用于定义和普遍应用的分析框架。在一个已定义的环境中，要设计和实现一个电路来执行相应的功能，任何电气工程师都应该能够计算电压、电流、元件值等需要的数值。任何会计师都可以在复式记账系统内确定一条记录的合理位置。但是，对于同样一个工程的安全问题，不同的防护专家可能会得到差异很大的答案。

在安全领域内缺乏广泛认同的原因有很多，其中一个原因是要理解整个领域需要广泛的背景知识。另外一个原因是许多政府部门对事物细节的研究都非常敏感，如栅栏的高度、事物之间的距离等，因为如果细节被大众所掌握，那么可能会受到更加系统的攻击。但是从整体上来说，更深层次的问题还是来自相关专业知识的缺乏。

现在有许多防护相关的标准，如果这些标准可以达到被接受和被遵循的程度，那么它们就能带来更加统一的基线防护方案。例如，健康和安全标准要求对材料、建筑规范进行大范围的控制，确保围栏不会在风中倒下或者意外电死路人；消防安全标准确保在一个已定义的外部条件下，受保护的区域在一段时间内不能达到规定的温度；电磁发射标准限制一定距离外信号的可读性；粉碎标准要求进行文件粉碎时，粉碎文件很难重新黏合在一起。少量专家清楚如何来详细分析这些具体的条款，防护设计师通常只是遵循相关的标准从而避开麻烦，或者至少他们应该那样。

不幸的是，大多数设计和实现防护系统的人没有注意到其中大部分的标准，也就不清楚自己是否遵守这些标准，也不能将这些标准列入需求或者在系统中实现。

只从纯粹分析的角度来看，防护中包含大范围的科学和工程上的元素，这些元素共同承担基础设施保护系统的整体设计。然而，防护最终以风险管理的方式呈现：系统地衡量风险，并基于这些测量值对风险做出合理决策。这方面存在的问题首先是无法用一种有意义的方式定义风险，其次就是无法使用大多数定义来测量组件，且精确测量的成本很高。此外，很难分析防护措施在降低风险方面的效果，同时分析参数的微小变化在对阶梯函数计算结果的影响方面存在困难。

尽管防护领域非常复杂，但是实际可用的技术非常有限，在大多数情况下，不允许在实施技术的选择和数量上进行线性扩展。例如，要么用一道栅栏将别人阻挡在外，要么不这么做。可以控制其高度为 12 英寸（1 英寸=2.54 厘米），并且在栅栏上稍微放一些东西，然后把它放在任何想放的地方，但是如果不用栅栏，下一步就得用墙，没有其他可用的了。所以只有栅栏、墙、壕沟，没有更多的选择，不可能有一个像壕沟一样的栅栏。可以二选一、两个都选或是两个都不选。在保护领域，技术选择上增加的可用技术数量极其有限，带来的负面影响是，如果不能将风险计算转化为精确的数值计算，那么即使完成了所有的计算，还是必须从相当少的选项中为每一个类型的防护机制做出选择。为了做出一个好的抉择，风险管理必须有足够高的精确度。这需要使用设计规则和试探法，而不是通过连续的数学方法来得到一个计算出来的精确答案。

几乎没有防护设计会需要一个一英尺高、周长为 1/4 英寸的栅栏，或者一个500 英尺高的墙。那些真实解决方案往往是有限制的，有用的分析框架专注于从比较小的集合中进行防护措施的选择和替换。

实际上，现在有两种不同类型的设计框架。一是为某些领域定制基础性的防护科学，这些防护科学在另一些领域几乎不存在；另外一个是基于规则的方法，即使用普通的设计做出普通的决定。由设计决定的方法方兴未艾，不断被冠以"最佳实践"之类的名字，这属于用词不当，应该使用"最低限度可接受实践"或其他类似名称。防护科学方法在某些特定的领域零星地有所发展，而在大多数领域则没有得到发展。设计原则方法经常会以标准设计方法的形式扩展到相关组织。

标准设计方法基于这样一个概念：深入的防护科学和工程能够用来定义一个设计，该设计能够满足基本标准并适用于多数情景。规定每个设计应用的场景，当应用场景符合设计规范标准时，可以通过复制已有的设计，减少或消除设计和分析的时间。这样一来，一个用来保护高速公路防止人们从天桥上丢杂物品的标准栅栏，可以应用于所有满足标准设计准则的天桥，从而避免重复设计。

在这些场景中必须仔细注意的原则是：①实现必须要满足设计的准则；②设计确实实现了其预期的目的；③标准非常固定，以允许一个普通的设计能够被多次重新得到实现。它适用于单独设计的组件、某些种类的复合组件、架构级的方法。

通过使用这些方法，分析、审批流程、防护设计的其他方面和实现的复杂度及开销都降低了。如果规模变大，因为会有大规模的批量生产和竞争的存在，各个组件的成本都会降低。然而，大规模批量生产也有它的弊端。例如，将大规模生产的锁和钥匙的系统广泛应用于门上，几乎都容易受到撞匙攻击。随着防护技术沉没成本的增加，一些防护技术变得非常标准化甚至已经成为通用技术，攻击者也会开始去定义并创造新的攻击方法，让这些方法可再生、低成本和攻击时间短、标准化使得普通的防护模式失效。

解决这些问题就要将落实到位的防护措施整合起来。深度防御主要用于减轻单个故障，如果系统用不同的组合来形成整体的防御措施，那么对于攻击，每个设备都会有不同的攻击技术要求，这样，攻击者开销就会增大，其他不确定开销也会增长。除非他们能够收集合适的情报来绕过特定的需求，否则必须引进越来越多昂贵的设备来增加他们的胜算，必须有更多的技能、更长时间的训练、更多的学习。这样有效减少了对具有更多功能的系统的威胁，基本上消除了大部分低水平攻击，因为这些低水平攻击缺乏精心设计的攻击方法，从而导致攻击过程中消耗了大量的资源。

事实证明，对低水平攻击的有效防御也是有消极影响的。因为越来越少的攻击者出现，管理层会越来越不愿找到防守理由，所以预算就会减少，防御开始变得衰退，直到基础设施以一个相当惊人的方式完全失效。这就是大多数情况下桥梁会倒塌、电力系统会崩溃、供水管道会爆裂的原因。操作和运转良好是如此廉价以至于维护被分解到其他一些不恰当的地方，以至于在很短的工作时间内就会出现很显眼的问题。

由于一些基础设施商业化运行、追求短期利润而不求长期安全，管理层对于通过削减维护和防护来获取利益的积极性非常高，这使得要在这个领域取得成功相当困难。所以问题似乎又回到了原点。标准设计有利于效率的提高而且开销更少，但是因为挤出了冗余的人员和多余的开销，很快会出现共模失效和脆弱性，这个脆弱性会在将来的某一个时间点准时导致系统的崩溃。因此，根据标准设计，需要进行标准的维护和执行标准的操作过程。然后，适当的反馈必须成为防护程序的评估流程的一部分。

3.9.2　设计自动化和最优化

在防护领域，仅仅只有少数实现了最优化，现存的工具是高度专有化的，不会在开放的市场广泛出售。和电子设计、建筑设计和其他类似的领域不同，在大多数涉及蓄意威胁的防护领域，还没有长期的学术上的调查研究来使其变得成熟。保护领域里有许多原本用于训练的工程工具,但它们大多数都不会处理恶意行为。用户可以尝试使用这些工具来模拟恶意行为，尽管它们并非为此而设计，也没有广泛可以使用的公共库可以帮助训练工具实现恶意行为的检测。

作为通用领域，风险管理领域中有一些工具可用来评估风险的明确级别、绘制综合风险图谱，但是这些功能在本质上是比较初级的，需要大量输入，这些输入很难恰当地量化，相反产生的输出很少，而这些输出对设计和实现的影响则很大。有一些可靠性相关的工具，它们与运行包含容错计算和冗余的公式有联系，这些在确定保养周期和其他类似事情上非常有用，但是往往忽视了恶意威胁及其故意诱发故障的能力。

任何一个与关键基础设施相关的工程领域，都会设计自动化工具，并且被广泛使用，但是这些工具被普遍用于处理设计上的问题，又一次忽视了除本质以外所有相关的防护问题。

现在也有一些消除攻击图相关问题的工具。例如，一些公司有自己的网络安全仿真工具，可以用来对计算机网络中安全相关弱点的来源进行建模，并且针对如何缓和弱点、要做到什么程度和遵循怎样的顺序给出建议。然而，这些工具存在一些问题，因为它们要求在基础设施上有效地应用大量专业知识。现在也有一些用于特殊用途的工具，会对物理安全问题进行类似的分析。这些工具允许对一个设施进行表征并计算其有关的时间参数，这样可以根据攻击时的效果，对不同的防护和响应选项进行评估和模拟。这些工具通常只适用于有限的客体，其中诸如时间参数和难度等级这样的细节，要么是商业秘密，要么已经被政府列为机密。政府偶尔会开发特殊用途的工具，用来为特殊的设施制订防护计划。例如，针对核能设施、某些种类的化学工厂和军事设施都有具体的风险管理和设计辅助工具。虽然这些工具确实是有效的，也能在实际中应用，但是现在很少被应用到实践中去。

3.9.3　控制系统及其变化和差异

控制系统是一个 IT 系统，与大多数设计师和审计员所使用过的系统是不同的。不同于广泛使用的通用计算机系统，实时性对于控制系统是非常关键的，在很多情况下，实时性问题都会导致严重的物理上的负面影响。

一般来说，控制系统可以分解为传感器、执行器、由 SCADA 系统控制的 PLC。它们对以下部件进行实时操作：发动机、阀门、发电机、限流阀、变压器、化工厂和发电厂、交换系统、生产设施中的楼面系统、信息空间和物理世界之间的实时控制接口。不管是什么原因，当它们停止运转或不再正确运转时，可能导致产品质量的下降，甚至是成千上万人的死亡，或者更多，这不仅仅是理论上的，而是真实的事件，例如，印度博帕尔化工厂释放的气体在一个小时内导致 40000 人死亡；华盛顿州贝灵翰姆的奥林匹克管道公司 SCADA 系统运行发生故障，加上管道基础设施的其他问题，导致 15 人死亡，管道公司也因此破产。

控制系统在很多方面都与通用计算机系统有很大不同。这些系统方面的差异导致了在如何对其进行恰当的控制和审计方面有很大的不同，大多数情况下，在一个正在运转的控制系统上做审计是不可能的。其中一些主要的不同点包括（但不限于）以下几个方面：

（1）控制系统通常都是实时系统。一毫秒或更短时间的拒绝服务或拒绝通信有时可能会导致物理系统的灾难性故障，这些故障反过来可能会导致其他级联系统的故障。这意味着实时性非常必要，在操作环境中必须设计和验证其实时性以确保这样的故障不会出现。同时也意味着除了在测试和审计时（此时系统被合理地控制），控制系统不能被中断和干扰。还意味着它们应该尽可能独立于外部系统和外部影响。

（2）控制系统倾向于运行在一个低交互的状态，像寄存器的值和数据历史值这种数值变换，反映出执行器和传感器等物理设备的改变状态或改变率。

（3）这意味着任何有效值的设置可能依赖于它们所运行的工厂的总体情况，在没有与工厂运转模型进行数据比较的情况下，很难说一个数据值是否有效。

（4）控制系统部署成功，通常在运转数十年后才会被替换，始终按照其最开始实现的方式来运行。它们不会经常更新，也不会运行反病毒扫描器，在大多数情况下，甚至没有通用的操作系统。这意味着 30 年前的技术必须集成到新的技术里面，设计者必须谨慎考虑这一时间因素的影响。初始开销比生命周期中的开销少得多，而系统故障的损失比任何系统开销都要大得多。

（5）控制系统大部分组件使用的协议和其他系统都不相同，主要包括分布式网络协议（distributed network protocol，DNP）、控制中心交互协议（intercontrol center communication protocol，ICCP），或实现 Modbus 通信的 OPC 协议（OLE process control，OPC）。它们经常通过串行端口进行连接，速度经常被限制在 300 波特到 1200 波特之间，大约能够传输几千字节。

（6）大多数的控制系统被设计成运行在一个封闭的环境内，与控制环境之外的系统没有连接。然而，它们正越来越多地与互联网、无线接入设备和运行在中介基础设施之上的远程设备连接。这些连接是非常危险的，诸如防火墙和代理服务器等广泛使用的保护机制都很难有效地保护控制系统，不能保证其不产生严重的后果。

（7）当前的入侵和异常检测系统不能解析控制系统中所使用的协议，就算能够解析，也没有工厂模型的支撑，以允许它们从上下文中区分出合法和非法的请求。

（8）就算可以做到这些，因为控制系统的响应时间太短，任何的干预都是不被允许的，停止控制信号流可能会比允许潜在的错误信号流更加危险。

（9）控制系统通常没有对执行的指令和接收到的指令进行审计跟踪，没有鉴别、认证和授权机制，除非指令的格式错误，它们会立即执行收到的任何命令。它们只有有限的错误检查能力，在大多数情况下，错误的值会反映在该机制控制下的物理事件中，而不仅仅是返回一个错误值。

（10）进行渗透测试时，经常发现控制系统很容易受到攻击。但是对于实际运转的控制系统，渗透测试非常危险，因为在测试中一旦错误的指令到达这个系统或者在测试过程中系统运行变慢，就会对设备产生灾难性破坏的风险。因此，实际运转的系统从来不进行测试，也不应该以这种方式进行测试。

对于取证分析，责任制度是极其重要的，而在控制系统中，完整性、可用性和使用控制是操作需求中最重要的目标，对于单个控制设备，从操作的观点来看，机密性一点儿都不重要，在设计和评审的过程中应该明确这种优先级顺序。这不是说机密性不重要，实际上也有一些能够表明机密性的重要性的例子，如利用控制系统数据对金融系统进行反射控制攻击和博弈攻击，但如果还有系统安全运行或泄露其状态信息的选项，则应优先考虑安全运行。

3.10　需要探讨的问题

虽然每个特殊的控制系统必须根据上下文单独考虑，但是也有一些针对所有控制系统的问题应该被提出来，同时也要考虑和这些问题相关的一些问题。

1. 系统故障的后果及风险承担者

关于控制系统应该考虑的第一个问题永远是系统故障的后果是什么，其次是用于实施和保护这些控制系统的保障性水平。后果越严重，应实现的保障级别就应该越高。后果的等级与系统故障的最坏情况有关，在不考虑保护措施存在的前提下，后果的等级确定哪一级风险必须进行评估和哪一级风险可以被接受。如果人员的生命受到威胁，那么首席执行官很有可能必须接受残余风险。如果可能对企业估值造成重大影响，那么决策文件必须由首席执行官和首席财务官共同签署才有效。

在大多数制造业、化工、能源、环境和其他类似的行业，控制系统故障的影响非常大，需要高层管理人员参与并最终拍板。高管必须阅读审计摘要，企业的首席科学家应该清楚这些风险，并在 CEO 和 CFO 最终拍板前向他们提供清楚的描述。如果未进行上述活动，那么首先应该决定由谁来做这些决策，审计小组应该将结果作为当务之急报告给董事会。

2. 保护职责

如果控制系统的责任人工作未做到位，并且做出了接受风险而不是减缓风险的决定，那么他有可能会承担民事甚至刑事责任。在大多数情况下，这些系统会变得不再安全，会造成潜在的环境影响，并且可能危及周围的居民。

防护职责包括但不限于：法律和管理上的要求、特定的行业标准、合同义务、公司政策和其他可能的职责。所有这些职责必须确定并满足控制系统，并且针对大多数价值较高的控制系统有附加的要求和特殊的需求。例如，在汽车工业中，一个生产过程中控制系统故障导致汽车中的安全机制不能正常运转，这会使得汽车被大量召回，此时要定义职责去对不符合控制系统要求而导致召回车辆的安全检测进行记录。当然，设计师应该像审计员一样清楚他们所处的行业，缺乏这些知识，项目可能会出现错误。

3. 所需的恰当控制

现在使用的控制系统主要是在互联网还未广泛连接之前建立的，它们都被设计成在一个连接非常受限的环境中运行。在一定的范围内它们提供了远程控制机制，这些机制通常直接操纵接口来进行控制设置。设计时，通过限制对相关设备的物理访问和对专有电话线或电线的访问来对系统进行保护，这里的专有电话线和电线是与受控制的基础设施元素一起运行的。当这些变成在非专用线情况下、电话交换系统不再使用物理控制来控制专用线路、电话链路通过调制解调器连接到一个与互联网相连的计算机网络，抑或当一个直接的 IP 链接加到设备中时，设计时的假设，也就是通过隔离手段来保证系统的相对安全，已经不再有效了。

截至本书成稿的 25 年前，几乎没有设计师具备可以预见当前威胁的远见卓识，也没有任何一个人知道互联网会将他们的控制系统与国外的网络战专家和破坏者连到一起。那时内存和处理资源比较珍稀，也是比较昂贵的，在相对缺乏的情况下，他们会小心使用，根据当时的实际情况进行设计来达成想要的功能。如今的设计师往往没有察觉最新技术的风险，这些新技术很容易引发故障。成千上万行代码可能已经被嵌入现代控制系统中运行，这些代码所做的事情从周期性检查外部更新到在电子表格程序内部运行飞行模拟器。基本上所有不必要的功能都不会被使用这些系统的设计师所知晓，对这些系统的不可知性意味着必须提高警惕，确保这些系统所做的是它们该做的而不会做多余的事。

当把这些系统连接到互联网时，实施人员通常没有必备的专业知识来保证连接的安全性。在这种未知的情况下，如果没有最好的专家考察这些改变的安全性，不进行这些连接可能是比较合适的。这些技术的改变是使得控制系统容易受到攻击的一个重要因素，大多数修复技术的出发点是对这些危害系统安全的改变进行修补。检查这些系统时，下列一些事情较为常见：

（1）很多人要求在用来控制远程系统的通信网络和余下的电话网络之间使用"气隙"、"直连"或"专线"实现隔离，但是不管有多少人这样要求，通常都不可能实现。证明的唯一方法是沿着真实的线路从一个地方走到另一个地方，每次这样做时都会发现这种要求是不现实的。

（2）"永远不会有人能想到"似乎成为通用的否认形式。不幸的是，人们一直能够"想得到"那些不想被人知道的事情并利用它们，当然，设计团队已经向操作控制系统的人展现了他们具备考虑周全的能力。

（3）通常情况下，大多数远程控制设备都容易遭受攻击，在 SCADA 和它控制的物体之间直接相连的情况下可能没那么容易受到攻击，但是大多数情况下移动控制设备、使用无线连接的设备、任何使用未被保护电线的系统、任何能远程检查和管理的系统，以及直接或间接连接到互联网的任何事物都是容易受到攻击的。

（4）设计出加密、虚拟专用网络（VPN）设备、防火墙、入侵检测传感器和其他防护普通网络免遭常规攻击的安全设备，在保护它们所连接的控制系统时几乎没有作用，因为无法抵御控制系统所面临的攻击。其中多数技术防御速度都很慢，会引起延时，或者会对系统产生一些不确定的影响。测试过程或者多年的使用过程中可能都没有出现失效的情况，但是一旦出现，将会是灾难性的。

（5）内部的威胁经常被忽略，典型的控制系统在应对这些问题上显得无能为力。然而，许多攻击的机制依赖于一个多步过程，这个过程开始是改变一个限制器设置，然后是执行超过正常限度的操作。如果能实时发现这些限制设置的改变，就可以避免产生很多故障。

（6）在控制系统中变更管理通常不能区分安全联锁装置的变更和操作控制设置的变更。联锁装置的变更应该比数值的变更更加谨慎，因为联锁装置限制数值在合理的范围内变动。举例来说，联锁装置通常被维护进程所忽视，有些时候在维护结束之后也没有进行验证。标准的操作程序应该强制要求进行安全检查，包括使用非法值对所有的联锁装置和限制装置进行检验，并且外部审查需要保留旧的副本，在其发生变更时进行验证。

（7）要进行统计，必须通过一个额外的审计装置来完成，这些装置通过二极管或者类似的单向机制来接收信号，从而阻止审计装置影响系统。装置本身必须得到很好的保护，以保持调查所需的取证信息。但是，因为控制系统内的鉴别、认证和授权机制极少或者根本没有，这些行为的归属很难确定，除非将其显式设计到全部控制系统。应该有报警机制来检测统计信息的缺失，使其能够马上被觉察到。一个适当的审计系统应该能够周期性地收集复杂控制环境中的所有控制信号，周期可能持续数年，这就要求系统不能出现故障，也不能变得不堪重负。

（8）如果来自控制系统的信息需要用于其他目的，那么应该通过一个数字二极管（单向导出过程）来使用这些信息。如果确实需要远程控制，那么应该对这些控制进行严格的限制，要实现这样的限制就要让远程控制只通过一个自定义接口，并在这个接口上使用能够进行上下文语法检测的有限状态机机制、执行严格的统计和强审计，此外对于特殊系统中的特殊控制应该进行特殊的设计。控制系统应该使用故障-安全模式，并且要对其进行仔细的评估，不允许执行任何远程的安全联锁装置的变更或其他相似的变更。

（9）从远程通信的使用来讲，如果可能，应该在线路上进行加密；但是受时间约束，只能使用有限的加密方法。从远程控制应用于人工控制的角度来讲，所有的流量都应该被加密，所有的远程控制设备都应该被保护起来，并且保护级别应该和本地控制设备的保护级别相同。这意味着，如果一台笔记本电脑正被用于远程控制一个设备，那么该电脑就不能用于其他目的，如电子邮件、网页浏览或其他控制系统非必需的功能。

（10）除了控制系统本身，控制系统上不能运行其他任何程序。它需要有专有的硬件、设施、通路、带宽、控制等。企业局域网不能共享用于控制系统，不管这些局域网被认为在保障服务质量上有多可靠。如果在整个企业内，IP 电话代替了普通老式电话业务（plain old telephone service，POTS），那么要确保在控制系统不会进行替代。抵制诱导，除非万不得已，不要在多台设备之间共享以太网，不要共用交换机或其他类似设备，也不要使用无线网络。控制链中这些所有的基础设施元素都可能会引起控制系统的故障，进而产生最严重的影响。

（11）经验表明，人们会相信很多不真实的事情。这种情况在安全领域比在其他领域要多，同时这在控制系统中比在大多数其他企业系统中更危险。如果有疑问，就不要相信它们；即使信任，也要进行核查。

那些陈旧的系统没有内置的操作，或许比这些陈旧的系统更加危险的是现代系统，这些平台运行复杂的操作系统并且会定期进行更新。运行有操作系统的现代操作平台在更新的时候，或者在不同时间点、不同的处理过程中，都会变慢。操作系统执行速度变慢可能会导致整个控制系统不必要的宕机。如果一个反病毒程序在软件更新时出现误报，那么可能会导致控制系统出现崩溃；如果病毒进入控制系统，控制系统就不能足够安全地执行中等或高等重要性的控制功能。许多现代系统嵌入了安全机制，希望得到应有的防护，但是这些防护通常不是设计用来确保可用性、完整性和使用控制，而是机密性。因此，这些防护措施的目标是错误的。

注释与参考文献

[1] Yang, Sun. "A Comprehensive Review of Hard-Disk Reliability".

参 考 书 目

Yang, J., Sun, F. B. "A Comprehensive Review of Hard-Disk Drive Reliability". In Proceedings of the Annual Reliability and Maintainability Symposium, 1999.

第 4 章　网络冲突与网络战

4.1　引　　言

D. Denning 综合考虑了网络战的攻防目的、方法、技术手段及策略，并在这些方面做了详细的分析。Denning 的关注点在于开发和获取信息源的操作，这些操作可以让己方在网络战中占据更为有利的地位。她的研究涉及计算机入侵、情报操作、电话窃听和电子战等方面，目的是描述信息战技术及其局限性，同时也对防御技术的局限性做出了评估[1]。

4.2　信息战理论及其应用

以美国为攻击目标的首例大规模信息战威胁发生在 1990～1991 年，当时有五个来自荷兰的黑客，通过互联网渗透进了 34 个美国军方计算机系统。这些系统能够提供关于"沙漠风暴"行动以及海湾地区的所有军事信息，包括军队实际地址、武器信息和战舰行动。海湾战争结束之后，有关报道推断这些信息曾被提供给伊拉克，但是遭到伊拉克的否认，原因是伊拉克当局认为这些情报有误并且是一个精心策划的骗局，然而事实并非如此[2]。在这次事件中，美国成为受害者，包括白宫在内的军方当局都清楚地意识到他们的防御措施必须要进行改进。在此之前，美国在攻击技术、军事实力方面的投入要远远超过在防御技术方面的投入。

例如，在海湾战争的初期阶段，一项攻击技术就得以应用。那时的盟军想通过电子和物理武器摧毁伊拉克的信息系统使其失效，制定了包括下述场景的对策：在法国将载有病毒的计算机芯片植入打印机中并进行组装，然后通过约旦河用船运入伊拉克。这种病毒的目的是使和伊拉克大型计算机的 Windows 系统失去作用。这次行动实际发生在战争爆发的前几周，后来证明该行动造成了伊拉克半数的计算机和打印机失去作用。这类行动在一开始入侵的时候，往往都会伴随着特定的电子攻击。

在"沙漠风暴"行动的第一阶段，为了摧毁了伊拉克的防空网络，盟军利用直升机和战斗机发射了大量的反辐射武器。携带着碳纤维的战斧导弹，瞄准伊拉克的电力交换系统，造成电力系统短路、崩溃和大规模停电。一架空军 F-117 隐形战斗机通过位于巴格达市中心的伊拉克电话系统的通风管道，发射了一枚精确制导的导弹,直接摧毁了整个地下同轴电缆系统,阻碍了伊拉克高级命令向下传输。这次行动切断了位于巴格达市中心的指挥部与地方部队的主要联络,指挥中心失去作用。盟军接着摧毁了伊拉克的雷达系统,使伊方无法了解战场环境。既聋又瞎,因此伊拉克很难在这场战争中取得胜利[3]。

海湾战争结束后,俄罗斯联邦总参谋部情报总局的 S. Boganov 将军谈道:"伊拉克在战争开始之前就已经输了,这是一场情报战、电子战、指挥和对抗信息战。现代战争可以通过信息技术取得胜利,这在当今时代是非常重要的[4]。"俄罗斯等国都注意到了信息战的潜力,并且在逐步提升军队对信息战的应对能力。

由于信息战能够在世界上任何地点由任何有意向的国家发动,建立稳固防御策略的必要性是显而易见的。但实际上包含预防、制止、入侵警告、检测和反信息攻击等防御机制在内的信息战防御策略,是非常难以设计、准备和布置的。

4.2.1　网络空间及网络战空间

网络空间可以定义为用于信息的传播、处理、备份和存储的空间,其中遍布了信息传输工具和信息技术。所以,实际上网络空间是指由通信系统、计算机、计算机网络、卫星和通信基础设施等所有与数字化信息有关的设施组成的空间。这些信息包括语音、文本和图片等能够通过网络远程控制的数据,相关的技术与通信工具包括无线局域网、激光、卫星、本地网络、手机、光纤、计算机、存储设备和固定或移动设备[5]。

当人类通过网络空间获取信息,社会各方面变得更加依赖网络空间中的信息时,就不难看出这将会变成信息战的舞台。由于美国的 16 项关键基础设施非常依赖于这块被称为"网络空间"的领域,这就能够理解为什么网络空间终会成为发动网络攻击的载体,并且需要制定防御策略来阻止这种情况发生。

B. Schneier 指出,在 21 世纪,随着卫星和弹道导弹的发展,网络战不可避免地会被包含在战争中,并且随着特定的武器、软件、电子器件、策略及防御的发展,战争将会转入网络空间。Schneier 从网络的硬件和软件角度讨论了网络战的特性,并指出了存在于网络攻击与防御之间的基本关系。关于网络攻击,攻击者的破坏能力是要重点考虑的因素之一。不同于其他形式的战争,网络攻击没有很明显的来源。因此,在网络战中甚至不知道敌人是谁,或者自以为知道,却与实际不相符。就像 Schneier 所说的:"想象一下,珍珠港被偷袭之后,我们不知道是谁干的,这会怎么样?"[6]很多人都体验了 9 · 11 事件所造成的恐惧,这是涉及物理层面的攻击。而来自未知源头的完全网络电子式攻击,这种恐怖袭击的危害则是无法想象的。

很明显,随着信息技术的快速发展,数字环境将迎来一个新的时代,一个多国网络战的时代。对于军方,需要重视网络攻击的威胁并去研究防御策略。

　　美国海军研究生学院的 J. Arquilla 和兰德公司的 D. Ronfeldt 共同提出了"网络战争"的概念，目的是思考军事层面上知识相关的冲突，从而按照信息相关的标准来指导军事行动，这意味着去摧毁或者中断敌方依赖的信息通信系统[7]。当然，如果这些信息通信系统可以用来获取敌方的情报，那么从情报角度来看，这些系统是最有效的，并且会被继续用来进一步获取情报。

　　美国国防大学的 M. Libicki 将信息战分为 7 种，分别为通信控制战、情报战、电子战、心理战、黑客战、经济战、网络战[8]。

　　D. Denning 提出了几种未来可能的战争和军事冲突场景。从海湾战争的结果来看，她认为未来的战争很可能会是海湾战争的延续，军事行动将会采用更多的新型科技，如传感器和精确制导武器，同时也会伴随着陆海空军事力量的支持。在第二种未来场景中，基本上所有的行动都发生在网络空间。这种情况下，战争将没有陆海空军参与，取而代之的是受过训练的军方网络战士，他们通过网络远程破坏支撑军队与政府行动的指挥系统，以及敌人的关键基础设施，如银行、电信、交通运输系统和电网[9]。

　　网络战空间是战时所聚焦的信息空间，它由物理环境和网络环境中的一切信息组成。战争各方都在想方设法最大限度地对战场空间进行了解，同时阻止敌人进入信息空间[10]。战场空间将会根据未来军方执行的进攻和防御行动来定义。当技术设备随着科学的发展得到改进时，它们将会被各国运用。有些国家可能会忌惮信息武器附带的潜在危害而限制对这类武器的发展，有些国家则会无视这些武器对民众所带来的潜在危害而无限制地发展这些信息武器。

4.2.2　攻防措施

　　就像 E. Skoudis 阐述的那样，有数千种计算机和网络攻击工具可供使用，除此之外还有数万种不同的漏洞利用技术。更应引起注意的是，有数百种方法可以使攻击者通过修改操作系统和利用 Rootkit 工具来掩饰他们在机器上的存在。一旦敌人进入我方计算机系统，便会启动篡改进程来隐藏他们的行踪，使自己不被发现[11]。而在 APT 攻击中，敌人会创建"隧道"并从目标数据库中盗取他们感兴趣的数据。

　　网络战士可以采用多种方法入侵一台计算机，从网络映射到端口扫描等，而在最简单的情况下，会对准备研究的对象进行侦查。这样，他们就会使用到 Whois 数据库，从而对域名和 IP 地址的分配进行查询。另外，如果攻击的目标包含一个网站，那么为了达到收集情报的目的，他们会搜索这个网站并对其中有用的信息做进一步的研究。为了寻找目标的朋友、家人以及相关人员的联系信息，他们也会对社交媒体网站进行分析。在像 Facebook 和 LinkedIn 这样的网站上，就会存在大量有关目标的信息。

目前有很多种系统攻击方法可以获得计算机系统的访问权限，包括缓冲区溢出、口令攻击、Web 应用攻击和 SQL 注入攻击。攻击者还可以通过网络攻击的方式获取访问权限，如使用嗅探工具、IP 欺骗、会话劫持和 Netcat 工具。一旦攻击者获取了计算机的控制权限，他们将会使用 Rootkit 和内核模式 Rootkit 工具来维持访问。接下来，他们将改变系统日志或者创建隐藏文件来掩饰自身的存在，并且隐藏他们在改变网络信道操作时所产生的记录[12]。

当然，许多军队都秘密地研发了很多网络武器。美国致力于评估网络武器的副作用，并且会在审核通过之前对其进行评测。

有效的防御措施建立在清楚了解信息系统和整个系统内数据库价值的基础上。在攻击者和这些潜在对象的眼里，"这个系统的价值在哪"的问题暗示了可以从经济角度或其他关键因素来度量针对信息系统的操作所具有的明确价值。理解和保护数据的敏感程度以及用户访问系统的方式是非常重要的。保护基于计算机的信息系统意味着一个相当复杂的建模过程，在这个过程中，网络会被图形化，并且它的物理和逻辑结构都会被完全记录。一旦网络图形化完成，防守方就可以对网络攻击的所有可能进行模拟，从而识别敌人的攻击向量。这样，就可以评估所有可能的计算机攻击威胁程度及其对目标系统造成的冲击和损失。基于上述威胁的建模和评估方法，可以提出对应的有效防御方案。能够有效应对特定网络攻击的安全防御方案是依赖于网络攻击的动机和意图的。防御方案不仅仅要对一系列网络攻击有效，而且还需要在攻击发起之前的感染阶段和攻击进行阶段形成有效的防御。在网络攻击过后，修补和恢复措施也需要及时进行[13]。

每种防御措施都应该有一份异常响应计划用来检测网络攻击威胁。当然，这就要检测那些不遵从或者明显偏离既定基准的异常行为。检测网络异常意味着对日志进行分析，最理想的情况下，能够将异常的访问源剥离出来。计算机取证有助于确定攻击的时间轴，并推测攻击的类型和发生时间，可以通过以下几种途径获得：目标被入侵的时间、恶意软件被安装的时间、恶意软件首次联络攻击者的时间、恶意软件首次尝试扩散的时间、恶意软件首次执行指令的时间、恶意软件可能自动销毁的时间等[14]。

缓解威胁是网络防御措施中的重要组成部分，它着重于将威胁对目标信息系统的影响最小化。当防御系统对一个可能的威胁发出了警告时，异常响应器首先要做的事情就是将这些计算机系统与网络隔离。抑制模块应该尽快地进行响应，避免网络范围的感染。网络和主机异常检测系统将向异常响应团队提供警报，从而去抑制那些有漏洞的计算机。一旦控制住了这些计算机，受害系统将提交信息给审核程序。在这些系统被证实遭到网络攻击后，就需要检测其中的威胁，并对其进行分类，删除受害系统中的恶意软件，然后系统得到修补并且重新运行[15]。这种分类处理对预防措施的建立也将起到帮助。

　　防御措施需要对来自内部的攻击做好准备，因为并不是所有的攻击都是来自外部的。斯诺登事件就是一个典型的例子，斯诺登曾工作于美国国家安全局（National Security Agency，NSA），泄露了大量关于国家安全的机密数据。来自内部的威胁是最难以防范的，因为内部威胁是由机构内部人员造成的，而他们已经拥有了网络的访问权限。进一步说，这些产生威胁的人员，是被假定为可靠的同事或者职员的人。以下几点内容是缓解内部威胁的基础：调查职员的所有背景、对产生内部威胁的职员采取强制措施、最大限度地限制职员的特权访问、详细地审核用户会话、针对内部威胁的异常检测、消除证书共享、对特殊的设备进行访问控制、对职员进行有效的监督、制定数据泄露政策[16]。

　　Skoudis 和 Liston 所著的《反黑客攻击：计算机攻击有效防御分步指南》中提供了许多应对书中提到的网络攻击的防御策略，包含侦查，扫描，操作系统攻击，网络攻击，拒绝服务攻击，木马、后门与隐匿技术，隐藏文件等攻击手段的防御。其中，针对侦查攻击的防御包括对 Whois 搜索、基于搜索引擎与互联网的侦查、基于 DNS 侦查的防御；针对扫描攻击的防御包括对战争拨号、网络映射、端口扫描、漏洞扫描、逃避入侵检测系统和入侵防范系统的防御；针对操作系统攻击的防御包括对缓冲区溢出攻击、口令破解、浏览器漏洞渗透的防御；针对网络攻击的防御包括对嗅探、IP 欺骗、会话劫持和 Netcat 的防御；针对拒绝服务攻击的防御包括对 DDoS 攻击的防御；针对木马、后门与隐匿技术的防御包括对应用层木马、后门、僵尸软件和间谍软件、用户模式的隐匿技术、内核模式的隐匿技术的防御；针对隐藏文件攻击的防御包括对隐藏文件和隐藏信道的防御[17]。

　　Skioudis 和 Liston 对防御的全面描述是一份宝贵的资源，并且还提出了一种非常合理的分析防御措施的方式。

4.3　网络情报与反情报

　　数字传输影响着人类生活中的方方面面，如经济、教育、医药、农业，而这些关键基础设施对国家安全以及负责国家安全防御的相关机构有着重大影响。美国的 16 个情报机构也在数据的收集、处理、利用与信息的分析、传播的方式上进行着巨大转变。

　　9·11 事件之后，美国国家安全委员会负责审查情报机构的工作和表现，最终导致情报机构的重大改革，但更重要的是，这次审查导致了美国国家情报总监办公室（ODNI）的成立。美国国家情报总监办公室承担着各个情报机构相互合作与信息共享的责任，并且负责监督国家拨给情报机构的 500 亿美元的预算款项。

　　美国国家情报部门是美国国家情报总监办公室，按其职能主要分为如下三个部门：国家情报部门（包括美国中央情报局、美国国防情报局、美国国家地理空间情报局、美国国家侦察局、美国国家安全局、美国联邦调查局-国家安全司）、军事情报部门（包括空军情报、海军情报、陆军情报、海军陆战队情报、海岸巡防队情报）、国家政府情报部门（包括国土安全部-情报分析处、美国能源部-情报和反情报办公室、财政部-情报和反情报办公室、美国国务院-情报研究局、美国毒品管制局-国家情报处）。

美国国家情报总监办公室的 J. Clapper 指出，美国国家情报总监办公室的核心任务是情报整合，以实现一个全局信息技术架构，通过该架构，情报部门能快速且可靠地分享信息。

该基础设施不仅包含硬件、软件、数据和网络，还包括驱动可靠与安全信息分享的政策、程序和策略。最终，任务成功依赖于各种工作人员提出并实施的富有创新性的想法，这些想法关系到国家情报战略与信息技术企业战略。这样就可以使我方合作伙伴、战士和决策者拥有安全且及时的信息，从而帮助他们应对任务需要，并且维持国家的安全[18]。

如果说情报整合的核心功能尚待实现，那么情报信息技术企业战略的创建便是一项杰出的成就。情报信息技术企业战略目标聚焦于定义、发展、实施和维持一个单一的、基于标准可共同操作的、可靠的和可存活的情报信息技术企业架构。该架构需要具备用户所关注的能力，能够为人与人、人与数据、数据与数据之间的可信合作提供无缝的、可靠的解决方案，这样将可以在保护情报和信息的同时，提升任务的成功率[19]。创建一套让情报机构工作更具协作性的机制不仅是信息技术企业架构的基本要求，也可以让情报机构能够更充分地为其基本的收集、处理和分析功能的数字化转变做好准备。

4.3.1　网络空间与网络情报

1995 年，美国中央情报局意识到其内部的情报获取能力已经远远滞后于科技的进步，没有抓住机会来掌握并利用这些涌现的高科技手段去收集和分析情报。因此，美国中央情报局成立了秘密信息技术办公室，其工作是为网络空间中的间谍行动做准备。到 1999 年为止，美国中央情报局反恐中心的大部分技术措施都是基于网络空间展开的，汇集了大量的情报数据。但就像前中央情报局特工 H. Crumpton 所说，"技术上的巨大进步并没有让情报收集更加简单，反而在某些方面变得更加困难。这是由日益庞大的数据量、不断涌现的新技术、种类繁多的潜在风险和复杂的政府官僚争斗造成的"[20]。到 2000 年，以"掠夺者"无人机为代表的全新的情报收集平台开始崭露头角，这种无人飞行器（unmanned aerial vehicle，UAV）将彻底改变当下乃至未来的战争方式。

美国国家安全委员会命令中央情报局找到一种能够识别、定位和记录恐怖分子的方法，而能够实现这一任务只有采用先进的情报技术。C. Black 和 H. Crumpton 就职于美国国家反恐中心，是两位优秀的中央情报局特工。他们与其他两位探员 Rich 和 Alec 共同从事"掠夺者"无人机的开发工作。他们采用无人机系统（unmanned aerial system，UAS），利用卫星对无人机进行控制，以便采集阿富汗地区的地理数据并绘制详细的地图，从而确定基地组织与恐怖分子的藏身之处。这种新型的收集装置效果非常显著，恐怖分子的确被无人机上的摄像头拍到，该情报也立即汇报到白宫的克林顿政府。但是，从驻印度洋的美国海军发射巡航导弹需要 6 个小时进行准确定位，除非能够确定恐怖分子在 6 个小时之后还在原地，否则无法贸然发射导弹。最终，当局意识到"掠夺者"无人机需要装载核准的武器系统，"海尔法"导弹最终入选。然而讽刺的是，美国中央情报局的命令是给美国空军配备此类武器，因此导致了激烈的争论：美国国防部认为这是一种战争工具，应该归美国国防部管辖；美国中央情报局则对此说法进行驳斥，拒绝派出地面军队去寻找恐怖分子；接着又有 15 个政府机构卷入此事，最终美国国家安全委员会不得不再次命令美国中央情报局去寻找恐怖分子，给予该武器的授权[21]。

此后十年，作为一种情报收集工具和武器平台，无人机迅速得到了发展。截至 2011 年，载弹"掠夺者"无人机防卫力量已成为美国国家安全战略的重要组成部分。一些专家甚至声称，载弹"掠夺者"无人机是战争历史上最精确的武器。而在 2001 年，将人工智能用作一种情报手段来除掉恐怖分子无疑是天方夜谭[22]。

4.3.2　新型无人战争

无人机的优势不仅在于情报收集，载弹无人机的使用能够消除飞行员被杀或者被俘的风险，降低了使用空中武力的门槛。"掠夺者"和"收割者"无人机可以在目标上空超过 25000 英尺的高度盘旋长达 14 个小时。截至目前，美国已经在阿富汗、利比亚、伊拉克、巴基斯坦、菲律宾、索马里和也门等地区发动过载弹无人机袭击。从 2008 年起，美国已在阿富汗地区执行了超过 1000 次无人机袭击。2008~2012 年，在伊拉克地区发动了 48 次无人机袭击，在利比亚发动了 145 次无人机袭击，在巴基斯坦发动了 400 次无人机袭击，在也门发动了 100 次无人机袭击，在索马里发动了 18 次无人机袭击，在菲律宾发动了 1 次无人机袭击[23]。

以色列和英国也使用过载弹无人机。2013 年，英国军方在阿富汗发动了 299 次无人机袭击；以色列在 2008~2009 年的加沙冲突中执行了 42 次无人机袭击任务。到目前为止，共有 76 个国家和地区掌握了无人机技术。如果一个国家有能力派遣无人机执行侦查任务，那么对无人机进行载弹仅仅是时间问题[24]。

无人机的使用需要一定的技术水平，并且需要国家之间的双边谈判，以允许无人机跨越国界上空。

D. Byman 指出，无人机能够完美地执行任务，击毙恐怖分子核心成员，摧毁恐怖分子所在基地，只造成少量的经济损失，而不会对美国军队造成大规模伤害；而且和其他武器系统相比，平民伤亡更低。从奥巴马政府使用载弹无人机至今，有超过 3300 个恐怖分子被击毙[25]。但是，美国需要意识到轻易使用载弹无人机可能引起其他国家的反感。

A. Cronin 指出，在持续了数十年的战争后，美国公民明确向政府表达了他们对战争、财政消耗和军人及同胞牺牲的反感，并且质疑对抗恐怖分子的必要性；而最佳的选择就是使用载弹无人机进行作战。无人机已经拥有了强大的生命力，而无人机战术也正在驱动着全新的战略发展。Cronin 还担心，无人机是否正在破坏美国的战略目标，无人机发展越快，造成的破坏也越大。另外，无人机吸纳了美国军方大量的机会成本和情报资源。因此，她做出如下陈述："美国军方在 2011 年训练了 350 名无人机操作员，而只训练了 250 名传统战斗机和轰炸机飞行员。在美国国内，有 16 个基地用于无人机的操作和训练，并且第 17 个正在计划当中。同时，美国在海外拥有 12 个无人机基地，而且大多数存在于敏感地区[26]。"

新型的无人机战争策略显著地减少了美军的伤亡，而且相对而言，它比其他武器系统成本更低。此外，无人机在目标战争区域内所造成的伤害和平民伤亡也较小。尽管如此，美国和其他国家的一些公民仍在质疑无人机在情报收集与军事行动中的广泛使用对公民自由和隐私造成的伤害。对此，美国的情报、军事和政府领导有责任且必须能够提供清楚且易于理解的答复。

公民具有高度自由的权利，他们的隐私也应该得到尊重。但是，情报收集活动、军事作战行动等不可避免地会造成民众不安。9·11 事件之后，市民对政府表达了极大的不满。而斯诺登事件又使得民众对情报收集活动、情报的本质、政府扮演的角色和行为提出了强烈的质疑。

4.3.3　情报悖论

网络情报战中，最基本的情报悖论在于，需要在情报收集、实施和军事行动的同时保持公众的信任。

通过对情报需求和保护公民自由进行分析，J. Sims 和 B. Gerber 对情报悖论的看法如下："在民主体制下，国家必须在国家安全最大化与维持公众信任之间取得平衡。以美国为例，这种信任需要保证宪法规定的自由。历史告诉我们，既不适合美国的政治文化，也不适应国际体系的新型情报实践很可能在短时间内引起民众不满。因此，国家安全的决策者可能会陷入两难的境地：当情报系统去解决有损本国利益的外部威胁时，可能会威胁到本国的民主体制，以及需要优先保护的政府公信力[27]。"

国会、白宫以及司法系统的政府官员决定着美国的情报政策。美国政府的这三个行政分支在创建、监督和解释国家情报政策和分析产出上密切相关。因此，如何处理这个涉及收集和保守秘密的难题，必须由上述三个行政分支共同解决。情报机关在处理国内威胁时，如何在监视国内的同时，赢得美国公民的信任与配合？这个问题已经超出了情报机关决策者的责任范畴，因为它需要所有的国家情报相关官员共同决策。但是，已经暴露出问题的官员只是极少数，更多的问题尚未被发现。例如，在一个民主社会中，在确立情报项目和相关政策时，所有的参与者不得不解决一些情报项目需要面临的问题，如政府是否可能与罪犯联系、是否会影响选举、是否需要监听私人会话、是否需要删除广告、何时需要对公众隐瞒信息等，情报人员需要用何种方式来隐匿行踪，如何保证提案能通过政府内部审查。这些都是之前的规划，并且已经得到了国家最高选举机构的同意。因此，情报政策并不是情报机构专业人员独占的领域，还涉及一系列的官员。实质上，情报政策的决定、规划及负责官员共同决定了情报机构及其服务的民主体制如何并存[28]。显然，美国政府和情报机构面临的挑战之一，是大量美国公民对情报机构采取的秘密行动、窃听电话及监视网络行为等情报收集活动已经感到不安和焦虑。

科技的惊人进步，以及随之而来的数字革命已经不可逆地改变了情报的收集与分析方式。全世界各个国家与他们的情报机构已从根本上改变了情报处理过程及其参与军事战争的形式。今天，国家情报机构面临的问题不仅在于敌国对攻击型网络武器的使用，还包括敌对个人和组织的软件攻击行为、知识产权窃取以及数据库入侵。美国所有情报机构都很关注情报的及时性和情报发展动向。是否还会出现针对美国的恐怖袭击？由谁发动？以什么方式发动？在经历了9·11事件之后，美国公民已深刻地意识到情报的重要性，并且希望得到情报机构的保护以远离这些恐怖行动。基于事实，并经过充分研究和分析，将形成良好的情报政策。某些情况下，关于情报收集方式是否恰当的讨论可能会被一些人视为偏离法律，违背日常生活习惯，侵犯了普通公众的隐私。美国公众对实施情报项目的困难并不知情，需要通过情报专家的不懈努力，使得情报工作得以与公民权利和谐共存。提供能够保护公民安全与自由的有价值情报，是情报专家的核心工作准则。关于情报实施面临的难题，美国国内几乎没有公开的讨论，情报悖论使得那些力图保护公民权利的情报人员只能开展审慎的小范围讨论。

情报悖论关注那些在美国内部采取的情报收集活动，这些行动会挑战美国的民主制度和宪法保证的公民自由。在对这种矛盾进行评估时，必须要考虑当前美国民众享有的自由是由情报部门所支持和保障的，他们的任务就是保护美国公民的生命安全、人身权利和高度自由。从这个角度来看，新的矛盾再次显现：法律保证了公民的演讲自由和媒体的出版自由，媒体机构热衷于告知公众各种情报收集活动，但这些媒体披露的信息却给情报机构开展工作造成了困难。因此，需要对这些自由权利进行重新评估。B. Manning 在维基解密上公布的许多敏感信息非常机密，将导致很多人的生命和财产处于危险当中。因此，他因为向维基解密提供机密信息而被判处有罪。但是，维基解密声称他们只是一家新闻机构，披露这些信息仅仅是为了大众的知情权，同时他们受到美国宪法第一修正案中有关新闻、出版自由等的保护。另一个例子就是 J. Young 的 Cryptome 网站①。该网站截至本书成稿时的过去 15 年间，公布了 2619 个美国中央情报局情报源、276 个英国情报机构和 600 个日本情报机构的名称。在 2005 年 3 月，该网站公布了大量的空中测绘数据，其中包括美国前副总统 R. Cheney 秘密地堡的详细地图[29]。Cryptome、维基解密、Black Net 以及其他的类似机构是通过将从其他地方获取的消息进行发布并从中牟利，主张通过披露他们认为民众需要了解的机密资料来维持民主制度和公民的自由权利。

　　洋葱路由（TOR）被认为是几乎不可破解的安全匿名程序，它允许用户隐藏他们的 IP 地址并尽最大可能保护隐私。美国国防部高级研究计划局和美国海军研究实验室共同负责 TOR 的创建工作。具有讽刺意味的是，TOR 原本用来保障政府机构在安全保密的环境下进行运转，但是最终变成了"会使政府机密大量泄露的机器"，例如，B. Manning 就是使用 TOR 向维基解密提供大量数据文件和电子邮件的。实际上，J. Assange 依赖于 TOR，并把它作为维基解密的核心工具之一，TOR 可以使敏感信息的发布者以匿名的方式向维基解密提供信息[30]。

　　TOR 是情报悖论的一个实例：一方面，情报机构和军方都采用 TOR 去收集军事策略和机密信息，并且保证能够不被敌方发现；另一方面，TOR 也能被国外的敌对情报机构使用。TOR 有一项"隐藏服务"，即如果一个网站激活了这项服务，那么它就能隐藏该网站的位置，确保任何人都无法准确定位其具体的地理位置，但用户仍然可以在网络空间中发现并访问该网站。要使用 TOR 的隐藏服务，用户需要运行 TOR 以对用户和网站的地理位置进行掩盖或隐藏。A. Greenberg 对 TOR 的报道如下：

　　TOR 被色情文章作者和黑帽黑客利用。在安装该程序几秒钟之后，用户能够匿名访问"丝路"等毒品及军火交易网站，或多个雇佣杀人网站。但 TOR 也被 FBI 用来去渗透不法组织而确保不被发现[31]。

　　2006 年，伊朗等国开始使用 TOR 来过滤互联网信息并对其敌对势力进行监视，TOR 的军事利用价值日趋显著[32]。

　　TOR 能够进行三重加密，从而保障安全和匿名。显然，任何使用 TOR 的群体或个人都能够从这种隐藏功能中受益，这些群体和个人能够利用 TOR 获得情报机构的部分能力，如匿名泄露秘密信息或从事情报收集活动。这些群体和个人包括网络罪犯、色情组织以及其他试图攻击美国的国家和个人。

---

　　① Cryptome.org 是一个提供网络盗版、黑客情报和间谍机构绝密档案的知名网站，由建筑师约翰·扬（John Young）创建于 1996 年，办公室位于纽约曼哈顿，是和维基解密（wikileaks.org）性质类似的网站。

TOR 不仅允许用户匿名上网，同时也是暗网、"丝路"、WHMX 等诸多不法网站的访问入口。这些网站给吸毒者提供毒品，也向用户提供兴奋剂、假钞、假证件和假护照。L. Grossman 和 J. Newton 对暗网的研究报告中揭露了这类网站的规模和隐匿性：大部分人都知道这个网站包含 19TB 数据，而其他不为人知的还有 7500TB 数据，这些隐匿的数据无法通过搜索引擎进行索引，包括非法贸易网站、密码保护网站、数据库和一些其他网站的数据。实际上，他们在 2013 年 11 月的研究报告中提出，每年 TOR 的下载量达到 3000 万到 5000 万次，其中有超过 80 万的常用访客，他们可访问超过 6500 个隐藏网站。TOR 的隐私策略使所有的使用者都能够实施非法行为，并对法律保护的隐私、情报和军事通信等进行强制访问[33]。

4.4　网　络　战

前美国国家情报局负责人 J. Clapper 向国会提交的年度报告中指出，根据他下辖的 16 个情报机构对世界范围内的威胁所做的评估显示，当前最需要关注的是网络威胁和潜在的网络攻击，并且此类攻击采用的网络武器难以防御。针对关键基础设施的网络攻击以及针对企业网络的渗透和知识产权窃取等不断攀升，将会持续成为美国政府急需采取行动的问题。

4.4.1　网络空间总指挥

J. Healey 指出，美国国防部在 1991 年海湾战争结束后就开始为即将到来的网络战进行准备。美国空军信息战中心创建于 1993 年，由 609 信息战中队负责一切攻守行动。该中队隶属于美国空军，因此不用对空军所属领域之外的其他网络防御行动负责。为了更彻底地解决网络行动中的协作问题，五角大楼在 1998 年建立了计算机网络防御联合特遣队，对网络中攻守行动全面负责。2004 年，攻方和守方的职责被进一步细分：NSA 负责攻方行动，美国国防情报系统负责守方行动。这项策略一直延续到 2010 年，攻方和守方的行动被统一到由 K. Alexander 将军领导的美国网络司令部，他同时也是美国 NSA 负责人。美国国防部决定，鉴于 NSA 和网络司令部的作战能力，让一个四星上将来领导是比较合适的[34]。

美国国防部副部长的网络高级顾问 J. Davis 少将对 2014 年前后美国国防部的网络策略精简行为陈述如下。

（1）美国国防部已经在美国网络司令部指导下成立专门服务于网络的部门。

（2）两个机构各自成立了联合网络中心。

（3）实施军方命令审批程序来控制网络作战。

（4）建立网络行动联合指挥框架，在网络行动中实施跨部门协作。

（5）对不同网络部队建立军事组织结构并将其纳入其中。

（6）开发一套规则，将现有网络架构转换到联合信息环境（joint information environment，JIE）。

（7）美国国防部的任务是对美国进行全方位防护，但是在网络空间当中，美国国防部应与其他联邦网络安全团队（包括美国司法部和美国联邦调查局）共同负责侦查和网络执法。

（8）美国国土安全部的其他网络团队负责保护关键基础设施和除军方之外的政府系统，并和情报机构共同负责威胁情报的收集和分发。

（9）美国国防部确立了三类网络部队，分别对应三个主要的网络任务：

① 国家网络部队负责应对敌方网络攻击。

② 战时网络部队负责对战场指挥官提供支持。

③ 网络安保部队负责海外军事行动时维护网络稳定，抵御网络攻击[35,36]。

美国网络司令部通知国会，针对美国国家电网系统和其他关键基础设施的攻击是真实存在的，联邦政府和私营部门需要采取更积极的手段来进行防御。网络武器正在飞速发展，这些武器被极端分子等利用只是时间问题。同时，美国网络司令部组建了 40 个团队。其中 13 个团队在网络空间中对国家网络进行保护（实际上他们的主要角色是进攻方）；另外 27 个团队支持战时指挥，保护军方的计算机系统和数据。Alexander 指出，需要明确网络空间中战争行动的组成部分，他不会将网络间谍活动和盗取企业知识产权当作战争行动，但如果此类行动的目的是中断或摧毁美国基础设施，那么说明它们已经越界[37]。

4.4.2 作战规则和网络武器

制定网络战争策略的另一个关键方面聚焦在建立交战的标准规则。需要制定一个能够对所有网络架构、军事服务以及联邦部门关系进行标准化和规范化的框架。当这个框架制定好，并且网络武器通过美国国防部武器清单中指定的所有军事测试之后，才能在相应的军事法律人员、美国国会等行政部门的共同协助下建立作战规则。

美国战略与国际问题研究中心的 J. Lewis 指出，即使网络武器的作战规则得到认可，网络武器的使用仍会带来一系列窘境，例如：由谁来授权使用？如何不越权使用？授权级别如何？使用者身份和地位等级？如何证明网络武器的交战和使用是合理的[38]？

另外，网络战争规则可能不会包括已有的武装冲突作战准则，不能以平民为目标的准则显然只适用于传统武装冲突和大部分的地面军事行动中。因此，在传统作战规则下设计和运用网络武器将变得异常困难。2010 年，震网病毒攻击伊朗的核电站计划中，仅仅对 1000 个在纳坦兹铀浓缩设施中的离心机造成损坏。创建震网病毒的目的是攻击特定的目标并且使得平民伤亡最小化[39]。这是一个在作战规则边缘精准使用网络武器的实例。

M. Libick 为兰德国家防御研究机构做了关于网络攻击能力威慑性的报告：当具有网络攻击武器的敌方形成实际威胁时，己方需要什么网络攻击能力才能够对敌方形成威慑。如果入侵了敌方的系统，就能识别对手网络武器的攻击能力。但是，一般情况下，这种攻击只能使用一次，因为敌人会重新设计攻击策略。当然，对敌方系统进行渗透并不意味着具有摧毁该系统或者引导该系统运行失败并持续失败的能力。对系统进行渗透和导致系统运行失败的差异可能会被敌方负责人进行不同的解释。这会带来一些威慑作用，让敌方对其系统进行改进或者会激起他们的反击模式。这样做可以达到三个目的：①声明具有网络武器；②让敌方知道在其不断敌视、挑衅和其他特殊情况下，有可能使用该网络武器；③暗示网络武器将会用来对敌人发起攻击[40]。

或许，对伊朗纳坦兹铀浓缩设施使用的震网病毒是一个通过炫耀网络武器来使伊朗停止核武器计划的例子。显然，这个病毒针对工业控制系统架构而设计。从这个角度讲，该网络攻击武器作为一种威慑，显然意味着声明了对该武器的占有。另外，以伊朗铀浓缩设施为目标，意味着用该网络武器来促使伊朗决策层重新评估其核武器计划。最终，通过震网病毒攻击事件得出了一个影响深远的结论：类似或者不同的网络武器是可能会被使用的。但是无论如何，正如下列论述：

"网络攻击威慑依赖一个国家在网络空间中的行为，加上该国在军事科技方面的名声，以及使用这种武装能力的可能性[41]。"

作战规则用于指导任一国家在受到他国网络攻击时做出的反应，具有极高的重要性。这可以通过一些网络攻击示例进行说明：

2007 年，爱沙尼亚网站被攻击事件。DDoS 攻击使爱沙尼亚政府、新闻媒体、银行的网站瘫痪。

2008 年，格鲁吉亚的网络罢工事件。不明来源的 DDoS 攻击导致格鲁吉亚政府的服务器宕机，阻断了国家和民众之间，以及与其他国家之间的通信能力。

2010 年，震网病毒暗中削弱伊朗核计划事件。震网病毒被植入伊朗的核控制计算机网络，最终找到铀浓缩计划中使用的工业控制设备，并使其发出混乱指令。

2011 年，加密技术公司 RSA 遭入侵事件。黑客入侵 RSA 公司窃取了有关安全令牌的数据，并利用这些数据获取了至少两个使用该产品的美国安全厂商的访问权限[42]。

基于大量的报告，美国认为俄罗斯使用恶意病毒入侵过其防御系统；同时，伊朗对沙特阿拉伯的国有石油公司 Saudi Aramco 的攻击，摧毁了 Saudi Aramco 公司超过 30000 台计算机，并且还攻击了摩根大通银行和美国银行[43]。

被斯诺登泄露的文件中提到,美国在 2011 年针对伊朗、俄罗斯和朝鲜等国发动了 231 次网络攻击行动。很明显,许多国家都实施了强力的网络攻击行动计划,而这些计划促使奥巴马颁布了第 20 号总统令,命令情报机构认可一系列网络攻击行动,并对可能要用于美国国防和加强美国国家安全的网络武器进行认证[44]。

值得一提的是,T. Rid 观察到绝大多数被视为网络攻击的行动实际上只是情报收集行为,并且这些网络行动的目的并非破坏关键基础设施[45]。但是,随着网络武器和网络技术的不断发展,不同的国家情况迥异。

前美国国务卿 J. Kerry 指出,网络武器和网络攻击引起重大关注的原因在于网络攻击和网络武器相当于 21 世纪的核武器。更令人担忧的是,美国的敌对势力可能在几分钟甚至几秒钟内入侵美国的网络。因此,第 20 号总统令建立了网络攻击及武器的应用准则和程序。战场之外的网络行动都需要总统授权,甚至在军用网络之外涉及国家安全的防御性网络行动也需要总统授权。第 20 号总统令的一些部分内容仍然是保密的,但是解决了诸如网络武器的优先使用和隐藏使用问题[46]。

在讨论作战规则和网络武器时,需要注意一些事情,就像美国国务院的前法律顾问 H. Koh 所说,“《国际法》建立的规则同样适用于网络空间,网络空间并非法外之地,在网络空间不能够随意地进行敌对行为”[47]。《联合国宪章》第 51条允许在受到武装攻击时进行自卫,然而截至本书成稿时都没有涵盖有关网络攻击、网络武器以及网络战争的情形。但是这些都将显著地促进关于网络空间管控相关的政策和法律法规的制定。

4.5　国家网络冲突

确定网络攻击过程的一个难点在于找到实际的行为人和攻击开始的地点。因为计算机攻击涉及大量的僵尸网络,僵尸网络可以被配置为一个 DDoS 攻击,而它的攻击目标可以遍及某个国家乃至整个世界。控制僵尸网络的僵尸主控服务器可以在五大洲的任意一个国家。此外,可以进行 IP 地址欺骗使它看起来似乎来自某个网站,实际上它通过其他路由攻击服务器。另一个难点是确定攻击的来源:政府或军事行动、网络罪犯、黑客行为、间谍行动,抑或是政府采购了其他承包商销售的某项服务。

识别真正的攻击者只是工作的一部分,其重要性不言而喻。生活在一个很容易将网络攻击提升为网络战的时代,不仅要知道防御对象,而且不能对原始攻击中没有承担任何角色或责任的国家实施攻击。例如,1998 年“Solar Sunrise”攻击中,美国国防部的网络遭到渗透,最初被认为是俄罗斯黑客发动的攻击,但实际上却是两名加利福尼亚青少年的恶作剧。

2000 年发生了 "Moonlight Maze" 攻击，这一次，政府机构有超过 200 万台计算机受到影响，包括五角大楼、美国能源部、美国空间和海上作战系统（Space and Naval War Systems，SPAWAR）、一些私人研究实验室和其他网站。经过调查，美国指控俄罗斯莫斯科科学院发动了此次网络攻击[48]。美国如何进行回应才算合适？2000 年的网络攻击和 2014 年的网络攻击从本质上是不同的，如今的反击措施会比以前更加严重。如今，类似的网络行动将被定义为战争行为，并采取一系列反击行动。

4.5.1　爱沙尼亚网络攻击

许多观察家都指出，2007 年爱沙尼亚与俄罗斯的网络冲突是第一次真正意义上的网络战争，针对爱沙尼亚的 DDoS 攻击规模很大，并且持续了较长一段时间。将此命名为第一次网络战争的一个原因是 2008 年北约在爱沙尼亚塔林建立了一个网络防御中心，这一次网络战争也在此期间展开。另一个原因是，这是迄今为止规模最大的 DDoS 攻击，有超过一百万台计算机瞄准爱沙尼亚的金融、商业和通信等基础设施。简而言之，爱沙尼亚公民无法使用信用卡、无法进行银行交易或者接收消息、无法通过正常的沟通渠道与政府进行沟通。此外，大多数 DDoS 攻击持续时长不超过几天，但这次攻击持续了几个星期，迫使爱沙尼亚认定这是一次战争行为。作为北约成员方，爱沙尼亚请求北约军事联盟北大西洋理事会的协助。北约在塔林建立网络防御中心是北约第一次采取行动，网络安全专家对此次网络行动进行溯源追踪。

在攻击的最初几天，网站通常每天访问次数为 1000 次，每秒收到 2000 个请求。僵尸网络拥有超过一百万台计算机，遍布于世界各地，美国、加拿大、巴西和越南的计算机都被用于此次 DDoS 攻击[49]。

从保持平衡的角度，还必须注意到，俄罗斯向国际社会提出了打击网络罪犯的要求。俄罗斯内务部部长 R. Nurgailiyev 呼吁全世界联手打击互联网上的犯罪集团，他在 2006 年 4 月提出这个要求，而一年后俄罗斯与爱沙尼亚发生冲突。他在莫斯科举行的一次国际会议上说，网络犯罪分子可以造成和大规模杀伤性武器同等程度的伤害[50]。

爱沙尼亚与俄罗斯网络冲突的决定性证据已经很难被发掘，因为俄罗斯否认参与其中，并表示是他人仿冒了他们的网站，而爱沙尼亚拒绝接受他们的论点；然而，迄今为止，双方一直没有明确的证据，因为网络攻击确实很复杂。

4.5.2　美国国家安全局

NSA 是美国 16 个情报机构之一，其主要职责是保护美国的国家安全。NSA 负责密码破译、情报截获、网络操作取证和信息保障。

多年来，很少有美国人注意或甚至知道这个组织存在。直到 2013 年 6 月，NSA 卷入了国际关于网络间谍活动的讨论，终于引起了大家的关注。斯诺登将 NSA 变成了整个国际社会的焦点。斯诺登是博思艾伦咨询公司（Booz Allen Hamilton）的合同雇员，该公司与 NSA 签订了合同。利用职务之便，斯诺登可以访问 NSA 的数据库。在博思艾伦咨询公司工作之前，他曾在戴尔公司工作，在那里他也可以访问 NSA 的数据库。显然，在戴尔公司工作时斯诺登就决定开始收集数据。向 NSA 提供数据的美国公司，即使是遵从《外国情报监视法案》（The Foreign Intelligence Surveillance Act，FISA）的条例，仍然存在泄露公民隐私的风险。国际社会减少了与美国主要公司的业务，一些国家甚至完全拒绝与部分美国公司开展进一步合作。

斯诺登通过《卫报》发布了海量机密信息，但他并没有这样做的合法权利。斯诺登表示，他担心美国人因为这些安全计划而失去个人隐私。也许，发布的信息中被错误地标记为 NSA 电话列表的数据引起了最大的关注，并在媒体报道中被重点阐述。但这是完全不正确的，因为作为 NSA 章程的一部分，NSA 在获取目标的情报活动中其电话监听活动必须受到严格的限定。

然而，为了充分理解大量收集电话数据的原因，必须谈到 9·11 事件恐怖分子袭击纽约世界贸易中心的案例。鉴于这次攻击的严重后果以及国会审查委员会关于情报界未能发现这次攻击的控告，乔治·布什政府授权新的情报收集方案来纠正这种失职。随着《美国爱国者法案》的通过，这些新的方案引起了国会和 FISA 法院的特殊监督。下面这段话明确强调了 9·11 事件中，情报界不能监听恐怖分子的电话以及确立新法案补救这种失职的原因。

在基地组织攻击世界贸易中心和五角大楼之后，9·11 事件调查委员会发现，美国政府未能识别和连接那些能够提供本次攻击计划和准备工作的信息基站。现在知道，驾驶美国航空 77 号飞机撞上五角大楼的劫机者 K. Midhar 在 2000 年上半年居住在加利福尼亚州。虽然 NSA 在此期间于也门地区拦截了 Midhar 与基地组织安全屋中负责人的一些对话，但没有任何迹象表明 Midhar 位于圣迭戈。NSA 没有工具或数据库用来搜索以识别这些连接并与 FBI 共享。确立的几个新法案，是用来解决美国政府将情报界可用信息点进行连接的迫切需求，从而加强国外情报和国内执法机构之间的协作[51]。

为了更全面地了解 NSA 的运作，需要对其任务和授权 NSA 行动的文件进行适当说明，重点将放在 12333 号行政命令、FISA 第 702 章和 FISA 第 215 章业务档案，因为这些文件规定了 NSA 的行动，和斯诺登发布的机密信息密切相关。

1. NSA 的使命

NSA 的使命是通过为政策制定者和军事指挥官提供他们完成工作所需的情

报信息来保护国家安全。

NSA 以外部情报需求为驱动，由总统、总统下属的国家安全小组及相关工作人员通过国家情报优先级框架向 NSA 提供经过核验的情报需求及情报优先级。

2. NSA 情报收集授权文件

NSA 的情报收集依据有两个：12333 号行政命令和 1978 年发布的 FISA。

1）12333 号行政命令

12333 号行政命令是 NSA 收集、保留、分析和传播国外情报信息的基本授权文件。12333 号行政命令主要用于授权 NSA 收集在美国境外的他国人员的通信情况。境外人员与境内人员的通信情况，也可以被收集。基于 12333 号行政命令的收集授权，在世界不同地方收集情报的手段不同，主要用于收集来自美国以外的人员的信息，FISA 另有规定的除外。基于本授权进行的情报收集活动，需要与美国国防部部长确立并由美国总检察长批准的最小化程序保持一致。

NSA 使用多种方法开展 12333 号行政命令授权的情报收集工作。NSA 使用本授权的过程如下（特定的授权和收集源除外）：

（1）对于已经确定的国外情报需求，NSA 对国外实体（个人或组织）进行确认。例如，NSA 对可能属于恐怖主义网络的个人进行确认。

（2）形成个人或组织"关系网"，包括指令的流动和控制结构。换句话说，如果 NSA 正在追踪某个恐怖分子，那么需要确定他在和谁接触，以及在执行谁的指令。

（3）确定外国实体的通信（无线电、电子邮件、电话等）情况。

（4）确定用于传输这些通信信息的电信基础设施。

（5）确定传输通信过程中的漏洞。

（6）基于这些漏洞进行与之匹配的情报收集措施，如有必要，NSA 将开发新功能来获取目标通信。

这个过程通常涉及基本通信数据的收集，这些数据有助于 NSA 在一个庞大而复杂的全球网络中发现有效国外情报的地点，从而保护美国国家安全。例如，与拨打电话相关的国外通信基本数据的收集，包括电话号码、呼出时间和持续时长，可以使 NSA 对恐怖分子与其同伙之间的通信进行标记。这一策略有助于确保 NSA 收集的通信内容更有针对性，聚焦于所需的情报目标。

NSA 根据 12333 号行政命令从世界各地的通信系统收集国外情报。由于这些信息来源的敏感性，在加密通道之外提供任何细节都会严重损害国家安全。因此，每种类型的情报收集都会经过 NSA 内部的严格监督和合规审查，由 NSA 内部的人员进行，而不是国外实际负责情报收集的间谍。

2）FISA 情报收集法案

FISA 规定了特定类型的国外情报收集，包括强制美国电信公司辅助进行某些信息收集。鉴于 NSA 在进行国外情报收集时必须采用的某些技术，需要依靠 FISA 授权获得重要国外情报信息，与 FBI 和其他情报机构合作，将国外情报目标及其在美国国内的活动进行综合。FISA 法庭在确保国内情报收集合规性方面发挥了重要作用。美国政府的三个分支机构有义务支持 FISA 授权的情报收集行动，FISA 法庭的核心作用是确保授权的活动符合 FISA 和美国宪法（包括第四修正案）的规定。

（1）FISA 第 702 章。

根据 FISA 第 702 章，NSA 有权针对位于美国以外的非美国人进行情报收集。该授权主要用于对使用美国通信服务的外国人的通信情况进行收集。美国是世界电信系统的主要枢纽，FISA 旨在允许美国政府获取国外情报，同时保护美国人的公民自由和个人隐私。一般来说，第 702 章授权美国总检察长和国家情报负责人向 FISA 法庭提交书面文件，以获取国外情报信息。在 FISA 法庭批准该授权使用于目标对象且遵循最小化程序的同时，美国总检察长和国家情报负责人可以联合批准一项长达一年的授权，将位于海外的非美国人设定为目标对象，以获得国外情报资料。这种情报收集对于美国电信服务运营商是一种强制性规定。

如果美国政府认定某个国外的非美国人拥有、交流或可能接收基于授权文件核定的国外情报信息，NSA 就会提供该人的具体标识（如电子邮件、电话号码等）。一旦授权获准，这些标识将用于有选择地获取目标对象的通信情况。美国的电信服务提供者强制性地必须协助 NSA 获取与这些标识相关的通信情况。

基于各种各样的原因，包括技术方面的原因，在针对国外实体进行情报收集时，偶尔也会获得美国公民的通信情况。例如，美国公民的姓名会出现在国外目标实体的邮件中，甚至有美国国内公民与已知的恐怖分子进行联系。在这些情况下，美国总检察长与国家情报负责人共同起草，并由 FISA 法庭批准的最小化程序将用于保护美国人的隐私。这些最小化程序规定了 NSA 在收集情报过程中对偶然涉及的美国公民信息的获取、保留和传播。

基于 FISA 第 702 章进行的情报收集，是 NSA 情报库中最重要的"杀手锏"，可用于侦测、判别并终止世界各地针对美国的恐怖主义威胁。一个著名的案例就是纳吉布拉·扎西（Najibullah Zazi）案件。2009 年 9 月初，在监测位于巴基斯坦的基地组织恐怖分子活动时，NSA 发现位于美国国内的某人与基地组织有联系，此人被认定是位于科罗拉多州（Colorado）的 Zazi。美国所有情报机构（包括 FBI 和 NSA）通力合作，最终确定他与基地组织的关系，并查明他与国内外恐怖主义的所有联系。FBI 跟踪 Zazi，发现他前往纽约会见同伙，并计划在那里实施恐怖袭击。随后他们被逮捕。Zazi 承认试图炸毁纽约市地铁系统。FISA 第 702 章规定的情报收集对于发现和终止国外恐怖分子针对美国的安全威胁至关重要。

（2）FISA 第 I 部分。

NSA 基于 FISA 第 I 部分对国外势力及机构进行电子监视，以便确定国际恐怖组织成员。除了 FISA 中规定的某些极端例外情况，此类情报收集需要 FISA 法庭给出明确的法庭指令。

（3）美国公民数据的收集。

获得 FISA 授权后，NSA 还可基于 FISA 的三个特殊规定，对涉及美国公民的通信情况进行收集，以便获得国外情报信息。这些收集行为可依据 FISA 第 501 章、第 704 章和第 705（b）章，或者《美国爱国者法案》第 215 章中关于业务档案的相关条款。

（4）FISA 第 215 章业务档案。

基于 FISA 业务档案项目（business records FISA program，BR FISA），NSA 在 2006 年获得了首个 FISA 法庭授权。随后由 2 名主管、4 次国会议员以及 14 名联邦法官对 NSA 再次授权，由 FISA 法庭强制美国电信运营商向 NSA 提供美国国内电话呼出、呼入的信息。这类信息称为基础数据，包括主被叫电话号码、呼叫日期、具体时间和持续时长等信息，但不包括用户标识或通信基站的位置数据。此类特殊情报收集的目的是确定美国国内与境外恐怖主义威胁的联系情况。

除非是应对反恐，否则政府禁止对大量记录进行实质性查询。FISA 法庭授权下的情报收集，在查询与已确认的恐怖组织有联系的人员通信情况时，只能基于某个"用户标识"（如电话号码）进行。用于发起数据查询的用户标识称为"种子"。具体来说，依照 FISA 法庭的授权，使用种子标识进行查询时，必须具有一个"合理且明确的嫌疑"，其与境外恐怖组织有联系。当某个种子标识被认定是由美国公民使用时，不能仅仅基于 FISA 第 I 部分就展开与境外恐怖组织联系的情报收集。"合理且明确的嫌疑"杜绝了对收集的情报数据不加区别地查询。有相应的技术手段限制 NSA 分析人员查看任何基础数据，除非是使用已授权用户标识进行查询的结果[52]。

显然，NSA 获得的授权和接受的监督的详细细节不会轻易地引起媒体的注意，因为对 NSA 的情报收集活动的深入了解需要基于相关的背景。当然，这并不意味着美国民众会完全接受这些情报收集活动，但从缓解民众担忧的角度，它确实提供了有用的辅助信息。

也有来自若干国会议员和公众人物的观点认为，NSA 的情报收集活动没有任何价值，并未阻止任何恐怖主义袭击或近似行为。在向国会提起的 54 个案例中，有 50 个案例有力地驳斥了这一观点。NSA 负责人、美国网络司令指挥官 K. Alexander 指出，这些情报收集工作阻止了来自全世界 20 多个国家针对美国的恐怖主义袭击。他进一步对 54 个案例做出如下解释："在这 54 个案例中，42 个涉及破坏机场并中断机场服务。12 个涉及向恐怖分组提供物质支持。54 个案例中，有 5 个进行了抓捕或拘押。美国的盟友同样从中受益。其中 25 个案例发生在欧洲，11 个发生在亚洲，5 个发生在非洲。13 个案例与美国国内有联系，其中有 12 个案例在 FISA 第 215 章授权下进行调查。54 个案例中，有 53 个基于 FISA 第 702 章进行调查，在许多情况下，提供了遏制威胁的最初线索。反恐报告中几乎一半的报告基于 FISA 第 702 章的授权[53]。"

美国国会研究服务中心（CRS）编写了题为 "NSA 监视解密：相关背景问题" 的报告，以下是报告摘要：

2014 年初对 NSA 监视的关注涉及两个未授权进行披露的情报收集项目。由于项目 2014 年 6 月某两天公之于众，民众对于 NSA 收集的信息以及依照的授权有所疑惑。本报告澄清了两个项目之间的差异，并对一些潜在问题进行了阐释，将有助于国会理性评估关于 NSA 监视的授权。

其中一个情报收集项目用于批量收集电话记录，特别是威瑞森电信（Verizon Wireless）和其他美国电信服务运营商的客户呼入、呼出号码，呼叫日期和持续时长，但它并不收集呼叫的内容和呼叫者的身份。本收集项目是在《美国爱国者法案》第 215 章的授权下进行的，该法是对 FISA 1978 年版本的修订案。第 215 章允许 FBI（也代表了 NSA），基于 FISA 法庭的授权，强制要求公民提供 "任何有形的事物"，包括电信运营商持有的关于公民通信数量和时长的记录，但不包括这些通信的内容。FBI 必须提供事实依据，表明 "有合理的理由相信" 所收集的 "有形的事物" 是在某个授权下进行的。一些评论家对此表示怀疑，如此大量的数据如何被认定是 "有合理的理由相信" 且在某个授权下进行。

另一个情报收集项目用于收集境外目标的通信情况，包括通信的内容。当然，这些通信情况需要经过美国的电信网络。国家情报负责人承认数据是基于 FISA 第 702 章的授权进行收集的。如前所述，情报收集程序不会收集在美国国内的目标人员的通信情况，因为这是 FISA 第 702 章明令禁止的。除此之外，情报收集的范围、收集的信息类型、涉及的公司和情报收集方式依然扑朔迷离。2008 年的 FISA 修正案增加了 FISA 第 702 章。此前，FISA 允许在获得 FISA 法庭授权后，只能持续监视国内通信情况或国内公司存储的通信记录。

奥巴马政府认为，这些监视活动受到三个政府部门的监督，对国家安全至关重要，有助于阻止恐怖主义袭击。该论点并不区分这两个情报收集项目，一些批评者尽管承认 NSA 基于 FISA 第 702 章进行情报收集的价值，但对 NSA 批量保存电话记录持怀疑态度。因此，2013 年的立法提案主要集中于修改 FISA 第 215 章，以明确当前正在进行的电话记录收集范围。同时，他们还要求公开更多 FISA 法庭的授权，其中包括对 NSA 大量收集电话记录的授权。

该报告讨论了两个 NSA 情报收集项目的详细情况，但它并没有解决这些数据泄露之后面临的问题，如对国家安全造成的潜在危害或者情报机构对美国电信运营商的依赖性。

某情报人员透露，这两个情报收集项目阻止了 50 多起潜在的恐怖主义袭击，其中包括阻止了针对美国本土的恐怖袭击，以及捣毁了国内外并不直接与恐怖袭击相关的恐怖分子基地。其中，90%以上根据 FISA 第 702 章进行收集。至少 10 个案例包括针对美国本土的威胁，并且其中大多数案例以某种方式利用了 NSA 收集的电话记录。当局提供了 4 个案例。

① N. Zazi：NSA 基于 FISA 第 702 章的授权，截获了巴基斯坦极端分子和美国某公民之间的电子邮件，并将这封电子邮件提供给 FBI。FBI 确定并开始监视科罗拉多州的 Zazi。接着，NSA 从 FBI 处获取 Zazi 的电话号码，基于 FISA 第 215 章授权，对其通信记录进行核查，最终确定了 Zazi 的同伙 A. Medunjanin。Zazi 和 Medunjanin 随后被捕，并因谋划炸毁纽约市地铁而获罪。

② K. Ouazzani：NSA 基于 FISA 第 702 章授权，截获了也门极端分子与一个名为 Ouazzani 的美国人之间的通信。Ouazzani 后来由于向基地组织提供物资支持并承认宣誓效忠该团体而获罪。FBI 发表声明称，Ouazzani 参与谋划炸毁纽约证券交易所的前期阶段。

③ D. Headley：据情报人员透露，FBI 收到的信息表明一个居住在芝加哥的美国公民 Headley 参与了 2008 年的孟买袭击，导致 160 人丧生。NSA 基于 FISA 第 702 章授权，认定 Headley 参与谋划炸毁丹麦报社。从公开声明中无法判定 Headley 何时进入 FBI 的视线。Headley 承认犯有恐怖主义罪，参与了孟买袭击和丹麦报社炸弹事件。

④ B. Moalin：NSA 基于 FISA 第 215 章授权对电话记录进行收集，向 FBI 提供了位于圣迭戈的某个美国人的电话号码，他与境外极端分子进行间接联系。FBI 随后确定此人为 Moalin，并认定他为索马里极端主义活动提供资金支持。2013 年，Moalin 获罪，罪名是向索马里基地组织提供物资支持。

《华盛顿邮报》对斯诺登披露的机密情报材料进行整理，发现美国情报机构在 2011 年参与了 231 次攻击性网络行动。而且，报道称情报机构每年对数万台计算机、路由器和防火墙进行"隐形植入"和安装复杂恶意软件。在 231 次攻击性网络行动中，75%的网络行动指向最高优先级打击目标，包括伊朗、俄罗斯和朝鲜等国。美国国防部表示，他们的确从事网络漏洞利用研发，但从未进行任何间谍活动[54]。

事实上，美国网络行动涉及的国家数量每年都在增加。而随着技术不断进步，各国也都将利用这些技术对其对手实施更为有效的打击。接下来将是网络武器的大量研发，从而替代传统的地面部队。为了控制网络武器的发展，国际社会拥有网络武器的主要国家的领导人必须开展外交磋商，制定能够保护所有国家的网络武器发展计划、实施方案和处理指南。

4.6　《塔林手册》

爱沙尼亚受到网络攻击之后，政府向北约请求帮助，以抵御进一步的网络攻击。北约于 2009 年成立北约网络合作防御卓越中心作为对此事的回应。该中心组织了一批国际法律工作者和学者，研究当前的法律规范如何适用于这种新型的网络战争。这群法律学者的目标是产生一个不具约束力的文件，将现有的法律应用在网络战争上，就是《塔林手册》。它并不是一个正式的文件，但它突出了网络空间的本质以及可能发展成为网络战的网络冲突，所以意义深远。《塔林手册》作为基础文件，有助于世界各国对本国法律、政策和网络操作进行审查。

《塔林手册》不是一本网络安全手册，也不专注于网络间谍、知识产权窃取或者网络空间的犯罪活动，而主要聚焦于网络战争。因此，《塔林手册》的焦点是《国际法》如何管理各国诉诸武力的国家政策，并对各国武装冲突或战争法的分歧进行调解[55]。

《塔林手册》围绕当前国际网络安全法律体系，规范了各国在网络空间中的责任和武力使用问题。《塔林手册》中有 95 条规则获得了法律工作组的一致同意，虽然这些规定不具备宪法或条约的约束性，但它们确实表达了一个关于网络战争方面的共识。《塔林手册》的第二部分涉及当前《国际法》的主体，聚焦于武装冲突和敌对双方相关法律。

想进一步研究的读者可以查看《塔林手册》95 条规则，其中的一些内容摘录如下：

规则 5　对网络基础设施进行控制；

规则 7　由政府网络基础设施发出的网络行动；

规则 8　网络路由途经某个国家时的网络行动；

规则 9　对策；

规则 24　网络行动指挥的刑事责任；

规则 30　网络攻击的定义；

规则 32　禁止攻击平民；

规则 44　网络陷阱；

规则 66　网络间谍；

规则 91　对中立的网络基础设施实施保护；

规则 92　中立地区的网络运营。

时任美国国务卿法律顾问 H. Koh 对美国如何应对网络空间行动的新挑战非常感兴趣。尤其是在技术不断进步的同时，如何将现有法律运用于新的网络环境？

通过对网络空间适用于《国际法》的分析，美国已经得出结论，网络空间不是法外之地，并确定了应用于网络空间的法律准则。美国的网络空间立场参考了美国国内和国外相关法律[56]。

尽管越来越多的国际法律集中于网络空间的活动，并给出了大量网络攻击和网络间谍的案例，但是美国已经阐明了其在网络空间国际战略的角色：

遭受攻击时，美国会在网络空间对敌对势力做出回应，就像对任何威胁国家安全时做出的回应一样。所有的国家都有捍卫领土的权利，通过网络空间所进行的敌对行为可能会使得美国与其军事盟友共同行动。为了保卫国家、盟友、合作伙伴和公民的权益，美国保留行使所有必要手段的权利，包括外交、情报、军事和经济等手段。在诉诸军事力量之前，美国会尝试所有可能的方法，仔细权衡行动的成本和风险，以某种方式反映美国的价值观并符合法律规定，尽可能寻求广泛的国际支持。

当各国采取网络行动时，无论是网络间谍活动，还是网络武器，都需要制定法律体系来规范这些网络活动，从而保护所有国家及其公民。网络武器造成的潜在危害是骇人听闻的。有能力发展网络武器的国家，必须保证其安全性，以免被恐怖分子或别有用心的个人利用网络武器进行经济勒索。

国际合作在解决网络空间领域问题时至关重要。全球几个主要的国家需要达成共识，制定有利于各方安全的网络战略，否则网络空间安全带来的挑战将一直存在。如果不及时采取行动，可能将无法控制未来的网络武器。

注释与参考文献

[1] Denning. "Information Warfare and Security", xiii-xiv.

[2] Ibid., 3-4.

[3] Ibid., 5.

[4] Ibid., 7.

[5] Ventre. Information Warfare, 23.

[6] Schneier. Schneier on Security, 222-223.

[7] Denning. Op. Cit., 67.

[8] Denning. Op. Cit., 36.

[9] Denning. Op. Cit., 65.

[10] Ibid., 23.

[11] Skoudis, Liston. "Counter Hack Reloaded: A Step-by-Step Guide to Computer Attacks and Effective Defenses", 5-6.

[12] Ibid., 20-23.

[13] Elisan. "Malware, Rootkits and Botnets: A Beginners Guide", 216-242.

[14] Ibid., 258-264.

[15] Ibid., 275-279.

[16] Ibid., 290-293.

[17] Skoudis, Liston. Op. Cit., xiii-xviii.

[18] Office of the Intelligence Community Chief Information Officer. "Intelligence Community Information Technology Enterprise Strategy", ii.

[19] Ibid., 4.

[20] Crumpton. "The Art of Intelligence: Lessons from a Life in the CIA's Clandestine Service", 78-81.

[21] Crumpton. "The Art of Intelligence", 148-160.

[22] Crumpton. Ibid., 158.

[23] Kreps, Zenko. "The Next Drone Wars: Preparing for Proliferation", 68-71.

[24] Ibid., 72.

[25] Byman. "Why Drones Work: The Case for Washington's Weapon of Choice", 32-33, 42.

[26] Cronin. "Why Drones Fail: When Tactics Drive Strategy", 44, 53.

[27] Sims, Gerber, Editors. "Transforming U. S. Intelligence", xi.

[28] Ibid., xii.

[29] Greenberg. "This Machine Kills Secrets: How WikiLeakers, Cypher Punks and Hacktivists Aim to Free the Worlds Information", 100-102.

[30] Ibid., 135-136, 139, 157.

[31] Ibid., 140.

[32] Ibid., 149.

[33] Grossman, Newton-Small. "The Secret Web: Where Drugs, Porn and Murder Hide Online", 29-31.

[34] Healey. "The Future of U. S. Cyber Command", 1.

[35] Pellerin. "DOD at Work on New Cyber Strategy, Senior Military Advisor Says", 1.

[36] Nakashima. "The Pentagon to Boost Cyber Security Force", 1.

[37] Lardner. "Pentagon Forming Cyber Teams to Prevent Attacks", 2.

[38] Corrin. "Cyber Warfare: New Battlefield, New Rules", 2.

[39] Ibid., 3.

[40] Libicki. "Brandishing Cyber-Attack Capabilities", vii-viii, xi.

[41] Ibid., 3.

[42] Corrin. Op. Cit., 5.

[43] Koepp, Fine, Editors. "America's Secret Agencies: Inside the Covert World of the CIA, NSA, FBI and Special OPS", 53.

[44] Ibid., 54.

[45] Limnell. "Is Cyber War Real?: Gauging the Threats", 166-168.

[46] Negroponte, Palmisano, Segal. "Defending an Open, Global, Secure and Resilient Internet", 23, 28, 35-36.

[47] Koepp, Fine, Editors. Op. Cit., 55.

[48] Ventre. Op. Cit., 173.

[49] Ventre. Op. Cit., 156-157.

[50] Ibid., 158.

[51] Alexander. "National Security Agency Speech at AFCEA's Conference", 2-3.

[52] Erwin, Liu. "NSA Surveillance Leaks: Background and Issues for Congress", 10-11.

[53] Gellman, Nakashima. "U. S. Spy Agencies Mounted 231 Offensive Cyber-Operations in 2011, Documents Show", 1-3.

[54] Schmitt, Editor. "Tallinn Manual on the International Law Applicable to Cyber Warfare", 4.

[55] Ibid., v-ix.

[56] Koh. "Koh's Remarks on International Law in Cyberspace", 1-2.

参 考 书 目

Alexander K. "National Security Agency Speech at AFCEA's Conference", Maryland. Washington, DC: Transcript by Federal News Service, 2013.

Byman D. "Why Drones Work: The Case for Washington's Weapon of Choice". In Foreign Affairs, vol. 92, no. 4, pp. 32-33, 42. New York, 2013.

Corrin A. "Cyber Warfare: New Battlefield, New Rules". Virginia: FCW: 1105 Government Information Group, 2012.

Cronin A. K. "Why Drones Fail: When Tactics Drive Strategy". In Foreign Affairs, vol. 92, no. 4, pp. 44, 53. New York, 2013.

Crumpton H. "The Art of Intelligence: Lessons from a Life in the CIA's Clandestine Service". New York: The Penguin Press, 2012.

Denning D. E. "Information Warfare and Security". Massachusetts: Addison-Wesley, 1999.

Elisan C. C. "Malware, Rootkits and Botnets: A Beginners Guide". New York: McGraw Hill, 2013.

Erwin M. C., Liu E. C. "NSA Surveillance Leaks: Background and Issues for Congress". Washington, DC: Congressional Research Service, 2013.

Feakin T. "Enter the Cyber Dragon: Understanding Chinese Intelligence Agencies Cyber Capabilities". Special Report. Australia: Australian Strategic Policy Institute, 2013.

Gellman B., Nakashima E. "U. S. Spy Agencies Mounted 231 Offensive Cyber Operations in 2011, Documents Show". In The Washington Post. Washington, DC, 2013.

Greenberg A. "This Machine Kills Secrets: How WikiLeakers, Cypher Punks and Hacktivists Aim to Free the Worlds Information". New York: Dutton, Published by the Penguin Group, 2012.

Grossman L., Newton-Small J. "The Secret Web: Where Drugs, Porn and Murder Hide Online". In Time, 2013.

Healey J. "The Future of U. S. Cyber Command". In The National Interest. Washington, DC, 2013.

Koepp S., Fine N., Editors. "America's Secret Agencies: Inside the Covert World of the CIA, NSA, FBI and Special OPS". New York: Time Books, 2013.

Koh H. H. "Koh's Remarks on International Law in Cyberspace". In Council on Foreign Relations. New York, 2012.

Kreps S., Zenko M. "The Next Drone Wars: Preparing for Proliferation". In Foreign Affairs, vol. 93, no. 2, pp. 68-71. New York, 2014.

Lardner R. "Pentagon Forming Cyber Teams to Prevent Attacks". In The Big Story. New Jersey: Associated Press, 2013. Available at NorthJersey. com.

Libicki M. C. "Brandishing Cyber-Attack Capabilities. California: Rand National Defense Research Institute", 2013.

Limnell J., Rid T. "Is Cyber War Real?: Gauging the Threats". In Foreign Affairs, vol. 93, no. 2, pp. 166-168. New York, 2014.

Nakashima E. "Confidential Report Lists U. S. Weapons Systems Designs Compromised by Chinese Cyber Spies". In The Washington Post. Washington, DC, May 27, 2013.

Nakashima E. "The Pentagon to Boost Cyber Security Force". In The Washington Post. Washington, DC, January 27, 2013.

National Security Agency. "Charter, Mission, Authorities, Annotated Comments". Washington, DC: National Defense University, 2013.

Negroponte J. D., Palmisano S. J., Segal A. "Defending an Open, Global, Secure, and Resilient Internet". Independent Task Force Report No. 70. New York: Council on Foreign Relations, 2013.

Obama B. "National Security Address to the National Defense University", 2013.

Office of the Intelligence Community Chief Information Officer. "Intelligence Community Information Technology, Enterprise Strategy", 2012-2017.

Washington, DC. "Office of the Director of National Intelligence, Reports and Publications", 2012.

Pellerin C. "DOD at Work on New Cyber Strategy, Senior Military Advisor Says". Washington, DC: Armed Forces Press Service, 2013.

Schmitt M. N., Editor. "Tallinn Manual on the International Law Applicable to Cyber Warfare". United Kingdom: Cambridge University Press, 2013.

Schneier B. "Schneier on Security. Indiana: Wiley Publishing Company", 2008.

Sims J. E., Gerber B., Editors. "Transforming U. S. Intelligence". Washington, DC: Georgetown University Press, 2005.

Skoudis E., Liston T. "Counter Hack Reloaded: A Step-by-Step Guide to Computer Attacks and Effective Defenses", 2nd Edition. Saddle River, New Jersey: Printed and Electronically reproduced by permission of Pearson Education, Inc., 2006.

Ventre D. "Information Warfare". New Jersey: John Wiley and Sons, 2009.

第5章 网络安全法律法规简介

5.1 引 言

网络空间就像一个乱象丛生的虚拟战场：个人数据被盗用，公司的资产、金融等信息被竞争者远程监控，正常运行所必需的服务被中断，甚至在某些情况下危及人身安全，这些都是当今社会网络安全问题所带来的严重后果[1]。

网络空间这个"虚拟战场"会持续不断地影响全球政治稳定，影响个人、工商企业、经济安全的稳定甚至是全球国家的主权和稳定。此外，无论是发达国家还是发展中国家，许多国际性贸易和业务的发展运营已全面接入互联网。例如，加拿大的经济与数字信息技术紧密相连，2012 年，87%的加拿大工商企业已经使用互联网来有效地开展业务[2]。

由于互联网可以使用匿名的形式互相交流，所以在一定程度上，互联网是一个言论自由的地方，人们可以在不受干预的情况下畅所欲言。互联网可以为农民实现单独的供水系统，为那些受自然灾害影响的人们提供援助。但是互联网也会被怀有恶意目的的个体或团体利用。

在土耳其确定于 2014 年 3 月 30 日举行总统选举后不久，土耳其总理埃尔多安遭遇了电子窃听攻击，他和儿子的电话通信被秘密记录。据称，埃尔多安要求他的儿子不要收受贿赂，这些记录随后被放到网上[3]。此次泄密之后，埃尔多安参与的土耳其高层安全会议又被秘密记录并随后在互联网上通过 YouTube 公开[4]。埃尔多安随即禁止了 YouTube，而此前因为泄密已经禁止了 Twitter[5]。埃尔多安认为泄密事件是即将到来的土耳其选举中的竞争对手所为[6]。由于埃尔多安禁止了 YouTube 和 Twitter，女权主义激进团体 FEMEN 在 2014 年 3 月 30 日地方选举投票时进行了反对埃尔多安的示威游行[7]。

泄密者利用社交媒体揭露政治舞弊现象，这给土耳其政局造成了极大的消极影响，引发了后续一系列的问题。例如，埃尔多安有什么权利在土耳其禁止社交媒体网站？他的行为造成公众如此不满和抗议是否会给国内政治带来破坏和不稳定？他禁止社交媒体网站，是否违反其他国际法律和行为准则？他是否违反了土耳其国内的网络安全政策？作为其他国际组织的一员，土耳其会造成什么样的全球影响？泄密者的行为是否应该被认为是一种武装攻击？如果是，适用于什么国际条约和协定？如果存在适用的条款，是否会在其他国家之间产生国际性"多米诺效应"？如何判别这种网络空间中的行为是无意疏忽或者软硬件缺陷导致的差错，抑或是有人故意为之？这些问题不断被重复提出。随着互联网的广泛应用及不断发展，为了保护企业创新、保障个人隐私和言论自由，建立行为准则和标准已成为全球性普遍需求。

5.2　网络安全定义

网络安全作为一门用于解决各种与互联网相连的信息系统，以及物理和虚拟设备安全的科学，对基本专业术语进行精确定义是很有必要的。对专业术语进行精确定义，可以保障信息安全研究的严谨性，以满足基于准确的定义和假设条件进行实验的要求。"准确的定义很重要。除非有一组明确的对象能被仔细而清晰的检验，否则就不可能在严谨性上有所突破[8]。"

2013 年 9 月，在分析了数据和安全漏洞，以及欧盟的相关法律框架之后，美国国内政策部门负责人总结道："法律文书中常常缺乏一致的定义" [9]。该负责人的报告进一步指出了缺乏定义数据和安全漏洞的标准化术语对辨识、报告、响应漏洞带来的影响程度。标准化术语的缺失已经导致一定时期内出现的漏洞无法做到全球性的准确匹配，并且对报告中漏洞的实际数字、性质和类型的准确性描述造成了很大影响。此外，一个国际专家组发现，标准化术语作为识别特殊事件的重要方面之一，同样由于缺乏共同认可的定义，影响了在国际网络战中的应用。尤其是，缺乏公认可用的定义、标准、界限，导致在网络环境下的不确定性[10]。

对于网络安全中重复出现的重要专业术语，在当前全球范围内的国家、企业和个人利益相关者间，并不存在标准化的全球公认的定义。对于网络安全这个领域，国际法律至少必须明确已经确认和未确认的部分有哪些。网络安全这个词确切地意味什么？定义是否广泛到没有边界？如果这样，定义是否被世界普遍接受？是不是有限的，抑或仅限于某个特定国家？

网络安全的定义必须充分考虑被保护财产的物理性质和虚拟性质，以及覆盖的广度和范围。因为网络安全是一个涉及许多不同方面的复杂问题，网络安全问题的法律和立法分析不仅要能区别如国家、恐怖分子、犯罪分子、恶意黑客等不同网络威胁参与者，还要能区别不同类型的网络威胁。这些网络威胁包括可能导致人身伤害和重大经济损失的针对关键基础设施的威胁，以及针对知识产权的威胁[11]。

如果缺乏一个清晰、简洁、说明性的网络安全的定义，国家将无法颁布一项全面的法律制度并建立坚固、有效的国家战略来保护受到来自外部和内部威胁的所有物理和虚拟财产。以美国为例，作为全球最大的国家之一，美国应该能轻松地对网络安全这个词形成一个清晰而简洁的定义，然而并没有[12]。美国国土安全部在公开文献中使用网络安全这个词时并没有准确地定义它所包含和未包含的方面[13]，甚至已废止的《2012 网络安全法案》在使用网络安全这个词时也没有提供一个定义。提议的法案至少给出了术语"网络安全服务"的定义："网络安全服务"是指用来检测和防止意在造成网络安全威胁的活动的产品、货物或者服务[14]。然而，这个定义不单独成立，必须结合"网络安全威胁"定义来理解。"网络安全威胁"是指任何可能对信息系统或信息系统上存储、处理、传递的信息的完整性、机密性和可用性造成未授权访问、渗透、操控、损害的行为[15]。

2013 年 6 月，在美国联邦法律代表会议上关于网络安全的重要报告中，美国国会研究服务中心强调缺少统一的普遍接受的网络安全定义。《美国法典》44 篇3502 节中定义信息系统为"有组织的信息资源的离散集合，用来收集、处理、维护、使用、共享、传播、处置信息"，信息资源是指"信息和相关资源，如人员、设备、资产和信息技术"。

因此，网络安全是一个广泛的、可以说有些模糊的概念，缺乏一致认可的定义。或许可以描述为一种措施，旨在从不同攻击形式中保护信息系统，包括技术（如设备、网络、软件等）、情报和相关人员。此外，也已出现了不同的方式来刻画这个概念。例如，美国国家安全委员会将其定义为"从网络攻击中保护和防御网络空间可用性的能力"。美国国家安全委员会在 2010 年将网络空间定义为信息系统基础设施相互依存的网络组成的信息环境所处的全域，包含互联网、电信网络、计算机系统、嵌入式处理器和控制器[16]。

另外，国际电信联盟（International Telecommunication Union，ITU）作为联合国信息与通信技术专门机构，在 2008 年 4 月的网络、数据和电信安全推荐意见中采用了下面的网络安全定义：

网络安全是工具、政策、安全概念、安全保障原则、指导方针、风险管理办法、行动、训练、最佳实践、保险和用来保护网络环境、组织和用户财产的技术的集合。组织和用户的财产包括网络环境中接入的计算设备、人员、基础设施、应用程序、服务、电信系统和传递或存储的信息的全体。网络安全力求保证获取和维持组织及用户财产的安全特性，以对抗网络环境中的相关安全风险。一般安全目标包含可用性、完整性（包含真实性和不可抵赖性）、机密性[17]。

尽管 ITU 没有清晰定义什么是预期的网络环境，但是这个定义比前面所说的定义范围更广。ITU 定义围绕个人、企业、政府信息系统，总体上明确了要保护的物理和虚拟的财产。尽管现有的一些网络安全定义可以在当前阶段创建一个统一标准，但是否有一个硬性的、公认的定义能很好地解决 21 世纪的问题？D. Satola 和 H. Judy 认为当前国际的法律框架已经过时，无法快速地适应动态的网络环境，无法响应 21 世纪的新场景[18]。他们指出，当前法律框架很难跨越国界解决国际性网络安全事件，如果网络安全事件是由无意的编码错误和随意编写的软件造成的，合同法一般是唯一可用的补救办法[19]。网络安全概念根据可获取的物质、教育、经济资源在不同的司法范围内变化。在众多其他条件下，根据被保护数据的敏感性和反映不同文化估值及优先权的需要而不同[20]。本章结合 Satola 和 Judy 推荐的组合方法，介绍当前美国联邦和国际法律中的法律框架的概况，而不是直接给出网络安全的明确定义。

5.3　美国网络安全战略

当前美国各州涉及网络安全的法律已经能够应对发生在特定经济领域中的滥用和恶意活动。在文章"Cyber norm emergence at the United Nations—An analysis of the activities at the UN regarding cybersecurity"中，T. Maurer 假设网络安全可以划分为 4 种主要威胁：间谍、犯罪、网络战争、网络恐怖主义[21]。Maurer 认可哈佛教授 J. Nye 对当今潜在威胁源头的识别：网络设计上的缺陷、软硬件的缺陷和越来越多的在线联网的关键系统[22]。在美国，政府只控制或管理小部分网络环境，而私营部门设计、销售、安装、操作多数全国性的电网、涉水卫生和供水、交通运输、通信和金融系统使用的软硬件。因此，美国只能根据对国家安全造成的潜在冲击，通过追加立法来监督、管理这些私有系统中存在的明显漏洞，以控制网络威胁。

尽管近来已经有大量立法提案提出建立一个标准化的网络安全法律制度，但是截至 2013 年 6 月还没有一部成功颁布实施[23]。2003 年，白宫启动建立国家网络安全战略。布什于 2003 年 2 月在白宫发布《网络空间安全国家战略》[24]。布什强调了公私合作模式对实现国家安全网络空间战略的重要性[25]。《网络空间安全国家战略》中优先考虑的 5 项是：①建立一个国家网络空间安全小组；②制定减少网络空间威胁与漏洞的方案；③制定网络空间安全感知规划；④制定保护联邦网络空间计划；⑤开展国内和国际的网络空间安全合作[26]。

尽管这五个战略要点没有转变为任何有法律意义的文书，但《国家网络安全综合倡议》(Comprehensive National Cybersecurity Initiative, CNCI) 作为布什国家战略的一个秘密的衍生物悄然出现[27]。2008 年 12 月，美国战略与国际问题研究中心 (Center for Strategic and International Studies, CSIS) 第 44 次评议会指定的网络安全委员会发布了一个报告，报告陈述了 3 个基本结论：①网络安全目前是美国国家安全的一个主要问题；②决策和行动必须考虑公民隐私和自由；③只有一个包含国内和国际网络安全各方面的综合性的国家安全战略才能使美国更安全[28]。

随后经过 CSIS 委员会的推荐，奥巴马总统签署国家安全第 54 号总统指令修订更新 CNCI，并于 2010 年 3 月 2 日发布[29]。主要内容包括：处理联邦系统的网络安全，包括涉密和民用系统；下令使用一个涵盖所有联邦系统的入侵检测系统"EINSTEIN 2"；减小联邦外部网络互联网接入点，只能访问那些与政府有合同的可信供应商[30]。2010 年修订的 CNCI 授权不同的联邦机构共享信息，努力开发一个更加健全的网络防御系统[31]。支持发展未来网络安全的领导技术，利用多管齐下的方法应对全球供应链风险评估[32]。CNCI 发布（2010 年）之后，国会审议了一系列关于网络安全的法案，但是都没有成功通过。

在缺少网络安全法律标准情况下，2013 年 2 月 12 日，奥巴马签署 13636 号行政命令《提升关键基础设施网络安全框架》，规定了关于网络入侵的国家政策，确定了在关键基础设施安全方面的美国国家政策，明确了用以指导改善关键基础设施网络安全的标准和框架开发的关键基础设施和关键基础设施部门。这条行政命令同时要求美国国土安全部部长维护公民个人隐私和公民个人权利[33]。

13636 号行政命令将"对关键基础设施的网络入侵"作为美国当前面临的最严重的国家安全事件之一。行政命令指出，与美国企业建立伙伴关系是最好的解决方法[34]。该行政命令让美国商务部部长领导 NIST 负责人共同开发一个用于改善关键基础设施网络安全的框架。

该行政命令要求美国国土安全部创立政府与私营部门之间的协作关系以便更好地评估网络威胁风险，识别正在形成的网络威胁，预先保护国家关键基础设施免于此类网络风险的侵害。行政命令还指出美国国土安全部等政府机构的进一步任务是在政府和私有实体间建立一个自发处理过程，以快速共享涉及网络威胁风险和事件的非机密数据[35]，在《网络安全增强服务》（Enhanced Cybersecurity Services，ECS）方案下共享机密信息[36]。与行政命令同时颁布的第 21 号总统政策指令（PPD-21）建立了程序性机制和联邦监管，用以发展公私利益相关者的协作关系。总之，对于受影响的政府、私有实体和关键基础设施的拥有者和运营者，PPD-21 要求美国国土安全部对其进行监督、监控、协调并提供指导和方案战略[37]。

13636 号行政命令对关键基础设施概括性定义为"对于美国至关重要的物理与虚拟的系统和资产，这些系统和资产的功能丧失或破坏将给国家安全、国家经济安全、国家公共健康和安全以及这些重大事项的组合带来破坏性的影响"[38]。PPD-21 对术语"关键基础设施"进行了类似的定义[39]。

作为 PPD-21 指定职责的一部分，美国国土安全部肩负着发展网络威胁风险评估处理方法和完善关键基础设施领域总体风险评估报告的任务。PPD-21 大体确定了 16 项美国的通用关键基础设施领域并对每个领域指定了专门机构[40]。其中的领导机构和关键基础设施的完整列表由国土安全第 7 号总统令授权。

通过开放关键基础设施实体参与 ECS 方案，行政命令把 ECS 覆盖范围扩大到广泛的利益相关者。参与 ECS 是自愿的，并且允许在美国国土安全部和获得许可的运作关键基础设施资产的公私实体之间共享机密信息，其中包括恶意网络活动标识。

ECS 是自愿的信息共享计划，以帮助关键基础设施的拥有者和操作者改善他们系统的保护工作，使其免于越权访问、非法利用、数据泄露。美国国土安全部与网络安全组织协作，从整个联邦政府获取广泛的、敏感的和机密的网络威胁信息。美国国土安全部基于这些信息形成标识并与有资格的商业服务运营商共享，使他们能更好地保护他们的客户，即关键基础设施实体[41]。

ECS 部署了 EINSTEIN 3 加速计划（E³A）。这是一个实时网络入侵检测和防御系统，用来执行深度的数据包检查以识别、预防、阻止恶意活动进入联邦文职机构网络[42]。在行政命令关于改善联邦系统安全命令的促进下，政府为减小所有联邦民用机构使用的网络系统的网络威胁风险，已经将 E³A 部署到每个政府网站。E³A 在互联网接入点运行 E³A 传感器，监控进出的网络流量以实时进行网络标识。根据美国国土安全部的说明，网络标识可以被定义为人类可读的网络数据，用以识别某些形式的恶意网络活动和相关数据，包括 IP 地址、域名、电子邮件标题、文件和字符串[43]。

E³A 用网络标识匹配来自非机密和机密数据源的已知恶意签名数据库，以检测潜在和实际的威胁，实时产生日志并与美国计算机应急准备小组（Computer Emergency Readiness Team，CERT）共享，美国国土安全部门负责协调防御和响应整个美国的网络事件[44]。

E³A 最初由 NSA 设计开发[45,46]，它有阅读电子内容的能力。尽管美国国土安全部表示，为保护个人隐私免于滥用、误用和无意泄露，2013 年 4 月发表的隐私影响评估报告中详细论述的隐私保护程序已经落实[47]，但是 E³A 在联邦民用系统中的使用仍然不断引发重大的隐私事件[48,49]。

2014 年 2 月 12 日，13636 号行政命令促成一个重要里程碑完成，NIST 颁布了提高关键基础设施网络安全的框架（NIST 框架）[50]。NIST 框架基于 3 个相互关联的不同的类别，提供了一个组织进行企业信息保护计划的自我评估的基础路线图。NIST 框架包括框架核心、框架轮廓、框架实现层次[51]。框架核心是关键基础设施领域共有的网络安全活动、后果、信息参考的集合[52]，为组织提供改善其自身组织风险描述的详细指导。框架轮廓提供基于业务需求的成果，可以根据框架核心和层次的类别选择进行调整。框架实现层次提供一个组织如何检查网络安全风险的背景和管理风险的适当的处理过程[53]。尽管 NIST 框架是非强制性的，但其作为基于风险的网络安全基准提供了一套标准检查程序，供组织用以估计他们的网络安全活动在哪个框架之内。NIST 框架为其他行业组织制定更详细的标准提供了相应的参考。

5.4　美国网络安全法律法规

为保护那些受影响的特定领域中物理的、无形的、虚拟的财产，包括关键基础设施领域在内，联邦立法机构通过制定法律法规来处理那些被发现的影响特定领域的滥用行为。相关内容出自《美国国会研究服务》，其中涉及超过 50 部直接或间接涉及网络安全方面的法规[54]。

5.5　国际综合性网络安全政策

为了在世界范围内提高网络空间的安全意识和增进互联网连接发展，许多国际组织在全世界的成员方中建立了联盟[55]。联合国和北约是有重要贡献的两大国际机构。北约协调并补充联合国的工作，为欧洲成员方战略统一防御的政治军事任务提供支持[56]。

5.5.1　联合国网络安全政策

联合国是一个成立于 1945 年 10 月 24 日的国际组织，致力于维护和平，发展"国家之间的友好关系"，帮助各国改善贫困人民的生活，协调各个国家以达成以上目标[57]。联合国现有 193 个成员国。由于联合国没有强制其成员国执行全球使命的权力，所以在本质上扮演着规范倡导者和成员国及世界变革代理者的角色[58]，负责对相关各种问题提供研究和建议，包括网络安全和互联网的国际管理。《联合国宪章》第 3 章第 7 项建立了 6 个主要机构来运作和进行自治，分别是联合国大会、联合国安全理事会（安理会）、联合国经济及社会理事会、联合国托管理事会、联合国国际审判法院、联合国秘书处[59]。第 4 章第 22 项准许主要机构必要时建立额外的委员会或附属机构协助他们履行职责。第 10 章第 63 项[60]、第 9 章第 57 项[61]确定了专门机构，由联合国经济及社会理事会跨部门协定管理[62]。

联合国互联网治理论坛（Internet Governance Forum，IGF）和国际电信联盟（ITU）是联合国下面运行的两个主要国际利益相关者咨询实体，负责全球互联网管理与安全相关事务的研究、协调和建议。虽然 IGF 和 ITU 都不具备制定和执行任何法律的权力，但是作为"智库"，他们以合作的形式从不同源头收集想法、输入和研究，如院士、私企、政府官员、普通民众、倡导团体等，推荐最佳方式以实现网络安全，维持互联网的无边界性，让全球所有公民均可接入[63,64]。

IGF 是一个开放的利益相关者论坛，全球公有、私有个人和实体可以开会讨论影响互联网治理的主题和关注的问题。联合国秘书长为实现在信息社会世界首脑会议（World Summit on the Information Society，WSIS）上关于召开一个新的多方利益相关者政策对话论坛的决策[65]，在 2006 年创建了 IGF。

根据最初的任务要求，IGF 提供了一个多方利益相关者咨询论坛，全球公私利益相关方可以讨论涉及互联网管理关键要素的公开政策问题以及其他问题以促进互联网的可持续性、鲁棒性、安全性和稳定性发展[66]。例如，关注新出现的影响普通互联网用户的事件，在促进互联网治理过程中采纳和实施 WSIS 原则。除了建立全球开放的论坛，IGF 还为地区和国家 IGF 团体提供交流、发表报告、讨论各自地区相关问题的机会，同时提供电子政务和互联网管理政策的免费培训和教育资料。为了履行联合国秘书长赋予的职责，IGF 举办年度会议来讨论影响互联网治理的问题与议题，即使无法出席会议也可以通过网上广播的方式参与会议。

不同于 IGF，ITU 是联合国的直属机构，其包括 191 个成员国以及超过 700 个部门成员和准成员[67]（截至 2014 年 3 月 31 日统计）。作为联合国信息与通信技术的领导者，ITU 代表了 3 个核心领域：无线通信、标准化和技术发展[68]。根据 ITU 宪章第一项，ITU 的职责可以概括如下：①促进发展中国家的电信使用；②促进成员国的参与合作，加强和改善电信使用；③提供技术援助和发展有效技术设施为公众提供更广泛的接入能力；④鼓励国际参与以及通过更广泛的方法应对电信问题[69]。

ITU 由秘书处领导，委员会管理，全权代表会议代表，主要的执行机构成员由各成员国代表组成，每 4 年举行一次会议。另外，ITU 由世界大会和 3 个部门会议组成：无线通信部、电信标准化部、电信发展部[70]。ITU 宪章授权 ITU 对电信事项进行研究，制定规范，做出决议，提出意见和建议，收集发布信息[71]并实施其既定目标。

2012 年，ITU 在迪拜举行的国际电信世界大会（World Conference on International Telecommunications，WCIT）上率先提议对 1988 年《国际电信规则》（International Telecommunications Regulations，ITR）进行重审修订[72]。ITU 认为 ITR 1988 需要审查修订以适应增长的无线通信的普及使用和国家之间电信设备线路的互操作性带来的重大变化[73]。WCIT 上 89 个成员国批准通过了 ITR 2012 和欧盟引发重大争议的若干规定。

在 ITR 2012 提案被采用之前，欧洲议会（Euro Parliament）发布 2012/2881 号决议，提议其 27 个成员方拒绝 ITR 2012 提案，主要是因为欧洲议会认为 ITR 的几项修订条文如对访问域外数据建立互联收费机制等并不符合互联网的免费开放性。ITU 或者任何集权实体都不适合管制互联网，而根据提案的内容，ITU 自己将控制互联网[74]。美国早期不同意拟议 ITR 的部分原因也是其提议的互联收费机制。美国政府和美国的互联网公司，如谷歌、Facebook 等，认为访问收费将阻碍全世界互联网用户信息和通信的自由流动。

最终，包括美国在内的多数西方发达成员国拒绝在拟议的条约上签字，造成无法解决的僵局[75]。这些拒绝签字的成员国继续使用 1988 条约的条款，因此他们不受 2012 新条约中指定的条款和条件约束。在 2012 条约上签字的成员国与未签字成员国之间只受 1988 条约的条款约束，导致发展中国家成员国跟随发达国家成员国的选择。尽管有成员国拒绝签字，ITU 还是通过了 2012 条约，新协定基本涵盖 60%的世界人口[76]。

联合国成员国已经达成共识，认为对成员组织和系统的网络威胁是当今世界面临的重要问题之一[77]。联合国对网络威胁的关注始于 1998 年，俄罗斯政府在联合国大会上第一次引入了网络犯罪决议，从 1998 年开始网络威胁在互联网上呈指数爆炸增长[78]。

5.5.2　北约网络安全政策

伴随着当时苏联持续不断的安全挑战，1949 年 4 月 4 日北约建立。北约试图恢复由于第二次世界大战遭到严重破坏的欧洲。截至 2014 年 3 月 23 日，北约由欧洲和北美 28 个成员方组成[79]。在其建立后，北约为遭受攻击和外部冲突的成员方提供政治军事支持。北约强调和平第一，并致力于解决国家之间的潜在冲突，同时为实现同盟的团结采取了强有力的措施，当一个成员方遭受攻击时所有成员联合采取应对行动。这个关键内容体现在《北大西洋公约》第五条：各方同意，针对欧洲或北美的一个或多个成员发动武力攻击，应视为对所有成员的攻击，并继而同意，如果这一武力攻击发生，那么每个成员方为实现《联合国宪章》第 51 条认可的单独或集体自卫义务，应当立即单独或与其他成员方合作采取行动协助被攻击的各缔约方，如有必要可以使用武装力量来恢复和维持北大西洋地区的安全[80]。

北约成员间的这种团结延伸到网络安全领域。北约通过其成员网络，明确了网络安全策略[81]，由位于爱沙尼亚塔林的北约网络合作防御卓越中心应对此类事件[82]。2013 年 12 月 27 日，联合国明确指出，网络空间中的行为在《国际法》[83]范围之内，因此针对国家发起或启动的对北约成员进行的网络攻击事件，北约修改了第 5 条款扩大了其适用性。

5.5.3　欧盟数据保护政策

欧盟是一个经济和政治国际机构，由 28 个欧洲成员方组成（截至 2014 年 3 月 23 日），通过各种相互关联的机构进行民主管理，最主要的就是欧洲议会、欧盟理事会和欧盟委员会。根据其官网说明[84]，欧洲议会由欧盟每 5 年直接选举的成员组成。

欧洲议会与欧盟理事会是欧盟主要的法律制定机构。欧洲议会有 3 个主要任务：与欧盟理事会一起讨论并通过欧洲法律；审议其他欧盟机构尤其是欧盟委员会，确保其民主地开展工作；与欧盟理事会一起讨论并通过欧盟预算[85]。

欧盟理事会是一个由各欧盟成员方部长组成的机构，负责制定法律协调政策。欧盟理事会负责审批年度预算，通过欧盟法律，协调成员方的经济政策，执行欧盟和其他国家间的协议，发展欧盟的外交和防御，促进成员方间诉讼和执法实体的合作[86]。欧盟委员会的行动代表欧洲整体利益。

欧盟管理机构运转的法定权利基于两个基本条约，具有颁布规定、方针、决定、建议和意见的权力。立法行为提出了所有欧盟国家必须达到的目标，但是如何达成取决于各个国家自身[87]。根据前面的欧盟条约第七条[88]，欧洲议会和欧盟委员会 1995 年 10 月 24 日颁布的 95/46/EC 指令（《数据保护指令》）旨在保护个人数据和这些数据在欧盟间的自由转移[89]。

与美国的法律体制不同，《数据保护指令》建立了广泛的涵盖一切的框架，供欧盟成员采纳或与自身个人数据保护法律机制相互关联，而不是已有的保护特定行业个人数据的法律大杂烩。《数据保护指令》的两个基本目标是保障数据保护的基本权利和保障个人数据在成员方间自由传输[90]。为了促进这些目标的达成，《数据保护指令》提供了涉及欧盟公民私人信息保护、处理、访问、保持、使用的条件、标准、责任和数据关联的描述，以及个人对其私人信息被收集、处理、访问、持有、保留拥有的权利[91]。《数据保护指令》为成员方数据保护设定了需达到的基准，提供了欧盟公民可以制止和删除其公开场所中的私人信息的一般过程。许多欧盟成员方已经建立关于公民个人的私人数据和数据保护权利的法律规定[92]。根据第 13 条，《数据保护指令》不包含公众和国家安全需要及其他受限情形下的私人数据保护，如下所述：成员方应当采取立法措施限制 6（1）、10、11（1）、12 和 21 条中的义务和权利的范围，以保障：①国家安全；②国防；③公共安全；④刑事犯罪或者违反职业道德规范的预防与侦查；⑤成员方或欧盟的重大经济或金融利益，包括货币预算和税收事项；⑥在行使③、④、⑤职权时涉及的监督检验和调节功能；⑦数据保护必须以其他人的权利与自由为前提[93]。

2008/977/JHA 框架决议（LE 数据保护）描述了执法和检察实体使用的保护，当这些实体与其他执法和检察实体合作进行刑事调查和起诉时需要共享欧洲公民私人数据[94]。

在《数据保护指令》第 29 条推动下，欧洲议会和欧盟理事会于 2000 年 12 月 18 日通过了 45/2001 条例，为个人建立了保护私人数据的法律权利，确定了成员方数据处理职责——监管当局负责监督私人数据的处理[95]。同一天，欧洲议会重申了欧盟公民数据保护基本权利的重要性，欧盟基本权利宪章（《欧盟宪章》）第 8 条具体体现了这一权利，其中相关部分如下：

（1）每个人都有权利保护私人数据。

（2）这些信息应该只在特定目的，且经当事人同意或在法律规定的合法依据的情况下，公平地被处理。每个人有权了解被收集的个人信息，并有权销毁该信息。

（3）这些规定的遵守应该由独立机构进行监督[96]。

欧盟公民最高级别的司法上诉已经通过《欧盟宪章》第 8 条，对《数据保护指令》第 7 条做出了解释，确定了清晰的强有力的数据保护措施，预防成员方未经个人同意发布私人数据，即使这些数据已经在公共场合被公开[97]。

由于网络的动态性，不断发展变化的技术影响电子数据的收集、使用、发布，《数据保护指令》保护个人数据的能力在逐渐流失，欧盟委员会于 2012 年 1 月 25 日发布了提案，启动保护个人数据的新框架。拟规定包含 5 个主要部分：①在地域范围上确保数据保护基本权利；②数据的国际转移只允许在数据保护被保证的地方进行；③对未能遵守欧盟数据保护权利的外国公司强制执行巨额处罚；④云计算数据处理过程遵从责任和义务的明确规定；⑤建立完善的监督机制约束执法机构共享个人信息[98]。

在举报人揭露 NSA 的情报侦查活动之后，2013 年 11 月 27 日，欧盟委员会提出了一系列措施，旨在恢复美国和欧盟之间数据流的信任[99]，其核心内容是强调使用统一的国际数据保护策略。欧盟委员会提议即刻对欧盟与美国执法伙伴间的数据共享采取如下行动：

（1）采纳欧盟数据保护改革方案。

（2）确保"安全港"的安全。

（3）加强执法领域数据保护保障措施。

（4）使用已有的司法互助和部门约定获取数据。

（5）解决正在美国进行的改革进程中欧洲的关注问题。

（6）推进隐私标准国际化[100]。

《安全港框架》提供了在没有其他可获取的实用工具的情况下个人数据转移的预备方案[101]。Galexia 是一个私人专业管理公司，描述了美国的安全港：欧盟委员会和美国商务部之间协商机构组织通过加入安全港列表来证明他们服从欧盟《数据保护指令》，这使得个人数据可以合法地转移到美国，同时也满足欧洲隐私保护充分性测试要求[102]。

根据美国《安全港框架》规定，在美国安全港中的美国公司需要由美国商务部认证其业务是否满足《安全港框架》。但是，Galexia 2008 年报告称，经过对被证明服从安全港的美国公司的有限审查，Galexia 对美国安全港的管理产生严重担忧，尤其是关于透明性、对框架原则的遵守以及美国相关机构的执法工作[103]。在 NSA 情报侦查活动被揭露后，欧盟委员会公布了关于安全港运行的通报，认定欧盟-美国安全港缺乏透明性和有效的执行，建议修订框架[104]。2014 年 3 月 10 日，欧洲议会暂停了《安全港框架》和恐怖分子财务跟踪计划。但是，重新协商和取消协议取决于欧盟委员会[105]。

欧盟委员会在 2012 年 1 月初的改革建议中引进互联网"被遗忘权"，这是《数据保护指令》现存框架下的一个主要变化[106]。根据欧盟委员会提案，拟规定第 17 条要求数据管理人去除私人数据并避免因特定理由重新公开这些数据。这些理由包括废弃、不兼容、对数据的需要和目的的改变；数据当事人撤销处于处理初步阶段的数据或存储周期超过了期限的数据；数据当事人拒绝在其他合法场合处理数据；数据处理不满足规定[107]。尽管欧洲议会和欧盟理事会没有颁布欧盟委员会提议的规定，但"被遗忘权"已经在全球范围内引起了关于互联网上信息获取权和"被遗忘权"的争论[108,109]。

欧盟法院近期已经基于当前《数据保护指令》的条款强制执行"被遗忘权"。2014 年 5 月 13 日，欧盟法院下令谷歌及其全球子公司与欧盟一起按照欧盟公民的个人请求从谷歌搜索引擎中去掉个人数据[110]，如一个西班牙公民请求谷歌去除其自身姓名的搜索结果[111]。

法院认为作为一个搜索引擎，谷歌有责任将个人要求删除的数据从搜索引擎的结果中去掉，即使这些私人数据已经公开且可以从报纸记录中直接获取。根据法院观点，谷歌作为搜索引擎的经营者，有义务从展示的结果列表中删除基于个人姓名搜索得到的第三方公开的包含该个人信息的页面链接[112]。

法院认定公众对信息的利益和谷歌数据业务利益让位于数据主体的"被遗忘权"。因为这些权利一般来说凌驾于搜索引擎经营者的经济利益和公众搜索数据当事人姓名访问这些信息的利益之上，但是特例除外[113]。

虽然谷歌现在还在努力寻找合适的业务解决方案[114]，但这次事件已经对欧盟公民个人数据的使用产生深远影响，包括非欧盟的技术公司，如雅虎和 Facebook，以及对刑事案件调查取证的政府组织。

5.6 电子取证

一般来说，美国执法机关寻求的电子证据是一些受法律保护的私人数据，所有对受保护的个人数据的访问使用都有法定约束。美国联邦执法机构和检察机关必须得到美国司法部或法院的批准，才能运用合法的窃听装置截获刑事犯罪或情报活动中主体的通信内容[115]。一旦不遵守该命令，违法者将受到巨额民事处罚[116]。在获取电子存储信息方面，美国当局必须遵守宪法第四修正案中由联邦《存储通信法案》（Stored Communications Act，SCA）规定的隐私权法规的要求[117]。

在欧洲，使用或共享欧洲公民个人数据的请求必须符合《数据保护指令》

第 13 条中注明的情况[118]。即使执法和检察实体满足这些要求，这些实体仍需遵守 LE 数据保护中要求的数据处理程序[119]。除了 LE 数据保护中提及的特定实例，各成员方执法实体因刑事案件共享个人信息主要受司法互助条约控制。欧盟与美国国土安全部达成协议，美国国土安全部同意采取各种措施努力实现《数据保护指令》要求的特别数据处理程序，以使国际航线能够传递包括欧盟航线乘客的个人数据到美国国土安全部[120]。

当特定电子数据获取被授权时，存储电子数据的计算机服务器的实际地理位置给美国和国际执法人员实体造成了潜在的域外执法权问题。因为电子数据存储的网络没有地理边界，国际法律还没有能够有效处理电子证据治外法权的法规。

纽约发生了一起联邦案件，微软公司向法院申请撤销纽约市颁发的搜查微软 ISP 寻找邮件的搜查令。微软声称不必出示用户的电子邮件，因为这些电子邮件存储在他们在爱尔兰都柏林的数据中心。微软辩称"美国法院无权颁发域外搜查扣押的命令"[121]。本案中法院以搜查令中对存储信息的控制与支配属于有效因素为由拒绝了微软的请求。搜查令授权搜查扣押涉及的特定 Web 电子邮件账户的信息，存储在了一个总部位于华盛顿州雷德蒙市微软路的公司，这是微软公司控制和操作的地方[122]。

通过对 SCA 的措辞进行审查，法院分析了微软的简单论点，即政府依据 SCA 获取搜查令，按照 SCA 的组织结构和立法历史，联邦法院无权颁布命令对美国区域之外的资产进行搜查扣押[123]。法院还分析了微软论点产生的"实际后果"[124]。法院解释到，SCA 创造了类似宪法第四修正案的隐私保护法规，规范了政府调查人员和持有用户私人信息的服务运营商之间的关系。因为没有关于 ISP 披露其用户数据的宪法限制，且政府很可能出示不需要表明可能原因的传票来获取这些数据，所以国会对服务运营商披露信息的能力进行了限制，同时，定义了政府可以使用的获取数据的方法[125]。

法院解释 SCA 搜查令不是一个平常的搜查令：部分是搜查令，部分是传票。一方面，像获取搜查令一样，只有在表明可能原因后才会颁发。另一方面，执行时像传票一样送达到拥有信息的 ISP，不包含政府机构进入 ISP 的场所搜查其服务器并获取有关的电子邮件账户[126]。

由于 SCA 搜查令的混合式结构，法院假定此搜查令并不暗示治外法权原则[127]。但同时指出，从历史上来看，判例法认为传票要求接受者提供其拥有、保管或控制的信息，无论该信息的位置如何[128]。虽然搜查令试图从国内服务运营商获取存储在海外的账户信息[129]，但法院最终认定 SCA 搜查令不影响美国法律域外适用的推定[130]。微软提出的上诉在本书英文原版出版时尚未讨论和解决。法院的判决和分析对云和美国国内 ISP 带来了潜在的重大影响，政府试图根据 SCA 获取其上存储的电子数据，并且明确提出了现存的宪法第四修正案关于存储在国内或国外服务器的电子数据隐私保护权利的业内观点[131]。引用 Orin Kerr 的《存储通信法案用户指南》以及参照其关于宪法第四修正案中将信息透露给第三方的隐私保护的讨论，法院在法律推理过程中结合了第三方原则[132,133]。第三方原则指出：当个人有意识地将信息提供给第三方时，他就承担了第三方可能将信息泄露给政府机构的风险。因此，给予第三方的信息通常在宪法第四修正案保护范围之外，于是政府可以请求或传讯访问这些信息而不通知被调查方[134]。

既然政府依据 SCA 获得试图执行的搜查令，法院认为在庭审中无须分析第三方原则在本案中的影响，按照 SCA 的规定，贯穿宪法第四修正案保护透露给第三方的邮件通信，可能不受这种保护。

当前美国法律对透露给第三方的邮件通信不提供与第四修正案相同的隐私保护的观点，必然使得美国数据存储和 ISP 相比欧盟同行处于明显的不利境地。按照当前情况，美国的企业无法提供欧盟《数据保护指令》要求的数据隐私等级。在欧盟的数据存储和 ISP 企业，服从欧盟数据保护个人基本权利和互联网"被遗忘权"，不受美国法院的命令、传票和搜查令的管制。在过去，美国的数据存储和 ISP 企业可能因为参与的美国《安全港框架》没有被严格执行而在欧盟同行中享有竞争优势，现在这种优势已经消失。

正如前面讨论的，美国刑事调查机构必须根据司法互助条约或其他欧盟同意的信息共享条约以满足欧盟的法律权威、原则、政策的严格要求。如果对从美国企业获取存储在地理上处于美国法律边界之外的服务器上的电子数据进行上诉，法院的支持为美国刑事调查机构提供了建立在 SCA 上的法律基础。NSA 对美国企业的情报监听的揭露以及美国机构未能有效管理《安全港框架》，已经使欧盟失去了对美国官方表述的信赖与信任。

NSA 秘密监视活动的结果被揭露后，涉及的数据保护总协定（Data Protection Umbrella Agreement，DPUA）被严格审查[135]。与其他数据保护要求相比，DPUA 试图为不在美国居住的欧盟公民提供像美国公民在欧洲受到的相同司法赔偿的权利[136]。总体来说，已经达成的临时协议没有授权任何数据传输，但是包含了协议的范围、宗旨、基本原则和监督机制[137]。美国声称正寻求立法改革以满足欧盟寻求的变化。

5.7 泄 密 行 为

一般来说，泄密者为政府或非政府组织内发生的个人或集体不当行为提供了公众知情权，这些不当行为可能是非法或被禁止的。某些情况下，雇员可能在特定情况下成为组织内不道德的或非法的不当行为的唯一目击者。那么，泄密者是英雄还是坏人？他们是否真的在网络安全领域发挥了很重要的作用，或者只是消遭骚扰？乍一看，这些问题的答案似乎是肯定的。

　　泄密者的行动使得组织内部的黑暗、未曝光的角落被曝光，他们可能是内部员工、承包商、供应商或顾问。根据美国注册舞弊审查师协会（Association of Certified Fraud Examiners）2014 年国家报告，超过 40% 报道的查明案例源于内部消息，这些内部消息的一多半由组织的员工进行上报[138]。其中，大约 14% 是匿名的，剩余的告密者组织明确知悉[139]。

　　另外，心怀不满的员工、信息技术员工、承包商组成了最常见的泄露秘密、机密数据的内部威胁人员[140]。CERT 内部威胁中心声称：一个有权访问组织的网络、系统和数据的恶意内部人员，现在或以前的员工、承包商或者其他商业伙伴故意越权或滥用访问的行为，对组织信息或信息系统的机密性、完整性或可用性造成了消极影响[141]。

　　在网络安全领域，根据事件的事实和环境，一个人实际上可能既是泄密者也是恶意内部人员，如切尔西·曼宁和爱德华·斯诺登。他们都从被保护的美国计算机系统泄露了大量机密数据[142]。曼宁通过电子方式将被删除的数据提供给维基解密（一个公认的解密组织），而斯诺登则将数据交给了新闻媒体。

　　伊拉克战争期间，作为一名驻伊陆军情报分析员，曼宁有权使用被保护的美国计算机网络访问国防和外交机密数据库。从 2009 年 11 月到 2010 年 4 月，曼宁大约从被保护的美国计算机网络泄露了 250000 份外交电报，超过 400000 条国防部记录、战争视频等机密记录。曼宁将信息泄露给了维基解密，维基解密在互联网上对信息进行了公开[143]。曼宁于 2013 年 7 月被判违反多条《统一军事司法法典》[144]，包括根据 1917 间谍法的间谍行为的联邦指控（《美国法典》18 篇 793 节）；用职位进行计算机欺诈及其相关活动（《美国法典》18 篇 1030 节）；利用职位窃取政府财产（《美国法典》18 篇 641 节）[145]。最终，曼宁被革去职务并被判处 35 年监禁[146]。

　　尽管曼宁和斯诺登已经被刑事起诉，他们都声称自己是揭发者，向公众揭发了机密信息，坚信公众有权知道政府在其名义下的行为[147-150]。《军事揭发者保护法》（MWPA），《美国法典》10 篇 1038 节，适用于曼宁，但是曼宁下载秘密机密文档并泄露给维基解密前并没有试图得到这种保护；也不存在为斯诺登那样的联邦承包商雇员设置的揭发者保护。由于出现的机密资料披露，一连串的法律草案已经被提交以修订 MWPA 和《2012 加强举报人保护法》（WPEA），《美国法典》5 篇 2302 节，包含联邦雇员但是不包含承包商[151,152]。

　　尽管有修改的提议，但两部法律的报告都要求揭发者必须得到法规保护，从而避免被报复。提议对 MWPA 的更改将扩大受众以保护揭发者，包括向国会和执法人员、大臣、大陪审团、军事法庭程序作证[153]。对曼宁来说，提议的更改来得有一点迟，她已经于 2013 年 6 月在军事法庭程序上为她的揭发行为进行辩护[154,155]。

但是，这引出了一个问题，即修订的 MWPA 或者 WPEA 是否将保护曼宁或者斯诺登免受刑事指控[156]。对该问题的简单回答可能是否定的。没有揭发者反报复条款，能够保护一个被认定可能违反国家机密或国防等相关法规的揭发者。对于奥巴马任期内被刑事起诉的泄密者尤其如此，在其任期内有更多的泄密者已被刑事起诉。在致力于指控泄密者负有刑事犯罪或者调查他们多年却没有提出指控方面，美国政府采取了很多措施[157,158]。

涉及国防的资料，无论是否机密，根据结构类似网络安全法规混合设计的法律框架，未经授权公开给无权接收这些资料的各方，泄露这些材料的个人可能会受到刑事制裁。尽管没有一部法规规定未授权揭露机密信息有罪，但根据信息的性质、披露方的身份和披露对象，以及信息获取的手段，存在零散的法规保护该信息[159]。

因此，当涉及主体条件的相关事实符合实际情况时，可以根据 1917 年《间谍法》的不同条款起诉一个泄密者（《美国法典》18 篇 793～798 节）。根据被控告的条款，《间谍法》认定有罪的违法者可能被处以最少 1 年监禁、最高死刑的判罚[160]。泄密者也可能将面临额外指控，如越权访问计算机（《美国法典》18 篇 1030 节）、窃取或强占政府财产（《美国法典》18 篇 641 节）、违反情报人员保护法令（《美国法典》50 篇 3121 节）、未授权删除机密数据（《美国法典》18 篇 1924 节）、未授权公开外交代码（《美国法典》18 篇 952 节）、未授权向外国政府公开机密信息（《美国法典》50 篇 783 节）、多名违法者合谋（《美国法典》18 篇 371 节）。

美国对将信息泄露给未授权方的揭发者的刑事起诉可能对美国产生意料之外的后果。政府积极寻求对泄密者进行刑事起诉增长了恐慌性，使基于国防与安全要求的国家保密观念与公众了解其政府活动真相的权利相对立[161]。

5.8　总　　结

随着新技术发展，恰当地对待全球网络虚拟化环境的网络安全需求，以及国内和国际法律框架保持一致的需求被提出。美国网络安全的法律框架较为复杂，解释应用也比较困难，缺乏统一认可的简洁定义，由于其发展缓慢而且缺乏灵活性，不具备与快速成长以及不断变革的技术环境同步发展的能力。大多数涉及网络安全的美国法规被用来保护个人数据免遭泄露给未授权第三方。但是，这些法规的应用仅限于特定行业收集的个人数据。反观欧盟，在其宪章中，创建了贯穿各个行业的个人数据保护基本权利，设置了统一标准赋予欧盟公民删除修正信息的能力。随着网络世界的不断发展，美国企业必须满足欧盟个人数据保护要求，斯诺登揭露 NSA 监视活动后，更强的要求将被实施。

　　2010 年到 2014 年机密数据的泄露使公众注意到了保护国家安全的情报收集和侦察预防犯罪活动的情报收集之间边界的瓦解。斯诺登揭露 NSA 大规模监控全球网络，增加了美国控制世界信息经济这一观点的可信度，赋予了美国（至少在全球间谍和情报收集领域）成为网络中心的绝对权力[162]。美国及其他国家必须在确保网络化世界全球网络资产的完整性的同时，保护国防的实际需求与保障行动的透明性。

注释与参考文献

[1] Excerpted from the foreword by Delon. F. 2008. "French Secretary General for Defence and National Security, to France's Strategy for Cyber Security", Available at http://www.ssi.gouv.fr/IMG/pdf/2011-02-15_Information_system_defence_and_security_-_France_s_strategy.pdf (accessed March 29, 2014).

[2] Statistics Reported by Statistics Canada 2012. Available at http://www.statcan.gc.ca/daily-quotidien/130612/dq130612a-eng.htm (accessed March 30, 2014).

[3] Moore. March 27, 2014. "Turkey YouTube Ban: Full Transcript of Leaked Erdoğan Corruption Call with Son", International Business Times. Available at http://www.ibtimes.co.uk/turkey-youtube-bantranscript-leaked-erdogan-corruption-call-son-1442150 (accessed March 30, 2014).

[4] Boulton, Coskun. March 28, 2014. "Turkish Security Breach Exposes Erdoğan in Power Struggle", Reuters.

[5] Moore J. Op. Cit.

[6] Boulton, Coskun. Op. Cit.

[7] The Daily Star. March 30, 2014. "Femen Stages Bare-Breasted Protest Against Turkish PM", The Daily Star. Available at http://www.dailystar.com.lb/News/Middle-East/2014/Mar-30/251709-femen-stages-bare-breasted-protest-against-turkish-pm.ashx#axzz2xTVdeiKJ (accessed March 30, 2014).

[8] The Mitre Corporation. 2010. "Science of Cyber-Security", JASON Report JSR-10-102, 22. Available at http://www.fas.org/irp/agency/dod/jason/cyber.pdf (accessed January 11, 2014).

[9] European Parliament, Directorate General for Internal Policies Policy Department A: Economic and Scientific Policy, Industry, Research and Energy. September 2013. "Data and Security Breaches and Cyber-Security Strategiesin the E. U. and Its International Counterparts", IP/A/ITRE/NT/2013-5, PE507. 476, 41.

[10] NATO Cooperative Cyber Defence Center of Excellence. 2013. Tallinn Manualon the International Law Applicable to Cyber Warfare, 45.

[11] Contreras, L DeNardis, Teplinsky. June 2013. "America the Virtual: Security, Privacy, and Interoperability in an Interconnected World: Foreword: Mapping Today's Cybersecurity Landscape", American University of Law Review, 48.

[12] General Accounting Office. February 2013. "Cybersecurity: National Strategy, Roles and Responsibilities Need to Be Better Defined and More Effectively Implemented", Available at

http://www.gao.gov/assets/660/652170.pdf (accessed September 29, 2013).

[13] Department of Homeland Security. n. d. Cybersecurity Results. Available at http://www.dhs. gov/cybersecurity-results (accessed January 11, 2014).

[14] United States Senate Bill 2105. The Cybersecurity Act of 2012, 182-183.

[15] Ibid.

[16] Committee on National Security Systems. April 2010. "National Information Assurance (IA) Glossary".

[17] For further information concerning the ITU and its recommendations, see http://www.itu.int, International Telecommunications Union. April 2008. "Series X: Data Networks, Open Systems Communications and Security", 2.

[18] Satola, Judy. September 3, 2010. "Electronic Commerce Law: Towards A Dynamic Approach to Enhancing International Cooperation and Collaboration in Cybersecurity Legal Frameworks: Reflections on the Proceedings of the Workshop on Cybersecurity Legal Issues at the 2010 United Nations Internet Governance Forum", William Mitchell Law Review, vol. 37, no. 1745, 141.

[19] Satola, Judy. Loc. Cit.

[20] Ibid., 139.

[21] Maurer. September 2011. "Cyber Norm Emergence at the United Nations—An Analysis of the UN's Activities Regarding Cyber-Security", Discussion Paper 2011-11. Massachusetts: Belfer Center for Science and International Affairs, Harvard Kennedy School, 8.

[22] Ibid., 9.

[23] Congressional Research Services. June 2013. "Federal Laws Relating to Cybersecurity: Overview and Discussion of Proposed Revisions", Report 7-5700.

[24] White House. February 2003. "The National Strategy to Secure Cyberspace", Available at http:// www.us-cert.gov/sites/default/files/publications/cyberspace_strategy.pdf (accessed March 30, 2014).

[25] White House. "The National Strategy to Secure Cyberspace", Loc. Cit.

[26] Ibid., x.

[27] Center for Strategic and International Studies. December 2008. "Securing Cyberspace for the 44th Presidency A Report of the CSIS Commission on Cybersecurity for the 44th Presidency", Available at http://csis.org/filcs/media/csis/pubs/081208_securingcyberspace_44.pdf (accessed August 17, 2013).

[28] Ibid., 1.

[29] See the Federation of American Scientists website for the listing of National Presidential Security Decisions and the title and release date of NSPD 54. Available at http://www.fas.org/ irp/offdocs/nspd/index.html.

[30] National Presidential Security Directive #54, 2.

[31] Ibid., 4.

[32] Ibid., 4-5.

[33] White House. February 19, 2013. Executive Order 13636, "Improving Critical Infrastructure

Security", Federal Register, vol. 78, no. 33, 11740.

[34] Ibid., 11739.

[35] Eisner, Waltzman, Shen. "United States: The 2013 Cybersecurity Executive Order: Potential Impacts on The Private Sector", Available at http://www.mondaq.com/unitedstates/x/258936/technology/The+2013+Cybersecurity+Executive+Order+Potential+Impacts+on+the+Private+Sector (accessed March2, 2014).

[36] White House. February 19, 2013. Executive Order 13636, "Improving Critical Infrastructure Security", Federal Register, vol. 78, no. 33, 11740.

[37] White House. February 12, 2013. Presidential Policy Directive 21, 3.

[38] White House. February 19, 2013. Executive Order 13636, "Improving Critical Infrastructure Security", Federal Register, vol. 78, no. 33, 11739.

[39] White House. February 12, 2013. Presidential Policy Directive 21, 12.

[40] Ibid., Presidential Policy Directive, 11.

[41] Department of Homeland Security. Available at https://www.dhs.gov/enhanced-cybersecurity-services (accessed March 8, 2014).

[42] Department of Homeland Security. April 19, 2013. "Privacy Impact Assessment for EINSTEIN 3 Accelerated (E3A)", Available at http://www.dhs.gov/sites/default/files/publications/privacy/PIAs/PIA%20NPPD%20E3A%2020130419%20FINAL%20signed.pdf (accessed March 8, 2014).

[43] Ibid., 3.

[44] See http://www.us-cert.gov.

[45] Radack. July 14, 2009. "NSA's Cyber Overkill", Available at http://articles.latimes.com/2009/jul/14/opinion/oe-radack14 (accessed March 14, 2014).

[46] For a more comprehensive discussion of the NSA involvement in the development of various versions of EINSTEIN, please refer to Bellovin S M, Bradner S O, Diffie W, et al. 2011. "Can It Really Work? Problemswith Extending EINSTEIN 3 to Critical Infrastructure", Harvard National SecurityJournal, vol. 3, 4-6.

[47] Department of Homeland Security. April 19, 2013. "Privacy Impact Assessment for EINSTEIN 3 Accelerated (E3A)", Available at http://www.dhs.gov/sites/default/files/publications/privacy/PIAs/PIA%20NPPD%20E3A%2020130419%20FINAL%20signed.pdf (accessed March 8, 2014).

[48] U. S. Computer Emergency Readiness Team. n. d. Available at http://www.us-cert.gov (accessed March 14, 2014).

[49] Messmer. April 20, 2013. "US Government's Use of Deep Packet Inspection Raises Serious Privacy Questions".

[50] National Institute of Standards and Technology. February 12, 2014. "NISTReleases Cybersecurity Framework Version 1. 0", Available at http://www.nist.gov/itl/csd/launch-cybersecurity-framework-021214. cfm (accessed March 14, 2014).

[51] Ibid., 1.

[52] National Institute of Standards and Technology. Loc. Cit., 1.

[53] Ibid., 5.

[54] Table of U. S. Laws adapted from Congressional Research Services. June 2013. "Federal Laws Relating to Cybersecurity: Overview and Discussion of Proposed Revisions. Report 7-5700, Laws Identified as Having Relevant Cybersecurity Provisions".

[55] For example, see Association of Southeast Asian Nations and the Union of South American Nations.

[56] North Atlantic Treaty Organization Website. Available at http://www.nato.int/cps/en/natolive/75747.htm (accessed March 23, 2014).

[57] United Nations Website. Available at http://www.un.org/en/aboutun/index.shtml (accessed March 21, 2014).

[58] Maurer T. September 2011. "Cyber Norm Emergence at the United Nations—An Analysis of the UN's Activities Regarding Cyber-Security", Discussion Paper 2011-11. Massachusetts: Belfer Center for Science and International Affairs, Harvard Kennedy School, 11.

[59] United Nations. Available at http://www.un.org/en/documents/charter/chapter3.shtml (accessed March 21, 2014).

[60] United Nations. Available at http://www.un.org/en/documents/charter/chapter4.shtml (accessed March 21, 2014).

[61] United Nations. Available at http://www.un.org/en/documents/charter/chapter9.shtml (accessed March 21, 2014).

[62] United Nations. Available at http://www.un.org/en/documents/charter/chapter10.shtml (accessed March 21, 2014).

[63] Internet Governance Forum. Available at http://www.intgovforum.org/cms/aboutigf (accessed March 21, 2014).

[64] United Nations. Available at http://www.un.cv/agency-itu.php (accessed March21, 2014).

[65] Internet Governance Forum. Available at http://www.intgovforum.org/cms/aboutigf (accessed March 21, 2014).

[66] Internet Governance Forum Website. Loc. Cit.

[67] International Telecommunication Union. Available at http://www.itu.int/net/about/basic-texts/constitution/chapteri.aspx (accessed March 31, 2014).

[68] International Telecommunication Union Website. Loc. Cit.

[69] International Telecommunication Union Website. Loc. Cit.

[70] International Telecommunication Union Website. Loc. Cit.

[71] International Telecommunication Union Website. Loc. Cit.

[72] International Telecommunication. Available at http://www.itu.int/en/wcit-12/Pages/default.aspx (accessed March 31, 2014).

[73] For an introspective and detailed account of the history of the ITU and ITR, see Hill, R. 2014. The New International Telecommunication Regulations and the Internet: A Commentary and Legislative History. Berlin, Heidelberg: Springer.

[74] European Parliament. November 19, 2012. "Motion for a Resolution B7-0499/2012", Available at http://www.europarl.europa.eu/sides/getDoc.do?pubRef=-//EP//NONSGML+MOTION+B7-

2012-0499+0+DOC+PDF+V0//EN (accessed March 31, 2014).

[75] Pfanner. December 13, 2012. "U. S. Rejects Telecommunications Treaty", Available at http://www.nytimes.com/2012/12/14/technology/14iht-treaty14.html?pagewanted=1&r=0 (accessed March 31, 2014).

[76] See questions and answers at the ITU. Available at http://www.itu.int/en/wcit-12/Pages/treaties-signing. aspx (accessed April 21, 2014).

[77] Maurer. Op. Cit., 5.

[78] Ibid., 16.

[79] NATO. Available at http://www.nato.int (accessed March 23, 2014).

[80] North Atlantic Treaty. April 4, 1949, 1. http://www.nato.int/nato_static/assets/pdf/stock_publications/20120822_nato_treaty_en_light_2009.pdf (accessed March 23, 2014).

[81] NATO. Available at http://www.nato.int/cps/en/natolive/topics_78170.htm (accessed March 23, 2014).

[82] NATO Cooperative Cyber Defence Centre of Excellence. Available at http://ccdcoe.org/328.html (accessed March 23, 2014).

[83] U. N. General Assembly Resolution 68/243. December 27, 2013. "Developments in the Field of Information and Telecommunications in the Context of International Security".

[84] European Parliament. Available at http://europa.eu/about-eu/institutions-bodies/european-parliament/index_en.htm (accessed May 20, 2014).

[85] European Parliament. Available at http://europa.eu/about-eu/institutions-bodies/council-eu/index_en.htm (accessed May 20, 2014).

[86] European Parliament Website. Loc. Cit.

[87] European Parliament. Available at http://europa.eu/eu-law/decision-making/legal-acts/index_en.htm (accessed May 24, 2014).

[88] The Treaty on European Union, 5. Available at http://www.eurotreaties.com/lisbontext.pdf (accessed May 24, 2014).

[89] Directive 95/46 Data Protection. November 23, 1995. Available at http://eur-lex.europa.eu/LexUriServ/LexUriServ.do?uri=OJ:L:1995:281:0031:0050:EN:PDF (accessed December 29, 2013).

[90] European Commission. January 25, 2012. Proposal for a Regulation of the European Parliament and Council. Available at http://ec.europa.eu/justice/data-protection/document/review2012/com_2012_11_en.pdf (accessed December 29, 2013).

[91] Directive 95/46 Data Protection. November 23, 1995. Available at http://eur-lex.europa.eu/LexUriServ/LexUriServ.do?uri=OJ:L:1995:281:0031:0050:EN:PDF (accessed December 29, 2013).

[92] See the European Commission website page, which contains a list of and links tothe data protection laws for each member nation. Available at http://ec.europa.eu/dataprotectionofficer/dpl_transposition_en.htm (accessed May 24, 2014).

[93] Directive 95/46 Data Protection. November 23, 1995. Available at http://eur-lex.europa.eu/LexUriServ/LexUriServ.do?uri=OJ:L:1995:281:0031:0050:EN:PDF (accessed December 29, 2013).

[94] Council Framework Decision 2008/977/JHA. November 27, 2008. Available at http://eur-lex. europa.eu/legal-content/EN/TXT/PDF/?uri=CELEX:32008F0977&from=EN (accessed May 24, 2014).

[95] Regulation (EC) No 45/2001. December 18, 2000, 1. Available at http://eur-lex.europa. eu/legal-content/EN/TXT/PDF/?uri=CELEX:32001R0045&from=EN (accessed May 24, 2014).

[96] Charter of Fundamental Rights of the European Union. December 18, 2000, 10. Available at http:// www.europarl.europa.eu/charter/pdf/text_en.pdf (accessed May 24, 2014).

[97] See Case Number C-468/10-ASNEF. Available at http://curia.europa.eu/juris/liste.jsf? language= en&jur=C,T,F&num=C-468/10&td=ALL (accessed May 25, 2014).

[98] European Commission. January 25, 2012. "Proposal for a Regulation of the European Parliament and of the Council", Available at http://ec.europa.eu/justice/data-protection/document/ review2012/com_2012_11_en.pdf (accessed December 29, 2013).

[99] European Commission. November 27, 2013. "Restoring Trust in EU-US DataFlows—Frequently Asked Questions", Available at http://europa.eu/rapid/press-release_MEMO-13-1054_en.htm (accessed July 5, 2014).

[100] European Commission. Loc. Cit.

[101] Ibid., 5.

[102] Connolly, C. 2008. "Introduction to The U. S. Safe Harbor—Fact or Fiction", Available at http:// www.galexia.com/public/research/assets/safe_harbor_fact_or_fiction_2008/safe_harbor_fact_or_ fiction-Introduc.html (accessed July 5, 2014).

[103] Connolly. Loc. Cit.

[104] Letter dated April 10, 2014, addressed to Viviane Reding, Vice President. "Commissioner for Justice, Fundamental Rights and Citizenship for the European Commission from Article 29 Data Protection Working Party", Available at https://www.huntonprivacyblog.com/files/ 2014/04/20140410_wp29_to_ec_on_sh_recommendations.pdf (accessed July 5, 2014).

[105] Hunton, Williams. March 12, 2014. "European Parliament Adopts Draft General Data Protection Regulation; Calls for Suspension of Safe Harbor", Available at https://www. huntonprivacyblog.com/2014/03/articles/european-parliament-adopts-draft-general-data-protection- regulation-calls-suspension-safe-harbor (accessed July 5, 2014).

[106] European Commission. January 25, 2012. "Proposal for a Regulation of the European Parliament and of the Council". Available at http://ec.europa.eu/justice/data-protection/ document/review2012/com_2012_11_en.pdf (accessed December 29, 2013).

[107] Ibid., 51.

[108] See an excellent discussion concerning the dilemma of how the Internet doesnot forget and its effect on personal lives in Rosen, J. 2012. "The Right to BeForgotten", 64 Stan. L. Rev. Online 88. Available at http://www.stanfordlawreview.org/sites/default/files/online/topics/64-SLRO- 88.pdf.

[109] For a discussion of the practical implications of the "right to be forgotten" in U. S. and EU contexts, see Bennett, S. C. 2012. "The 'Right to Be Forgotten': Reconciling EU and US Perspectives". 30 Berkeley J. Int'l Law. 161. Available at http://scholarship.law.berkeley.

edu/bjil/vol30/iss1/4.

[110] Order of the Court of Justice. May 13 2014. Case C 131/12. Available at http://curia.europa. eu/juris/documents. jsf?num=C-131/12 (accessed May 18, 2014).

[111] Order of the Court of Justice. Loc. Cit.

[112] Ibid., paragraph 88.

[113] Ibid., paragraph 99.

[114] See Dixon H, Warman M. May 13, 2014. "Google Gets 'Right to Be Forgotten' Requests Hours After EU Ruling", Available at http://www.telegraph.co.uk/technology/google/10832179/ Google-gets-right-to-be-forgotten-requests-hours-after-EU-ruling.html (accessed May 25, 2014); and Williams, R. May 15, 2014. "Eric Schmidt: ECJ Struck Wrong Balance Over Right to Be Forgotten", Available at http://www.telegraph.co.uk/technology/google/10833257/Eric-Schmidt-ECJ-struck-wrong-balance-over-right-to-be-forgotten.html (accessed May 25, 2014).

[115] See the Electronics Communications Privacy Act: Wire and Electronic Communications Interception and Interception of Oral Communications, Title, 18 U. S. C. § 2510 et. seq. ; Pen Register and Trap and Trace Statute, Title, 18 U. S. C. § 3121-3126; and the Foreign Intelligence Surveillance Act, Title, 50U. S. C. § 1801 et. seq.

[116] See Title, 18 U. S. C. § 2522, Enforcement of the Communications Assistance for Law Enforcement Act.

[117] Stored Communications Act, Title, 18 U. S. C. § 2701-2712.

[118] Directive 95/46 Data Protection. November 23, 1995. Available at http://eur-lex.europa. eu/LexUriServ/LexUriServ.do?uri=OJ:L:1995:281:0031:0050:EN:PDF(accessed December 29, 2013).

[119] Council Framework Decision 2008/977/JHA. November 27, 2008. Available at http://eur-lex. europa.eu/legal-content/EN/TXT/PDF/?uri=CELEX:32008F0977&from=EN (accessed May 24, 2014).

[120] See the Judgment of the Court in Joined Cases C-317/04 and C-318/04, issuedon May 30, 2006, for a recitation of the facts and circumstances of the DHS agreement. Available at http://curia. europa.eu/juris/showPdf.jsf?text=&docid=57549&pageIndex=0&doclang=EN&mode=lst&dir=& occ=first&part=1&cid=51728 (accessed May 25, 2014).

[121] Memorandum and Order in the Matter of a Warrant to Search a Certain E-Mail Account Controlled and Maintained by Microsoft Corporation in: 13Mag. 2814, U. S. District Court for the Southern District of New York, April 25, 2014. Available at http://www.ediscoverylawalert. com/wp-content/uploads/sites/243/2014/04/WarrantSCA.pdf (accessed May 25, 2014).

[122] Ibid., 3.

[123] Ibid., 8-9.

[124] Ibid., 9.

[125] Ibid., 11-12.

[126] Ibid., 12.

[127] Ibid., 13.

[128] Ibid., 13.

[129] Ibid., 26.

[130] Ibid., 26.

[131] See David Callahan's article, "US law in European Data Centers: Microsoft in Federal Court", Available at http://www.duquesneadvisory.com/US-law-in-European-datacenters-Microsoft-in-federal-court_a291.html (accessed July 4, 2014).

[132] Kerr. August 2004. "A User's Guide to the Stored Communications Act—And a Legislator's Guide to Changing It", The George Washington University Law School, Public Law and Legal Theory Working Paper No. 68, George Washington Law Review, vol. 72, no. 6, 1-41.

[133] Bowman. 2012. "A Way Forward After Warshak: Fourth Amendment Protections for E-Mail", Berkeley Technology Law Journal, vol. 27, Annual Review Online, 809-836.

[134] Ibid., 813.

[135] Factsheet. Negotiations on Data Protection. June 2014. Available at http://ec. europa.eu/justice/data-protection/files/factsheets/umbrella_factsheet_en.pdf (accessed July 5, 2014).

[136] Ibid., 2.

[137] Ibid., 2.

[138] Association of Certified Fraud Examiners. 2014. "Report to the Nations on Occupational Fraud and Abuse", 4.

[139] Ibid., 21.

[140] Cummings, Lewellen, McIntire, et al. 2012. "Insider Threat Study: Illicit Cyber Activity Involving Fraud in the U. S. Financial Services Sector", Software Engineering Institute, Carnegie Mellon University. Available at http://www.sei.cmu.edu/reports/12sr004.pdf (accessed July 6, 2014).

[141] Ibid., vii.

[142] Cappelli, Moore, Trzeciak, et al. 2009. Common Sense Guide to Prevention and Detection of Insider Threat, 3rd Edition—Version3. 1. Software Engineering Institute, Carnegie Mellon University and CyLab. Available at http://www.cert.org/archive/pdf/CSG-V3.pdf (accessed July 6, 2014).

[143] Charge Sheet in U. S. A. v. Pfc. Bradley Manning dated May 10, 2010. Available at http://fas. org/irp/news/2010/07/manning070510.pdf (accessed July 6, 2014).

[144] Elsea. September 9, 2013. "Criminal Prohibitions on the Publication of Classified Defense Information", Congressional Research Services, Report R41404. Available at http://fas. org/sgp/crs/secrecy/R41404.pdf (accessed July 5, 2014).

[145] Charge Sheet in U. S. A. v. Pfc. Bradley Manning dated May 29, 2010. Available at http://fas. org/sgp/news/2011/03/manning-charges.pdf (accessed July 6, 2014).

[146] Elsea. September 9, 2013. "Criminal Prohibitions on the Publication of Classified Defense Information", Congressional Research Services, Report R41404, 1. Available at http://fas. org/sgp/crs/secrecy/R41404.pdf (accessed July 5, 2014).

[147] Greenwald. "Edward Snowden: The Whistleblower Behind the NSA Surveillance Revelations", The Guardian. Available at http://www.theguardian.com/world/2013/jun/09/edward-snowden-nsa-whistleblower-surveillance (accessed July 16, 2014).

[148] Criminal Complaint, U. S. A. v. Edward Snowden, Case No. 13-CR-265 (CMH)filed in the U. S. District Court for the Eastern District of Virginia. Available at http://fas.org/sgp/jud/ snowden/complaint. pdf (accessed July 6, 2014).

[149] Statement of Bradley Manning dated January 29, 2013, in U. S. A. v. Pfc. Bradley Manning. Available at http://fas.org/sgp/jud/manning/022813-statement.pdf (accessed July 6, 2014).

[150] See NBC News Exclusive Interview of Edward Snowden by reporter Brian Williams aired on May 28, 2014. Available at http://www.nbcnews.com/feature/edward-snowden-interview/watch-primetime-special-inside-mind-edward-snowden-n117126 (accessed July 16, 2014).

[151] Blaylock. December 13, 2013. "GAP Praises House Approval of Military Whistleblower Protection Act Makeover", Available at http: //coffman.house.gov/media-center/in-the-news/ gap-praises-house-approval-of-military-whistleblower-protection-act (accessed July 6, 2014).

[152] Project on Government Oversight. June 16, 2014. "Senate Approves Intelligence Whistleblower Rights", Available at http://www.pogo.org/about/press-room/releases/2014/senate-approves-intelligence-whistleblower-rights.html (accessed July 5, 2014).

[153] Whistleblower Protection Act Makeover. Available at http:// coffman.house.gov/media-center/in-the- news/gap-praises-house-approval-of-military-whistleblower-protection-act(accessed July 6, 2014).

[154] Elsea. September 9, 2013. "Criminal Prohibitions on the Publication of Classified Defense Information", Congressional Research Services, Report R41404, 3. Available at http://fas.org/ sgp/crs/secrecy/R41404.pdf (accessed July 5, 2014).

[155] See Alexa O'Brien's. Available at http://www.alexaobrien.com/secondsight/archives.html for archived pleadings, transcripts, and commentary relating to U. S. A. v. Pfc. Bradley Manning, which O'Brien compiled during the course ofher media coverage of the trial.

[156] For a succinct discussion about retaliation faced by whistleblowers and the less than successful remedies available to them, see Sagar, R. 2013. Secrets and Leaks: The Dilemma of State Secrecy. New Jersey: Princeton University Press, 144-149.

[157] See Smithsonian Magazine. August 2011. "Leaks and the Law: The Thomas Drake Story", Available at http://www.smithsonianmag.com/history/leaks-and-the-law-the-story-of-thomas-drake-14796786 (accessed July 7, 2014), for detail sconcerning Thomas Drake, a former NSA official who reported his concerns to the appropriate audiences, with no result, and ultimately leaked nonclassified information to the media, for which he was unsuccessfully prosecuted underthe 1917 Espionage Act, and mention of Timothy Tamm, Justice Department at torney, against whom no charges were ever brought.

[158] Elsea. September 9, 2013. "Criminal Prohibitions on the Publication of Classified Defense Information", Congressional Research Services, Report R41404, 5-7. Available at http://fas. org/sgp/crs/secrecy/R41404.pdf (accessed July 5, 2014).

[159] Ibid., 8.

[160] For a discussion on the potential penalty enhancements available to the government where military personnel are the violators, see Elsea J K. September 9, 2013. "Criminal Prohibitions on the Publication of Classified Defense Information", Congressional Research Services,

Report R41404, 11-13. Available at http://fas.org/sgp/crs/secrecy/R41404.pdf (accessed July 5, 2014).

[161] See Sagar R. 2013. Secrets and Leaks: The Dilemma of State Secrecy. New Jersey: Princeton University Press, for a comprehensive and well-researched discussion about the history of state secrets, their purpose and role, and a proposed framework for their appropriate use and regulation.

[162] Anderson. 2014. "Privacy versus Government Surveillance: Where Network Effects Meet Public Choice", Available at http://weis2014.econinfosec.org/papers/Anderson-WEIS2014.pdf (accessed May 27, 2014).

参 考 书 目

Alexander K. National Security Agency Speech at AFCEA's Conference, Maryland. Washington, DC: Transcript by Federal News Service, 2013.

Byman D. "Why Drones Work: The Case for Washington's Weapon of Choice". In Foreign Affairs, vol. 92, no. 4, pp. 32-33, 42. New York, 2013.

Corrin A. "Cyber Warfare: New Battlefield, New Rules". Virginia: FCW: 1105 Government Information Group, 2012.

Cronin A. K. "Why Drones Fail: When Tactics Drive Strategy". In Foreign Affairs, vol. 92, no. 4, pp. 44, 53. New York, 2013.

Crumpton H. The Art of Intelligence: Lessons from a Life in the CIA's Clandestine Service. New York: The Penguin Press, 2012.

Denning D. E. Information Warfare and Security. Massachusetts: Addison-Wesley, 1999.

Elisan C. C. Malware, Rootkits and Botnets: A Beginners Guide. New York: McGraw Hill, 2013.

Erwin M. C, Liu E C. "NSA Surveillance Leaks: Background and Issues for Congress". Washington, DC: Congressional Research Service, 2013.

Feakin T. "Enter the Cyber Dragon: Understanding Chinese Intelligence Agencies Cyber Capabilities". Special Report. Australia: Australian Strategic Policy Institute, 2013.

Gellman B., Nakashima E. "U. S. Spy Agencies Mounted 231 Offensive Cyber Operations in 2011, Documents Show". In The Washington Post. Washington, DC, 2013.

Greenberg A. This Machine Kills Secrets: How Wiki Leakers, Cypher Punks and Hacktivists Aim to Free the Worlds Information. New York: Dutton, Published by the Penguin Group, 2012.

Grossman L., Newton-Small J. "The Secret Web: Where Drugs, Porn and Murder Hide Online". In Time, 2013.

Healey J. "The Future of U. S. Cyber Command". In the National Interest. Washington, DC, 2013.

Koepp S., Fine N, Editors. America's Secret Agencies: Inside the Covert World of the CIA, NSA, FBI and Special OPS. New York: Time Books, 2013.

Koh H. H. "Koh's Remarks on International Law in Cyberspace". In Council on Foreign Relations. New York, 2012.

Kreps S., Zenko M. "The Next Drone Wars: Preparing for Proliferation". In Foreign Affairs, vol. 93, no. 2, pp. 68-71. New York, 2014.

Lardner R. "Pentagon Forming Cyber Teams to Prevent Attacks". In the Big Story. New Jersey: Associated Press, 2013. Available at https://www.northjersey.com.

Libicki M. C. Brandishing Cyber-Attack Capabilities. California: Rand National Defense Research Institute, 2013.

Limnell J., Rid T. "Is Cyber War Real?: Gauging the Threats". In Foreign Affairs, vol. 93, no. 2, pp. 166-168. New York, 2014.

Nakashima E. "Confidential Report Lists U. S. Weapons Systems Designs Compromised by Chinese Cyber Spies". In the Washington Post. Washington, DC, May 27, 2013.

Nakashima E. "The Pentagon to Boost Cyber Security Force". In the Washington Post. Washington, DC, January 27, 2013.

National Security Agency. "Charter, Mission, Authorities, Annotated Comments". Washington, DC: National Defense University, 2013.

Negroponte J D, Palmisano S J, Segal A. "Defending an Open, Global, Secure, and Resilient Internet". Independent Task Force Report No. 70. New York: Council on Foreign Relations, 2013.

Obama B. National Security Address to the National Defense University, 2013.

Office of the Intelligence Community Chief Information Officer. "Intelligence Community Information Technology, Enterprise Strategy 2012-2017".

Washington, DC: Office of the Director of National Intelligence, Reports and Publications, 2012.

Pellerin C. "DOD at Work on New Cyber Strategy, Senior Military Advisor Says". Washington, DC: Armed Forces Press Service, 2013.

Schmitt M. N, Editor. Tallinn Manual on the International Law Applicable to CyberWarfare. United Kingdom: Cambridge University Press, 2013.

Schneier B. Schneier on Security. Indiana: Wiley Publishing Company, 2008.

Sims J. E., Gerber B, Editors. Transforming U. S. Intelligence. Washington, DC: Georgetown University Press, 2005.

Skoudis E., Liston T. Counter Hack Reloaded: A Step-by-Step Guide to Computer Attacks and Effective Defenses, 2nd Edition. Saddle River, New Jersey: Printed and Electronically reproduced by permission of Pearson Education, Inc., 2006.

Ventre D. Information Warfare. New Jersey: John Wiley and Sons, 2009.

第6章 网络安全支出

6.1 引　言

计算网络安全支出是一个非常复杂的工作，因为在支出评估中要考虑变化的量。计算支出时还要确定要衡量哪些因素？除此之外，计算支出应该使用什么经济模型？这个模型对抽样统计和其他研究方法的需求是否可控？如何准确而全面地报告计算机入侵事件和计算机犯罪行为？在公司、政府机构以及个人之间有什么区别？当公共媒体报道各种渠道得来的"计算机犯罪产生的支出"数据时会引发更多问题，因为在很多情况下，这些数据并不科学，甚至可能包含非法来源或者过高估计了支出。

决定网络安全支出的重要因素如下：商业组织（如小型企业、公司）、非政府组织和慈善组织、个体、政府组织等的经济损失，为降低损失而产生的开支（如杀毒软件、网络安全和信息安全人员、防御措施、军队、企业等）；保险支出；宏观经济支出。

评估和衡量网络安全支出并准备可以充分保护信息资产和知识产权安全的策略都是必需的。了解网络犯罪知识可以使决策者在涉及金融相关业务时意识到网络犯罪问题的严重性，并清楚需要投入多少资源来处理和防御日趋严重的网络安全问题。现在网络活动不仅仅是网络犯罪，已经延伸到了网络间谍和网络战争方面。社会面临的威胁越来越多，防御网络入侵和阻止网络袭击同时也大大加重了财政负担。

分析网络安全支出时必须评估联邦政府、州、市级的组织和实体，以及公司企业、小型企业、非政府组织和个人。这些实体中有很多组织和个体可能成为受害者，所以必须进行详细而全面的研究调查来明确受害者可能遭受的经济损失。此外，防御的支出也必须考虑到实际的网络安全开支中去，其中包括杀毒软件、防火墙、一些附加的安全设备以及全球性质的网络软件程序和服务。除此之外，网络安全专家、管理员和高层管理者，包括计算机信息安保人员在内的费用也必须纳入经济模型中去。

网络犯罪给我们造成的损失是很难衡量的，因为它不能仅仅通过报告和实际经济损失来简单计算得到。况且衡量实际经济损失本身就很困难，如知识产权受到侵害造成的损失有短期暂时的，也有长期持续的。很多报道中导致企业倒闭破产的原因就是知识产权受到侵害。网络安全的经济损失难以评估的另一个原因如安全问题导致企业名誉受损，以及用户流失或者失去与其他商业伙伴合作的机会。尤其是当安全事件发生后，最初的影响与之后几个星期甚至几个月的持续损失之间存在相互依赖的关系时，很难保证计算机入侵事件背后财务开支评估的准确性。而因为组织、机构遭受过破坏而导致顾客有所顾虑，最终不愿再与之合作所造成的财务损失同样也很难评估。

计算机安全问题的发生以及专门针对美国军队和政府的威胁都会造成国防开支的增加。分析网络安全支出的另一个重要方面是国家安全防御的转型成本。各政府以及一些恐怖组织的网络间谍活动的增加使美国军事投资达数十亿美元。除了网络间谍，网络战的威胁也已经到了需要网络进攻武器和防御武器的地步了。一系列非常复杂的关于人员、设备、硬件和软件的开支也成为长期的需求，这些需求也必须纳入网络安全支出的评估中。

现在许多研究人员和经济学家已经开始关注网络安全支出虚高的问题，许多联邦政府官员也对这些没有依据且动辄数万亿美元的财政开支提出了异议。有趣的是，涉及网络安全领域的公司大部分也已经做了经济方面的研究，并且提出了有关是否应该在市场方面投入更多的精力而不是基于科学理论的一些经济分析的质疑。为了使得之前基于行业的经济评估更加公平，研究人员提供的重要信息就表现得非常有价值。此外应该注意的是，在确定网络入侵事件和计算机犯罪所产生的开支方面，美国研究型机构关注得很少，而美国政府机构所做的工作可能更少。

6.2　网络安全支出研究

目前，针对美国国家网络安全支出评估的准确性方面虽然达成了部分的共识，但满意度并不高。对计算机犯罪实际产生的开支的评估还没有统一的定论。虽然在确定安全入侵事件造成的损失方面取得了很大的进步，但许多工作仍有待完成。其中，一个问题是缺乏标准的研究方法去评估和建模，另一个是没有标准化的协议和入侵事件上报的要求。事实上，有很多商业组织并不愿意上报计算机犯罪和入侵事件。因此，我们用来评估这些费用的数据是参差不齐的经验性数据，这些数据是依据已上报的计算机犯罪、入侵事件、病毒、蠕虫和其他攻击而得到的。因此，如果没有更可靠的数据来源，那么网络安全相关费用的计算充其量也只是个推测。

6.2.1　网络安全风险研究

在关于网络攻击对经济影响的重要研究中，B. Cashell、W. Jackson、M. Jickling

和 B. Webel 回顾了几次重要的调查，包括 2003 年计算机安全学会（Computer Security Institute，CSI）和美国联邦调查局第八次年度调查，该调查是基于 530 个美国的公司、金融机构、政府机构、医疗机构以及高校中的计算机安全从业人员进行的。他们还关注了一项英国 Mi2g 公司针对数字攻击在全世界范围内造成的经济损失评估的研究。此外，研究人员对计算机经济研究所（Computer Economics Institute，CEI）提供的从 1995 年到 2003 年主流病毒攻击所造成的经济损失进行了评估。我们所关注的仅仅是针对研究方法所进行的评论，其中指出了一些有前景的主流领域，并建议在未来可以考虑作为新的研究方向[1]。

CSI/FBI 年度调查受到批评的原因是调查的受访者没有一个来自存在网络风险的商业组织或实体。此外，调查对象也不是随机的，而是在信息安全专家中挑选出来的。因此，这个基于 530 个组织样本进行统计的方法是不合理、不全面的，得到的报告也不能代表整个国家的状况。更重要的是，虽然有 75% 的受访者报告了财物损失，但是只有 47% 的人可以确定损失的具体数字。最终，调查结果因为没有可以衡量网络攻击产生的费用[2]的标准方法而显得没有说服力。

Mi2g 公司对数字攻击所造成的全球经济损失评估的研究被质疑，因为他们的结论是通过收集公开数据，却使用了一组未公开的内部算法而得到的。因为算法模型是私有的，所以外部研究者不能评估他们的模型及其基本假设。CEI 的基准和算法是估算成本的关键，但由于其私有性，外部评估不能证明模型基本假设[3]的正确性。

2002 年，世界银行的一项研究认为，现有用来预测电子安全问题的基本信息是有问题的，原因有两个：第一，存在充分的动机使得组织员工不上报网络安全事件；第二，组织通常不能确定他们所面对网络攻击风险的大小，并且当网络攻击已经发生时不知道如何将每一分钱都花在刀刃上。有趣的是，时至今日仍然存在鼓励不上报安全事件的行为。经济因素导致组织不上报信息安全事件，因为公开后可能会产生如下影响：

（1）金融市场的影响。股票和信贷市场以及债券评级公司可能会根据安全事件报告进行响应，即使企业是私营且在公共证券市场不活跃，如果银行和其他贷款人认为他们比之前更具风险，企业仍然会受到不利的影响。

（2）信誉或信任的影响。负面宣传会损害公司的声誉、品牌或导致客户失去信心，这些影响会给竞争对手带来优势。

（3）诉讼问题。如果一个组织报告了入侵事件，那么投资者、客户或其他利益相关者可能会向法院寻求赔偿损失。如果组织已经公开了过去发生过的入侵事件，那么原告可以宣称组织可能是习惯性过失。

（4）责任问题。依据联邦法律，这种情况下公司或组织的高管可能面临处罚。1996 年的《健康保险流通与责任法案》（HIPAA）、1999 年的《金融服务现代化法案》(GLBA)，或 2003 年的《萨班斯-奥克斯利法案》(Sarbanes-Oxley Act)，这些法案的目的是确保客户安全和患者记录，而要求组织必须符合相关标准。

（5）对攻击者的信号。报告安全入侵事件可能会使黑客得知该组织的网络防御系统是薄弱的，从而激发黑客的进一步攻击。

（6）工作安全。在发生事故后 IT 人员可能会因为担心他们的工作和晋升[4]从而隐瞒入侵事件。

下面要回顾的另一个网络风险经济模型是在 20 世纪 70 年代末，由 NIST 所提出的年度费用期望（ALE）模型。通过将事件造成的损失或影响（以美元为单位）乘以事件发生的频率（或概率），ALE 模型可以得出一个美元数值。所以，ALE 模型是从入侵事件造成的损失以及事件发生可能性来分析安全入侵事件的。ALE 模型将计算机遭受攻击的概率及严重程度相结合得到一个数字，这个数字预测了公司某年可能的网络风险费用。虽然 ALE 模型已经成为一个用来衡量网络攻击产生开支的标准度量方法，但还没有在网络风险评估中得到广泛应用，因为模型中费用评估和攻击的可能性判定是很困难的[5]。

建立经济成本模型来评估安全漏洞是评估网络风险的一种方法。没有这些模型，无法判断在信息系统和计算机网络安全中投入多少资金和资源是合适的。简而言之，如果没有这些模型，那么几乎不可能对计算机安全方面进行有效的评估工作[6]。组织，尤其是企业，应该量化安全入侵事件及其发生频率的影响，这样才能评估出计算机安全系统的费用、投入资金的效益，以及计算机安全项目的费用。

6.2.2　网络犯罪的经济影响

虽然没有一个可以涵盖所有网络安全费用的经济评估方法能够成为科学界认可的标准，但这恰恰说明了学术界和业内需要做进一步研究。作者相信，行业的努力可以使网络安全费用的评估得到改善，一个很好的例子就是 Ponemon 研究所的工作。例如，IBM、Hewlett-Packard 和 Experian 等公司已经委托 Ponemon 研究所进行有关网络安全方面成本效益分析的研究，他们使用的研究方法可以控制偏差。该方法同时提出了自身研究的局限，因此相较之前的研究，该研究可以提供一个更加清晰明了的分析报告。

Ponemon 研究所研究了六个国家的网络犯罪，包括美国、英国、德国、澳大利亚、日本和法国。对这六个国家网络犯罪的研究采用的是基于地域的调查研究方法而非传统方法。这项研究涉及 234 个公司，且都是超过 1000 名员工的较大企业。报告指出，找到合作公司并构建基于作业的模型进行数据分析，收集原始信息并完成分析需要花费十个月的时间。虽然每个国家个体研究数量比整体少很多，但整个过程中共对公司员工进行了 1935 次访问调查。例如，Ponemon 研究所针对美国的研究是基于 60 个美国公司的 561 次访问调查进行的。1372 次攻击用来进行费用评估，每个国家受到攻击的数量和类型都不一样，这使得各个国家在互相比较时较为麻烦。在有关美国的研究中，平均每年 488 次攻击所产生的开支是1156 万美元。各国攻击数量及其平均每年花费的数据如表 6.1 所示。

表 6.1　六国统计数据

国家	公司数	攻击数	平均每年花费
美国	60	488	1156 万美元
英国	36	192	299 万英镑
德国	47	236	567 万欧元
日本	31	172	66800 万日元
澳大利亚	33	172	66800 万日元
法国	27	104	389 万欧元
合计	234	1364	约 722 万美元

以上数据是从 Ponemon 研究所针对各个国家[7]进行的研究中得到的。这些研究报告中有一些非常有意思的结果和重要数据，并提出了很多可以进一步研究的问题。

这些基于地域的研究重点是为整个行业和相关利害相关方获取数据。计算开支框架的数据可以通过测量两种成本流来收集，其中一种是内部作业安全费用，另一种是外部影响和开支，如表 6.2 所示。

表 6.2　两种成本流

内部作业费用	外部影响和开支
检测	信息丢失或被盗
调查和升级	业务中断
遏制	装备损毁
恢复	税收损失
事后处置	—

Ponemon 研究所关于网络犯罪产生开支的研究在处理与网络犯罪开支相关的核心系统以及相关业务上来说是特别的。这项研究[8]所包含的与网络犯罪有关的直接成本、间接成本和机会成本构成了非常有价值的框架。

研究中网络犯罪的定义限定于网络攻击和通过互联网进行的犯罪活动。这些攻击包括侵犯知识产权、盗用在线账户、制造和传播病毒、在互联网上泄露商业机密信息及破坏国家重要基础设施[9]。Ponemon 研究所基于地域的网络犯罪研究的重要发现将推动研究继续进行。

2013 年进行了一项关于美国网络犯罪产生开支的研究，基于 60 个较大规模的美国公司（即超过 1000 名员工的公司）。该研究指出每年它们因为网络犯罪而造成的开支在 130 万美元到 5800 万美元之间，平均 1160 万美元。这 60 家公司每周都要遭受 122 次攻击，其中造成损失最大的是拒绝服务攻击、内部员工恶意行为和基于网站的攻击。处理每个攻击平均耗时 32 天，其间组织平均花费为 1035769 美元。按年计算，检测和修复费用占内部作业安全费用的 49%，其中现金支出和劳动力支出占总支出的比重很大[10]。

Ponemon 研究所通过对基于地域调查得到的一些数据仔细推断来确定该研究的局限性，其研究范围不但包括超过 1000 名员工的大公司，还有被排除的中小企业组织以及政府组织。Ponemon 研究所《2013 年网络犯罪研究全球报告》中的重要发现是，在涉及六个国家的 234 个组织中，2013 年平均网络犯罪导致的开销在 375387 美元到 5800 万美元之间，平均 720 万美元。每周遭受 343 次攻击，其中大部分网络犯罪为内部人员恶意所为，攻击多为拒绝服务攻击和基于网站的攻击。处理网络攻击平均耗时 27 天，其间组织的平均花费为 509665 美元。按年计算，检测和修复费用共占与作业相关的内部安全费用的 54%，其中生产率损失和劳动力费用占总费用的比重很大[11]。

在另一项基于行业的研究中，IBM 公司安全服务管理部门报告说他们每天为超过 130 个国家的 3700 名客户持续监测数百亿安全事件，目的是确保拦截和清除安全问题。2012 年 4 月 1 日到 2013 年 3 月 31 日期间，正规数据显示拥有 1000～5000 名员工的那些组织共报告了 81893882 次安全事件，平均每个组织遭受到 73400 次攻击。此 73400 次攻击被对比和分析并分类为收集、破坏、拒绝、降级或破坏信息系统资源及信息类型的恶意活动。IBM 公司的每个组织客户端的月平均遭受攻击次数达到 6100 次，且每月有 7.51 次的安全事件是需要采取相关措施的。其中两种最常见的攻击类型是恶意代码和持续的探测/扫描。有趣的是，20%的攻击被认为是内部的恶意攻击[12]。这份报告并未提及任何费用问题，引用它是为了说明在各攻击事件中体现出网络安全的全球性特点和持续扩张的现状，这也说明，为了保护各组织的网络安全，监控措施是必需的。

6.2.3　全球数据泄露研究

IBM 公司赞助了 2014 年数据泄露导致的费用评估基准研究，该研究是由 Ponemon 研究所独立进行的第九次年度研究，其中有来自 10 个国家的 314 个公司参与了该研究。这些参与的国家是美国、英国、德国、澳大利亚、法国、巴西、日本、意大利，以及第一次参与的阿拉伯联合酋长国和沙特阿拉伯。数据泄露的主要原因是恶意攻击、系统故障或人为过失。这项研究的方法令人印象深刻，研究者用了长达十个月的时间进行了针对314个组织的1690个深入的定性的访谈来收集数据。这些接受采访的人都是 IT 人员和信息安全的从业人员，他们了解有关组织数据泄露和处理泄露产生的开支的问题。值得一提的是，在这项研究中的费用来自实际事件中的真实损失。该方法被用来计算数据泄露产生的开支，他们指出的研究限制是一个有价值的研究结论，它将作为未来研究项目的一个全面的指导方针。

Ponemon 研究所公布了他们在进行上面提到的十国的数据泄露产生的费用研究时所使用的基于地域的研究方法，从而使该结论的重要性得到了巩固。基于作业计算成本方法的优势将进一步凸显，这将有利于未来的研究人员在计算机数据泄露方面继续进行深入研究。

为了计算数据泄露产生的开支，使用了一种称为基于作业的成本计算（activity-based costing，ABC）方法。这种方法可识别不同业务活动，并根据其实际使用情况分配一个开销计划。参与基准研究的公司被要求估算他们为解决数据泄露问题而产生的开支。

发现和立即响应数据泄露的典型措施包括以下几种：进行调查和取证，以确定数据泄露的根本原因；确定数据泄露的可能的受害者；组织事件应急小组；开展交流和公共关系的拓展；准备通知文件，通知其他需要知情的受害者和监管机构；实现呼叫中心的流程和专业培训。

以下是在发现数据泄露之后进行的典型措施：审计和咨询服务、国防法律服务、合规法律服务、为泄露数据的受害者免除费用或提供折扣、身份保护服务、计算客户流失或营业额的业务损失、客户获取和客户忠诚度计划方案。

公司为这些业务员估计开销范围，将其分为直接成本、间接成本和机会成本。直接成本是指完成某项活动的直接费用支出；间接成本是指花费的时间、精力和其他组织资源，而非直接的现金支出；机会成本是指在发生数据泄露后，向受害者告知泄露的事实（并向媒体披露），由此对公司声誉造成的一系列负面影响，最终导致潜在商业机会流失的代价。研究还关注数据泄露检测、响应、控制和修复等设计支出的核心流程相关活动。每项业务的开销均在"关键发现"部分呈现。四个支出中心如下：

（1）检测或发现。可以使公司检测到个人数据的泄露风险（存储方面）或者相关意图。

（2）上报。当被保护的信息发生泄露时，必须在特定的时间段报告给适当的人员。

（3）通知。公司将个人信息丢失或被盗的消息通过电话、电子邮件或一般公告来通知数据方。

（4）披露数据泄露的消息。包括帮助受害者与该公司进行沟通，提出更多的问题或建议，以尽量减少潜在的伤害；还包括提供信用监测报告或补发一个新账户（或信用卡）。

该研究所的研究表明，由数据泄露事件引发的负面影响扩散造成的声誉受损可能会导致异常的营业额波动率以及新用户的流失率。

研究者使用成本估算方法对某个组织的机会成本进行推断，此方法取决于每个客户的"终身价值"：

（1）现有客户的成交额，即估计因为泄露事件而可能终止关系的客户数量。增量损失是由泄露事件导致的异常营业额。这个数字是一个年度百分比，它是基于提供的标准面谈过程的评估。

（2）消费者数量减少。因为泄露的影响而不愿意与该组织保持关系的目标消费者的预测数量，这个数字也是一个年度百分比。

研究使用了保密且私有的并已成功在早期研究中实施的基准方法。这一基准研究仍有内在局限性，在调查得出结论之前需要仔细考虑。

（1）非统计结果：研究采用了一个典型的、非统计的样本，样本来自过去 12个月全球范围内涉及顾客消费记录丢失或失窃等数据泄露的公司。统计推断、误差和置信区间不能使用通过不科学的抽样方法得到的数据。

（2）无响应：目前的研究结果是基于小部分典型基准样本的。在这项全球研究中，314 家公司完成了基准流程。无响应的偏差没有进行测试，因此有可能发生的是没有参与的公司的成本数据有明显不同。

（3）采样框架的偏差：使用的采样框架是经得起评判的，框架所代表的被研究公司人数将直接影响结果的质量。当前的采样框架更倾向拥有更成熟的隐私和信息安全项目的公司。

（4）公司的特定信息：基准信息是敏感且保密的，因此目前的方法并不会捕获公司的标识信息。允许个人使用规定范畴内的指标来公开公司和行业类的人口统计信息。

（5）不可测的因素：为了保证访谈内容简洁且重点突出，分析中忽略一些其他重要的参数，如主要趋势和组织特征。忽略的参数在一定程度上可以解释基准测试结果中的不确定性。

（6）费用推测的结果：基准研究的质量基于受访人所在公司提供的访谈机密性程度。虽然公司利益和访谈机密性的一定程度的相互制衡可以被纳入基准的过程中，但还是存在受访者没有提供准确或真实反应的可能。此外，使用费用推测方法而不是使用真实数据，可能会无意中导致偏差和不准确[13]。

这项研究报告认为每条丢失或失窃的记录中所包含的敏感和机密信息产生的

平均费用为 145 美元。费用最高的一次数据泄露发生在美国，每条记录价值 201 美元，其次是在德国，每条记录价值 195 美元。美国因为数据泄露造成的损失最高为 585 万美元，德国以 474 万美元紧随其后。平均而言，美国有 29087 条遭泄露或入侵的记录。德国和美国将大部分费用用于通知数据遭到泄露的客户，平均费用分别是 509237 美元和 317635 美元。典型的通知费用用于创建联系人数据库、确定满足所有监管要求、外部专家的参与以及其他相关工作来提醒受害人意识到他们的个人信息泄露的相关 IT 活动上[14]。

平均的后期数据泄露费用包括咨询台活动、入站通信、专项调查活动、补救、法律支出、产品折扣、身份保护服务和监管干预。美国的开销是 1599996 美元，德国为 1444551 美元，法国为 1228373 美元，英国为 948161 美元[15]。

数据泄露导致的平均业务损失包括名誉损失、好感度降低以及客户流失问题，平均业务开支按美元衡量，如表 6.3 所示。

表 6.3　数据泄露导致的平均业务开支

国家	平均业务开支/美元
美国	3324959
法国	1692192
德国	1637509
英国	1587463

只有 32%的组织在这个研究中使用网络保险对攻击和威胁的风险投保进行管理，68%的组织没有通过数据泄露保护条款或网络保险来处理上述费用[16]。

《2014 年数据泄露成本研究》中的大量数据为之后的研究提供了一个可供 Ponemon 研究所以及其他利害关系方和研究人员继续研究的基础。组织的数据泄露产生开支的增加促使了网络保险行业的兴起，因为许多企业意识到了额外保护的必要性。

6.3　网络安全保险

保险公司只允许应用了合理的安全程序和策略的组织投保。然而，建立全面的网络恢复项目意味着组织提供的网络、计算机和数据系统的保护超过了典型网络安全项目。因此，引入网络保险的组织越多，国家整个网络安全提升的可能性就越高。

6.3.1　网络恢复策略

应当注意的是，组织机构为了引入网络安全保险，就会增加人力和新的安全软件及其他设备方面的费用支出。一个提高网络安全的例子是设立"保护校园移动和非移动个人设备数据/个人设备使用安全"的实施文档。其对需要遵守的联邦和各州监管机构的要求进行了罗列，并在该项策略中进行了描述。利用监管机构和加密技术/密码策略以及数据保护的策略可以使组织更好地应对入侵。当然，与此同时，需要额外来实施这些策略和协助监控的人员。关于这一策略的例子如表 6.4 所示。

表 6.4　保护校园移动和非移动个人设备数据/个人设备使用安全实施文档

策略目的	该策略的目的是为所有用户提供需要保护的数据安全指导，包括但不限于未经授权的访问、使用、披露和删除，也不限于标准或合规要求
范围	该策略适用于访问、存储、传输校园业务中被保护数据的所有人
一些定义	用户：任何授权访问校园业务信息系统的人，包括员工、教师、学生、第三方人员如临时员工、承包商或顾问和其他有有效大学访问账户的组织。 大学移动设备（包括但不限于）：个人数码助手（PDA）、笔记本电脑、平板电脑、iPhone、iPad、掌中宝、微软掌上电脑、RIM 的黑莓手机、MP3 播放器、文本寻呼机、智能手机、CD 和 DVD 光盘、内存、闪存驱动器和其他类似设备。 大学非移动设备（包括但不限于）：不能轻易移动的计算设备，如台式计算机。 数据：存储在校园任何电子媒介上的信息。 受保护的数据：任何由联邦、州监管或遵循要求的数据，如 HIPAA、FERPA、FISMA、GLBA、PCI/DSS、《红旗》（Red Flag）、PII，以及被视为对商业和学术过程至关重要的数据，如果被盗用，则会造成重大损害或经济损失，具体来说，HIPAA 即《健康保险流通与责任法案》，旨在保护患者的医疗记录隐私；FERPA 即《家庭教育权利与隐私法案》，旨在保护学生的教育记录隐私；FISMA 即《联邦信息安全管理法案》，指出信息安全对美国经济和国家安全利益的重要性，因此提出信息安全需求，即联邦机构和任何其他与这些机构合作的当事人必须共同致力于有效地保护 IT 系统及其数据；GLBA 即 1999 年美国的《金融服务现代化法案》，包含保护消费者的金融信息的多项隐私条款；PCI/DSS 即《支付卡行业数据安全标准》，由主流信用卡公司发布的指导文件，它被用于帮助组织机构处理信用卡支付、防止信用卡欺诈、黑客和其他各种安全问题，公司处理信用卡支付必须符合 PCI 要求，否则无法处理信用卡支付的风险；《红旗》（Red Flag）即一项由美国联邦贸易委员会（FTC）开发的授权，要求机构制定身份失窃预防计划；PII 即个人身份信息，该信息可能会被用来唯一地识别、联系或者定位一个人等，如健康信息、信用卡信息、社会保障号码等；IP 即知识产权信息，是具有创造性的工作或发明，如研究或设计，研究者或设计者有权利并且可以为自己申请专利、版权、商标等。 加密/密码保护：窃听者或黑客不能读取需要进行转换的数据，但授权方可以。 锁屏：密码保护机制用于设备维持运行状态，但在显示器上隐藏数据。 屏幕超时：设备在指定时间段没有被使用后自动关闭的一种机制。 个人设备：员工在选择、访问、存储或传输受保护的校园业务数据时使用的非学校设备，包括个人手机，无论是否正在享受学校发放的通信费补贴。学校的信息技术部门不处理个人设备的相关请求

续表

策略声明	用户必须采取适当的措施来保护他们访问、创建、拥有、存储或传输受保护的数据。必须符合下列要求： 受保护的数据只能被校园的移动或非移动设备访问，并且应该包括纸质文档。此外还应该处理安全补丁、密码启用、双因素认证、集装化移动电话（containerized mobile phone）、安全的无线接入点、（列入黑名单的应用程序）以及如何、由谁来负责网络监控。当学校认为岗位职责需要时将为其配备校园移动或非移动设备，因此不鼓励使用个人设备；然而，如果个人需要使用私人设备来操作有关学校的业务，该政策中针对校园设备的条款也将同样适用于任何个人设备，并且个人设备使用者要承担由于使用个人设备而带来的风险。 通过学校的移动或非移动设备以及电子邮箱存储或传输受保护的数据必须加密或进行密码保护。一个附加方案制定了加密方法、培训用户费用和信息技术组任务等，以上和其他类似的责任将附在最后批准文件中。必须给负责这项方案的人员提供资源来解决和实施该项内容以及文件中其他类似策略。 受保护的数据不能通过不安全的公共即时消息网络，包括但不限于美国在线（AOL）公司的即时通信、雅虎即时通、MSN 和 Google Talk。 当在非工作时间不使用数据时，学校所有的移动或非移动设备必须退出登录。移动设备应该尽可能作为个人财产持有。当无人看守设备时，设备应该放在安全的地方，妥善存放。 屏幕超时/屏幕锁的密码保护必须在 30 分钟内激活。 基本的安全保护包括但不限于身份验证、网络工作配置、防火墙、防病毒保护和安全补丁，在所有校园的移动或非移动设备都必须安装维护并持续更新以上保护措施。 在校园的移动设备或非移动设备连接到校园系统之前，必须进行病毒扫描且所有病毒必须被删除。当校园的移动或非移动设备要替换、改动或处理时，要彻底安全地删除所有被保护的数据。可以通过学校信息技术部门获得帮助进行处理。 保障高校所拥有的移动或非移动设备的物理安全是用户的责任。如果学校所有的移动或非移动设备丢失或被盗，那么用户必须及时向主管、公共安全和信息技术部门报告该事件。该报告应包括该设备的序列号，并且该学校应该维护一个包含这些序列号的列表
执行	用户必须强制接受高校培训以及定期更新。但是一个阶段性计划的实施是和解决主校区、地方和扩招校区取址，以及国际校区位置的人事和财务目标绑定在一起的。 不遵守该政策的用户可能暂时会被拒绝获得高校计算资源请求并被通告，或受到其他处罚和纪律处分。根据情况，若违反该项政策，则联邦或国家法律可能会提出民事或刑事诉讼和/或赔偿、罚金和/或处罚。 不合规的设备可能会被切断与校园数据网络以及各部门的连接，直到设备符合规定

6.3.2 网络安全相关方和保险

组织对网络保险的感兴趣程度与他们所负责维护的数据的敏感性相关。组织可能关心且需要网络保险的其他问题如下：未经授权的数据访问、机密数据泄露、数据或数字资产损失、恶意软件以及病毒和蠕虫的引入、勒索软件或网络敲诈、拒绝服务攻击、高级持续威胁攻击、身份盗窃、侵犯隐私权的诉讼、来自员工电子邮件的诽谤、未能对入侵事件进行公告。

除了计算机网络责任险，也可选一些保险机构的保险来防范自身的网络犯罪。危机管理费用包括网络安全法证专家协助处理网络勒索案件的费用，以及公共关系顾问与当地媒体合作并且提供适当的信息来维持客户的好感度的费用。

保险公司也可能提供额外的关于保险责任范围的甲方条款，该组织的风险经理可以协商投保部分来创建最能满足组织和服务对象需求的网络保险类型。

更为重要的网络保险承保范围的界定是第三方的责任，对外公布网络安全故障会对第三方系统造成损害。典型的情况通常出现在一个公司的信用卡和销售点的系统安全性低于行业标准授权信用卡公司的标准时，Markets 公司和 Target 百货的案例都凸显了这个问题。

K. Kumar 报道了 2014 年 Markets 公司的计算机系统漏洞集体诉讼和解事件，估计有 240 万信用卡支付信息遭到泄露。

根据拟议的和解方案，Schnucks 公司向每张被盗刷并因此被指控欺诈的信用卡或借记卡的客户支付 10 美元，之后盗刷金额被返还或者撤销指控。

Markets 公司也将付给客户一定的未偿还的需现款支付的费用，如存款、欠款和滞纳金，同时对处理安全入侵事件的时间费用按每小时 10 美元且最多按 3 小时计并对客户进行补偿。每类用户获得的这类补偿有最高 175 美元的限制。

以此总计，Markets 公司将支付上述赔偿约为 160 万美元。如果索赔超过这个数额，仍然会确保每个客户每张被盗刷的卡至少 5 美元的赔偿。

此外，Markets 公司将支付因身份被盗受到损失的每人 1 万美元，总上限为30 万美元，律师费高达 63.5 万美元，以及支付 9 个诉讼[17]的原告每人 500 美元。

虽然 Markets 公司否认有任何不当行为，但起诉的成本是巨大的，而且他们希望通过这种方式让事情到此为止，以避免更大的损失，如业务的中断和声誉受损。这个事件的根本是，对 Markets 公司集体诉讼索赔主要是因为他们没能确保客户的个人财务数据安全以及未能及时通知客户个人信息被盗。值得注意的是，此事件中，对追究恶意入侵责任的关注很少，并且出现了将责任转嫁给受害者的情况，信用卡公司就因个人信息泄露而被盗刷所引起的损失向 Markets 公司申请第三方损失补偿。

Target 百货的集体诉讼是因为一个安全漏洞，即允许攻击者把恶意软件安装在 Target 百货的收银机上，由此获取了七千万条包含客户的名字和邮箱地址的记录。除了由客户提出的集体诉讼，Jeffries 投资银行估计，Target 百货也可能会因为这一漏洞面临 11 亿美元的罚单[18]。安全等级和安全质量的高低，以及将这一事件通知给其客户和监管机构的时间都将成为 Target 百货案件的关键。

对任何一个遭受安全入侵的组织来说，通知都是一个关键的因素。联邦和州级的监管机构有强制性标准，即企业一定要持续报告安全入侵事件给这些认为有被盗刷风险的人。2011 年，美国证券交易委员会发布指南指出，上市公司必须报告网络盗窃和网络攻击等安全事件和这类安全事件的实例。2003 年，加利福尼亚州成为第一个要求数据安全问题上报的州。2012 年，要求公司和政府机构向加利福尼亚州检察长办公室告知任何超过 500 名受害者的数据泄露的事件[19]。

网络保险可能是一个有价值的投资，特别是当第三方保险保护支付卡行业对不符合《支付卡行业数据安全标准》的企业发起诉讼时，企业需要使用特定程序进行在线交易。时至今日，企业、组织甚至大学应该检查他们的业务伙伴以确保各自的安全流程符合支付卡标准，否则他们可能会因为商业伙伴的安全漏洞而受到牵连。

6.3.3　商业风险

Experian 发起并由 Ponemon 研究所独立进行了数据泄露解决方案研究。根据调查问题的回答，许多风险经理认为安全是一个明显而现实的风险，现在大多数调查公司将网络安全风险排在自然灾害和其他主要业务风险之前。越来越高的费用和数据泄露迫使企业高管从纯技术角度转为从更复杂的商业风险角度[20]来重新考虑网络安全。公司董事会和理事也期待他们的 CEO 能更充分地迎击这些新的和潜在的破坏性巨大的风险。

"网络安全管理是商业风险管理的一员:数字时代的网络保险"这项研究显示，现在关注网络风险的已不仅仅是 IT 企业团队，风险经理投入的精力也越来越多。风险经理不仅关注网络安全问题和数据泄露问题，甚至对企业所需的网络安全保险的兴趣也大大增加。调查显示，目前31%的企业进行网络保险投保，另有 39%表示计划购买网络保险。尽管对网络保险的兴趣有所提高，但也有受访者不愿购买网络安全保险，其主要原因按照频率排列如下：保险费太昂贵；太多免责条款、限制条款和不承保的风险；财产意外保单已经足够多；由于当前风险，他们无法得到保险承保；相对于风险暴露的范围，保险的覆盖范围不全面；风险不能得到保险的补偿；行政管理部门看不到保险的价值[21]。

在那些声称自己公司有网络保险的被调查者中，40%认为风险管理主要是负责评估和选择保险公司。有趣的是，这项研究指出首席信息官和首席信息安全主管对保单决定和保险范围的参与和影响都很小，虽然普遍认为他们的观点和意见应该被认真考虑。对那些声称确实有网络保险的公司来说，他们的保单包含了以下几种类型的事件：人的失误和忽视、网络罪犯的外部攻击、业务流程或者系统故障、内部恶意或犯罪行为、对商业伙伴和供应商或者其他接触到公司信息资产[22]的第三方攻击。

这项研究还指出了网络保险的保护措施和益处，这些答案根据受访者回答的数量由高到低罗列如下：用来通知数据泄露受害者的费用、法律辩护费用、司法鉴定和调查上的费用、更换遗失或损坏的设备、惩罚和罚款、收入减少、第三方责任、与监管机构沟通的费用、雇员生产力的损失和名誉损失[23]。

以上寻求网络保险保护的列表和大多数公司经历泄密之后的担心是一致的。

关于这个研究，一个非常有趣的结果显示，公司很少参考由内部员工进行的正式风险评估来决定应该购买多大范围的保险；相反，公司会依赖保险公司所做的正式的风险评估[24]。但最值得关注的是，直到本书完成时，保险公司才涉足网络安全问题，因此他们的经验和知识水平很可能不如公司风险经理的水平高。显而易见的是，网络保险领域的发展要求这两个群体都要在网络领域进行深入培训和学习。公司是从破坏情况方面来看安全问题的，但保险公司却是从索赔方面来看待网络安全问题的。索赔是由公司根据安全漏洞制定网络弹性防御和许多其他因素确定的。双方必须都要学习更多网络安全方面的知识，因为安全入侵事件发生的频率不断升高且造成的损失都在以百万美元为单位地增加，与此同时保险费也有数十亿美元。

6.3.4　网络安全保险理赔

NetDiligence 研究的"网络责任和数据泄露保险索赔"是一种针对数据泄露且较实际保险赔付更全面的索赔研究。该研究对实际网络中数据泄露导致的费用和在媒体及行业报告中被报道的费用的比较很感兴趣，从保险公司的角度来看网络保险的真正费用。也许这项研究最显著的贡献是着力于通过鼓励风险经理以及工作在数据安全领域的人员以完善保险统计表的方式进行更准确的风险评估审查，并且实施更有效的保障措施来防止数据泄露。随着保障措施的完善和风险评估在各自领域取得进展，保险业将在改善保险统计表方面起到重要作用，这将促使网络保险保单形成更精准的价格模型。与 Ponemon 研究成果相比，NetDiligence 研究工作为分析承担网络安全责任的保险商所提供的 2009～2011 年发生的 137 个相关事件。据调查，个人识别信息（personal identification information，PII）是最典型的最容易曝光的数据类型，其次是私人健康信息（private health information，PHI）。数据遭到入侵次数最多的行业是医疗保健和金融服务业，产生费用的平均值是 370 万美元，其中多数用于法律赔偿。

与 Ponemon 研究所第七年度美国数据泄露的成本研究相比，NetDiligence 研究报告中的成本数据似乎比较低。该研究所报告的每次入侵产生费用的平均值为 550 万美元，平均每条记录 194 美元。两项研究存在显著差异：Ponemon 的研究从消费者的角度收集数据，因此从范围更广的费用因素考虑问题，如检测、调查和管理、客户流失、机会损失等；NetDiligence 的研究集中在保险公司的角度上，因此也提供了一个计算安全入侵事件产生开支的视角。

NetDiligence 的研究主要集中在每次事件而不是每条记录产生的开支上。正如美国 ACE 高级理赔专员 T. Kang 所说，"必须小心处理数据泄露产生的开支与记录数量之间太过紧密的关联。因为用来通知和为更多的人提供信贷监管的费用会更高，并且第三方为更多卷入其中的记录进行索赔也有更高风险。另外，法律和司法费用会有很大的变化，这将取决于事件的复杂性和投保人行业的特殊要求及独立记录数量。在市场上似乎希望数据泄露问题的开支是基于记录数量而定的，但我们的投保人都惊讶地发现，实际费用通常会因为泄露事件的细节不同而不同。例如，泄露事件涉及不到五千条数据，因为投保人的行业和泄露本身的复杂程度却有六位数的修复开支[25]。"

NetDiligence 研究描述他们的方法，我们希望网络安全保险商提供有关数据泄露和索赔损失的信息，如下所示。

该研究虽然有限制，但具有特别之处，因为它将重点放在保险和实际索赔费用上面，要求保险商承担的主要责任是基于以下条件提交索赔支付信息：事件发生在 2009～2011 年；受害组织有网络或隐私权的责任保险的某种形式；合法的索赔申请。共收到了 137 项符合选择标准的索赔信息。其中，58 项事件包括详细的支付索赔。

使用全部 137 个抽样分析数据泄露类型、数据丢失的原因以及受影响的业务部门。用较小的采样（58 项事件）来评估和事件相关的费用——基于数据泄露的类型、数据丢失的原因和受影响的业务部门。

需要注意的是：抽样是选取所有安全问题中的一个小子集；基于抽样得到的计算结果比其他研究要小，因为我们更关注索赔支出，而不是受害者的损失；得到的数据是经过验证的，因为相关费用由保险公司直接支付；大多数情况下，索赔金额被认为是总损失额。之前提到的损失，为 5 万～100 万美元[26]。

这项研究报告进行的索赔是在 2011 年，每件事件的平均费用为 370 万美元。合法的防御费用为 582000 美元，庭外和解平均费用为 210 万美元。危机服务的平均费用，包括取证、通知、呼叫中心费用、信用监控和法律指导是 983000 美元，受影响最大的业务部门是金融服务、医疗保健和零售店[27]。

2013 年第三年度 NetDiligence "网络责任和数据泄露保险索赔研究"提供了自 2011 年以来更新后的数据，其中卫生保健是数据泄露最频繁的商业部门，其次是金融业。提交的索赔申请在 2500 美元到 2000 万美元之间，但是基本集中在 25000 美元到 40 万美元之间。共 140 个索赔申请，其中公布的 88 个赔偿总数为 8400 万美元；而没有报告的索赔仍在诉讼中并且尚未达成共识，所以最终赔偿数在和解之后将会有所上升[28]。

NetDiligence 两项研究的目的是帮助风险经理和保险商了解安全漏洞的影响。这两项研究整合了多个保险公司的索赔信息，因此最终的索赔库将会得到更真实的费用和未来可能的趋势。保险业的研究、Ponemon 研究所和其他几个行业报告将对建立更精确的保险统计表起到非常重要的作用。

6.4　网络安全模型面临的挑战

　　根据大量行业驱动的关于安全漏洞的调查，特别是 Ponemon 研究所受委托进行的那些来自全世界的网络安全的调查和 NetDiligence 关于真实网络保险诉求的调查，可以非常清楚地认识到：网络安全漏洞是一个在规模和代价方面同时增长的全球性问题。

6.4.1　金融服务业

　　越来越多的网络犯罪人员把金融服务业作为目标。2013 年，美国的金融服务公司平均损失了 2360 万美元，比 2012 年上涨了 44%[29]。实际上，金融机构遭遇的网络威胁正在高速增长。顾客的计算机被广泛感染的原因之一是存在大量的以金融公司为目标的病毒，包括宙斯病毒、SpyEye、愚人节病毒、DNS 变换器、Gameover Zeus、黑洞利用工具箱和假冒的反病毒软件等。在一份关于网络威胁和金融机构的白皮书中，Josh Bradford 报告了 8 个 FBI 提到的值得金融机构注意的网络威胁：账户盗用、第三方支付处理漏洞、安全和市场贸易公司的漏洞、自动取款机跳读漏洞、移动银行系统漏洞、内部访问、供应链渗透、电信和网络毁坏。

　　关于账户盗用，一个新出现的重要趋势是网络犯罪人员再次将顾客当成攻击的目标而不再是只攻击金融机构。这通常是通过有目标的网络钓鱼计划或者文本消息来完成的，并且它被设计用来感染顾客的线上银行信息系统。一个名为“high roller”的恶意软件被设计用来专门攻击账户余额比较多的银行客户的个人计算机，被感染的个人计算机和智能手机会自动地、精准地在客户登录他们自己账号的那一刻将大量的钱转入商业账户。另外，互联网上廉价的自动病毒工具的增加正在给金融服务业制造更多的麻烦[30]。

　　全世界金融服务公司的另一个担忧是网络攻击的频率、速度和复杂度的增长。面向金融服务的 Deloitte 中心分析了威瑞森发布的年度调查报告，发现在 2013 年由攻击者发起的针对金融服务公司的攻击中，88%的攻击可以在 24 小时内成功地达到目的。网络攻击的速度、发现攻击的滞后时间以及更长的系统服务恢复所需的时间，都凸显了网络攻击检测和响应能力方面所面临的挑战[31]。简而言之，攻击者的“攻击技能”和金融服务公司的“防御能力”超过了发现攻击和服务瘫痪后成功恢复的速度，而这些对持续的金融稳定和金融服务公司的健康是非常必要的。

　　越来越复杂的攻击同样也对准了许多其他领域，而不再只是针对金融领域，这种情况在 2014 年 6 月的普华永道调查报告“美国网络犯罪：上升的风险，不足的准备"中有所体现。报告中提到"最近，黑客发起了新一轮的 DDoS 攻击，该攻击可以产生惊人的 400Gbit/s 的流量，是目前为止最强悍的 DDoS 攻击"[32]。

6.4.2　金融机构网络安全项目调查

纽约州的金融服务部从增加的频率和攻击的复杂度两个方面关注了针对金融机构的网络攻击的数量，他们调查了纽约州的所有 154 家金融机构，试图收集关于这 154 家金融机构各自的网络安全项目以及它们的成本和将来的计划等方面的信息。该调查的目标是从一个水平的视角去看待金融服务行业，在安全漏洞事件中防止网络犯罪发生，同时保护顾客和客户信息。参与该调查的 154 家金融机构中有 60 家社区和区域性的银行，12 家合作银行和 82 家外资机构的分公司及代理。他们会被问及有关信息安全框架的一些问题，进行渗透测试的操作及频率，与网络安全有关的预算成本，网络安全漏洞出现的频率、原因、成本以及对它的响应，将来对网络安全的计划[33]。

大约 90%的被调查机构都表示他们有信息安全框架，主要包含的信息安全项目如下：书面的信息安全计划、安全意识教育和员工培训、对包含趋势的网络风险的管理、信息安全审计、事件监控和报告[34]。

报告中的大部分机构使用了以下部分或者全部软件安全工具：反病毒软件、间谍软件和恶意软件检查工具、防火墙、基于服务器的访问控制列表、入侵检测工具、漏洞扫描工具、传输数据的加密工具、文件加密工具和防止数据丢失的工具。

同样，大多数被调查机构使用了渗透测试作为另一项重要的手段。然而，超过 85%的进行渗透测试的机构使用了第三方咨询机构来进行渗透测试。另一个重要的信息是加入信息共享和分析中心（Information Sharing and Analysis Center, ISAC）的机构数量，其中小机构的加入率下降了 25%，大机构的加入率下降了 60%。机构，尤其是小型机构（并非所有）能够通过加入金融信息共享和分析中心来获得一定的优势。美国联邦政府和美国国土安全部从发给信息共享和分析中心的报告中共享了大量他们的信息[35]。

实际上，所有被调查的机构都期望他们的网络安全项目的预算能够增长。三个主要的原因如下：合规性和法规的要求，业务的连续性、灾后的恢复，信誉风险方面的考虑。尽管在网络安全项目方面的预算在增加，但是他们还是对在未来网络攻击更加复杂的情况下建设网络安全项目中会遭遇到的障碍表示了担忧。同时，也关注新出现的技术以及他们和这些新技术保持同步的能力[36]。

6.4.3　新兴网络安全模型

尽管所有商业领域中的机构和组织都做出了努力，但是网络攻击的风险仍然是对全球经济具有战略性影响的一个重要因素。麦肯锡公司与世界经济论坛合作准备了报告《超级连通世界中的风险和责任》。他们访问了行政部门，浏览了来自超过 200 家企业的数据，主要发现是：尽管进行了数年的努力并且每年都花费了大量的开支，但是全球的经济在遭遇网络攻击时，仍然没有得到充分的保护，风险仍在增加并且变得更加糟糕。他们进一步总结道：网络攻击的风险，在物质方面累计的影响达到 3 万亿美元，减缓了科技和商业革新的步伐[37]。

大数据和云计算技术被认为能给全球经济带来 10 万亿美元的增量，但同时网络攻击的规模以及复杂度的增加也会持续地给这些技术的应用造成一定的阻力。另外，大数据的引入给安全漏洞提供了大量的机会，所以每个估值都受到重大调整。预期由大数据和云计算这些新技术带来的财政收入将会降低到预估值以下。

麦肯锡公司的报告指出，"防御者正在输给攻击者。大约 60%的技术执行官说到他们不能与能力不断提高的攻击者相抗衡。"简而言之，当前，许多领域里的网络安全保护模型在保护机构免受攻击方面已不再那么有效[38]。因此，构建与以往不同的网络安全操作模型需要有进一步的思考和分析。当前的模型太 IT 中心化了，并且，这些模型的复杂度阻止了 CEO 进行更加积极的参与。因此，应当设计新的网络安全模型，通过从以技术为中心转变为将这些漏洞视为策略性的商业风险来吸引高级的商业领导者。

过去，CEO 只关注"营收中心"以及他们的季度回报。既然网络攻击的水平能够窃取知识型财产并且彻底摧毁一个商业机构，那么董事会的信托责任会导致 CEO 被要求全力发展有效的网络安全项目。许多董事会现在都期盼季度性的进度报告，并且让 CEO 为这些更有效的项目的发展负责。

除了缺乏高级商业人员的参与，IT 中心化模型的缺点还在于它是只围绕审计和合规的"反应"模型，并且即使它的表现再好，这种分立的方法也不能抵抗越来越复杂的网络攻击。

金融服务领域的 Deloitte 中心在他们的报告《改变网络安全：应对升级的威胁图景的新方法》中给出了关于模型发展的一些重要的建议。其中一个建议是如果不能阻止，那么可以通过涉及相互加强的安全层级来提供冗余和减缓攻击进程，通过"深度防御"策略来提升安全。网络安全模型的改进是一个三阶段的过程，包括防护、预警和恢复。对于防护，重点是按照工业标准和法规的要求来加强根据风险优先级排序的控制，从而抵抗已知的和新出现的威胁。预警的重点是通过更加有效的纵观全局的态势感知来进行违规和异常检测，这表示智力活动的开展不仅局限于对已知威胁的原始数据的收集，还需要人工的直接参与。恢复是使项目具有迅速恢复到正常操作的能力，并且能够修复由网络安全漏洞给业务造成的损失。因此，一个面面俱到的网络安全项目会基于防护、预警和恢复这三部分。最后一个层次的要求是用一个战略性的有组织的方法对网络安全项目进行建模，该方法包括顶级的执行人员、一个专注的威胁管理团队对分析而不仅仅是对自动化的持续关注，对来自从信息共享和分析中心以及相关情报源的高度重视[39]。

6.4.4　总结

　　总体来说，网络安全攻击和网络漏洞所造成的风险已经引起了人们的广泛关注。商业执行人员承认他们和这些漏洞保持同步的能力已经跟不上那些攻击他们公司的人员的能力。随着这些安全漏洞已经变成一个主要的战略性的商业风险，安全漏洞已经不再仅仅是 IT 部门的问题。因此，需要建立一个由 CEO，以及首席信息官、首席信息安全官、首席运营官、风险管理人员、合作委员会所组成的跨职能部门的团队来发展可操作项目。新的信息安全模型必须由一个新的、丰富的业务驱动型的风险管理方法来引导。

　　当今网络攻击对全世界公司的可持续性发展造成了威胁。除了公司正在遭受网络攻击的威胁，还有一些民间和公共的团体也在遭受攻击，而他们抵御严重的网络攻击的能力要比公司群体差得多。例如，医院、卫生保健设施、学校、大学以及大多数主要的当地政府机构，当遭受这样的安全攻击时，将没有人员和能力来应对高级的安全攻击。相似地，当攻击持续时间周期较长时，大多数州和许多联邦政府的机构几乎没有应对的能力。任何一个国家也承受不起重要机构遭遇那些可能导致他们丧失可持续操作能力的安全攻击的代价。

注释与参考文献

[1] Cashell, Jackson, Jickling, et al. The Economic Impact of Cyber-Attacks, CRS-1.

[2] Ibid., CRS-8.

[3] Ibid., CRS-11.

[4] Ibid., CRS-13.

[5] Ibid., CRS-17.

[6] Ibid., CRS-14.

[7] Ponemon Research Institute. 2013 Cost of Cyber Crime Study: United States; and the 2013 Cost of Cyber Crime Study: United Kingdom; and 2013 Cost of Cyber Crime Study: Germany; and 2013 Cost of Cyber Crime Study: Japan; and 2013 Cost of Cyber Crime Study: Australia; and 2013 Cost of Cyber Crime Study: France; and the 2013 Cost of Cyber Crime Study: Global Report, 1.

[8] Ponemon Research Institute. 2013 Cost of Cyber Crime Study: United States, 1-2, 23.

[9] Ibid., 1.

[10] Ibid., 1, 4.

[11] Ponemon Research Institute. 2013 Cost of Cyber Crime Study: Global Report, 1, 3-4.

[12] IBM Global Technology Services. IBM Security Services Cyber Security Intelligence Index, 1-2, 4-5.

[13] Ponemon Institute Research Report. 2014 Cost of Data Breach Study: Global Analysis, 3, 23-24, 27.

[14] Ibid., 2.

[15] Ibid., 16.

[16] Ibid., 16, 22.

[17] Kumar. "Schnucks Agrees to Proposed Settlement Over Data Breach", 1.

[18] Business Section. "Cyber-Security: White Hats to the Rescue", 1.

[19] Harris. Cybersecurity in the Golden State, 2.

[20] Ponemon Institute. Managing Cyber Security as a Business Risk: Cyber Insurance in the Digital Age, 1.

[21] Ibid., 4.

[22] Ibid., 8-9.

[23] Ibid., 10.

[24] Loc. Cit.

[25] Greisiger. Cyber Liability and Data Breach Insurance Claims: A Study of Actual Payouts for Covered Data Breaches, 4-5.

[26] Ibid., 6.

[27] Ibid., 7-8.

[28] Greisiger. Cyber Liability and Data Breach Insurance Claims: A Study of Actual Claim Payouts, 1-3.

[29] Deloitte Center for Financial Services. Transforming Cybersecurity: New Approaches for an Evolving Threat Landscape, 1.

[30] Bradford. Cyber-Threats and Financial Institutions: Assume All Networks are Infected. . . Is This the New Normal?, 2-5, 7.

[31] Deloitte Center for Financial Services. Op. Cit., 4-5.

[32] Pricewaterhouse Coopers. U. S. Cybercrime: Rising Risks, Reduced Readiness: Key Findings from the 2014 U. S. State of Cybercrime Survey, 4.

[33] Cuomo, Lawsky. Report on Cyber Security in the Banking Sector, 1.

[34] Ibid., 2.

[35] Ibid., 3-5.

[36] Ibid., 6, 10.

[37] Chinn, Kaplan, Weinberg. "Risk and Responsibility in a Hyperconnected World: Implications for Enterprises". Also see, The Rising Strategic Risks of Cyber Attacks, McKinsey Quarterly, 1.

[38] Loc. Cit.

[39] Deloitte Center for Financial Services, 6-8.

参 考 书 目

Bradford J. Cyber-Threats and Financial Institutions: Assume all Networks are Infected... Is This the New Normal? A White Paper. Sponsored by Chartis, Advisen Ltd, Washington, DC, 2012.

Business Section. "Cyber-Security: White Hats to the Rescue". In The Economist, New York:

Print Edition, 2014.

Cashell B., Jackson W. D., Jickling M., et al. The Economic Impact of Cyber-Attacks. CRS Report for Congress; Congressional Research Service: The Library of Congress, Washington, DC, RL32331, 2004.

Chinn D., Kaplan J., Weinberg A. "Risk and Responsibility in a Hyperconnected World: Implications for Enterprises", also see The Rising Strategic Risks of CyberAttacks, McKinsey Quarterly, 2014.

Cuomo A. M., Lawsky B. M. Report on Cyber Security in the Banking Sector. Albany: New York State Department of Financial Services, 2014.

Deloitte Center for Financial Services. Transforming Cybersecurity: New Approaches for an Evolving Threat Landscape. New York: Deloitte Development, 2014.

Greisiger M. Cyber Liability & Data Breach Insurance Claims: A Study of Actual Payouts for Covered Data Breaches, NetDiligence. Pennsylvania: A Company of Network Standard Corporation, 2012.

Greisiger M. Cyber Liability & Data Breach Insurance Claims: A Study of Actual Claim Payouts. Pennsylvania: Sponsored by AllClear ID, Faruki, Ireland and Cox PLL, Kivu Consulting; NetDiligence: A Company of Network Standard Corporation, 2013.

Harris K. D. Cybersecurity in the Golden State. California: Department of Justice, 2014.

IBM Global Technology Services. IBM Security Services Cyber Security Intelligence Index, 2013. Available at IBM. COM/Services/Security.

Kumar K. "Schnucks Agrees to Proposed Settlement Over Data Breach". In St Louis Post-Dispatch. Missouri: Kevin D. Mowbray, 2013.

Ponemon Research Institute. Managing Cyber Security as a Business Risk: Cyber Insurance in the Digital Age. Michigan: Sponsored by Experian Data Breach Resolution, Ponemon Institute, LLC, 2013.

Ponemon Research Institute. 2014 Cost of Data Breach Study: Global Analysis. Michigan: Sponsored by IBM Benchmark Research, Ponemon Institute, LLC, 2014.

Ponemon Research Institute. 2013 Cost of Cyber Crime Study: Global Report. Michigan: Sponsored by HP Enterprise Security, Ponemon Institute, LLC, 2013.

Ponemon Research Institute. 2013 Cost of Cyber Crime Study: United States; and the 2013 Cost of Cyber Crime Study: United Kingdom; and 2013 Cost of Cyber Crime Study: Germany; and 2013 Cost of Cyber Crime Study: Japan; and 2013 Cost of Cyber Crime Study: Australia; and 2013 Cost of Cyber Crime Study: France; and the 2013 Cost of Cyber Crime Study: Global Report. Michigan: Sponsored by HP Enterprise Security, Independently conducted by Ponemon Institute, LLC, 2013.

Ponemon Research Institute. 2013 Cost of Cyber Crime Study: United States. Michigan: Sponsored by HP Enterprise Security, Ponemon Institute, LLC, 2013.

Pricewaterhouse Coopers. U. S. Cybercrime: Rising Risks, Reduced Readiness: Key Findings from the 2014 U. S. State of Cybercrime Survey. Delaware: Co-sponsored by the CERT Division of Software Engineering Institute at Carnegie Mellon University; CSO Magazine; United States Secret Service, 2014.

第 7 章　网络安全威胁现状及发展趋势

7.1　引　　言

信息安全和计算机安全领域的五个未来变化趋势，分别是虚拟化、社交媒体、云计算、物联网和大数据。

每一种趋势都对企业的商业模式产生了巨大的推动作用和经济效益。同时，这些变化也给计算机安全领域带来了一场革命，因为之前从来没有经历过这样彻底的改变。所有的数据行业和计算机行业正在面临一场前所未有的挑战。

日益增加的网络安全漏洞使得全世界的商业机构、政府部门、普通大众都处在安全威胁之中，这种威胁已经超越了现有计算机安全技术的防护能力。未来海量的结构化和半结构化数据将会带来新的安全威胁，并深刻影响全球的企业、政府、军队等组织。

信息安全防护和对具有海量存储能力的数据库的维护不仅会增加经济成本，也会增加风险性和脆弱性。需要培养和教育具有计算机安全和数据安全领域专业能力的人才来应对这场影响全球的巨大变革。

7.2　全球数据泄露问题

目前各种被泄露数据的数量和类型可以通过提供安全服务的公司或机构获得，同时能得到他们关于当前泄露数据所造成破坏的范围信息。

赛门铁克在《2014 年互联网安全威胁报告》中给出了一份数据，他们可能拥有全球最复杂的互联网威胁数据源。他们的数据是通过赛门铁克部署在全球超过415 亿个传感器组成的赛门铁克全球情报网络获得的。这个网络监控全球 157 个国家和地区的威胁行为。除了实时事件监控，赛门铁克拥有一个运行超过 20 年时间、由 19000 多个部门参与、包含 54000 多种产品、存储超过 60000 份已知威胁类型的复杂数据库。一个由超过 500 万个诱骗账号组成的嗅探网络，专门收集垃圾邮件、网络钓鱼以及恶意软件数据。赛门铁克的 SCPS(Skeptic Cloud Proprietary System) 是利用启发式方法设计的专门用于检测新型复杂且目标明确的威胁的系统，可以在攻击到达他们客户的网络之前将其检测出来。该系统的应用范围相当广泛，借助于 14 个数据中心，每月处理 84 亿封邮件，每天有超过 17 亿个网页请求被过滤[1]。

　　2013 年收集的数据记录了八次非常严重的数据泄露，导致超过 100 亿条身份信息被泄露，这些数据使得鱼叉式钓鱼攻击的数量增加了 91%。另外，借助于水坑攻击和在合法网页中嵌入恶意应用而实施的高级持续性攻击数量增加显著。鱼叉式钓鱼攻击和水坑攻击的显著增加，表明了 APT 攻击的加剧。赛门铁克的研究表明，77%的合法网站有可利用的漏洞，16%的网站会被个人或者组织安装恶意应用来监视访问这些网站的目标受害者[2]。

　　勒索欺骗类攻击的数量增加了 5 倍，攻击者谎称自己是执法者，要求 100 美元到 500 美元不等的金额来解锁受害者的计算机。这类攻击逐渐发展为 CryptoLocker 攻击，攻击者将受害者的文件和硬盘全部加密，受害者必须支付一定的费用攻击者才会解密[3]。

　　还有一些来自赛门铁克的网络威胁报告的内容显示，社交媒体诈骗和移动恶意软件攻击正呈现出增长趋势。并且第一次看到，黑客开始通过物联网实施攻击，如婴儿监视器、安全照相机、智能电视、汽车，甚至医疗设备。由于现在还没有对应的安全防护措施，物联网设备将会成为黑客的首要攻击对象[4]。随着数据量的增加和连接到物联网的设备越来越多，人们将会面临数量惊人的新的攻击和威胁。

　　另一个全球化情报数据的重要来源是火眼（FireEye）及其子公司 Mandiant，他们的数据来自全球 63 个国家的 1216 个组织，包含了 20 多个行业的数据信息。除了收集自动生成的数据，他们还调查了 348 个不同的组织，结果显示，全世界所有的国家都在遭受安全攻击。同时他们指出，两个受攻击最严重的行业，一个是高等教育行业，另一个是金融服务行业。高等教育行业之所以受到严重攻击，是因为他们拥有大量的有价值的知识产权，并且开放的网络使得他们的系统更容易暴露漏洞，进而被窃取。金融服务行业遭受攻击是因为他们拥有大量财富，特别是巨额现金[5]。

　　威瑞森《2013 年度数据泄露调查报告》（Data Breach Investigations Report，DBIR）中的数据由 18 个机构提供，分别为澳大利亚联邦警察局（Australian Federal Police）、卡内基梅隆大学软件工程学院的 CERT 内部威胁中心（CERT Insider Treat Center at the Carnegie Mellon University Sofware Engineering Institute）、美国网络安全行动联盟（Consortium for Cybersecurity Action）、丹麦国防部网络安全中心（Danish Ministry of Defence, Center for Cybersecurity）、丹麦皇家警察局（Danish National Police, NITES）、美国德勤（Deloitte）公司、荷兰警察国家高技术犯罪部门（Dutch Police: National High Tech Crime Unit）、美国电力行业信息共享与分析中心（Electricity Sector Information Sharing and Analysis Center）、欧洲网络犯罪中心（European Cyber Crime Center）、美国 G-C 合作伙伴有限公司（G-C Partners,

LLC）、西班牙国民警卫队网络犯罪中心（Guardia Civil, Cybercrime Central Unit）、美国工业控制系统网络应急响应中心（Industrial Control Systems Cyber Emergency Response Team）、爱尔兰报告和信息安全服务中心（Irish Reporting and Information Security Service, IRISS-CERT）、马来西亚计算机应急响应中心网络安全部门（Malaysia Computer Emergency Response Team, CyberSecurity Malaysia）、美国国家网络安全和通信集成中心（National Cybersecurity and Communications Integration Center）、美国 ThreatSim 公司、美国计算机应急响应中心（U.S. Computer Emergency Readiness Team）和美国特工处（U. S. Secret Service）。威瑞森结合了 2012 年和 2013 年两年的数据，发现 47000 起已报告的安全事件中，有 621 起被确认是数据泄露，这导致了 4400 万条记录被泄露。在九年的时间里，威瑞森一直在收集这些数据，已经报道了超过 2500 起数据泄露事件和超过 11 亿条记录泄露事件[6]。

　　赛门铁克、火眼和威瑞森收集的大量数据，让人们意识到计算机安全领域正在经历一场变革。当然，被报道的攻击都是已经被发现的，还有一些攻击很长时间才会被发现。在 APT 攻击中，受害者意识到自己被攻击大约需要 243 天，还有一些受害目标被攻击者监控长达四年之久。如果没有受害者的相关信息，就无法知道具体有多少系统正在遭受攻击。

　　2013 年发生的最复杂的攻击方式使用的是水坑攻击，即攻击者在一个合法的网页中植入恶意代码，等待目标受害者访问网页。由于网页已经被攻击，攻击者可以监控网页日志。攻击者在调查的过程中，选择一些受害者信任并且非常受欢迎的合法的网站实施攻击。这种攻击往往是很有效的，因为受害者不会怀疑合法的网站，更不会知道有人已经在该网页中植入了恶意代码[7]。

　　2013 年另一个被攻击的行业是医疗保健业，攻击这个行业的目的是窃取个人信息，将大量个人信息转卖给其他人。这种攻击的规模还会因为美国平价医疗法案而增加，因为数百万人在数据库刚启用的四个月内就添加了他们的医疗信息，那时数据库还处在逐渐完善阶段，运行效率也是最低的。医疗保健业被攻击的另一个原因是潜在的价值因素，即攻击者可以拥有美国的财富数据库，因为在美国平价医疗法案中的信息会与每个人的财富水平有关系。毫无疑问，攻击者早已针对这些行业开发出了病毒程序。

　　当前 Toolkits 工具包交付的商业模式，如黑帽子漏洞，利用工具包、Magnitude 漏洞利用工具包，以及勒索威胁的开发者，如 Revention，已经转向白洞工具包。现在新的商业模式允许恶意软件的开发者保留对软件的所有权，不是出售成套工具，而是将其工具作为一种服务，这样他们就可以完全控制自己的程序，通过向任何想攻击别人计算机的人提供服务来收取费用[8]。现在一些攻击者已经在“丝路”和暗网上为他们的服务打广告。有些人甚至公然在互联网上提供他们的服务。

　　火眼和 Mandiant 报道的新一代攻击包括高端网络犯罪和由国家发起的 APT

攻击。这两种攻击的共同点是其组织方式，即都是由多个团队参与并且每一个团队都有明确的分工。APT 攻击的另一个特点是它不是一个简单的、一次性的攻击，而是多步攻击联合在一起的复杂攻击。其攻击过程介绍如下：

（1）外部侦查。攻击者首先寻找、分析潜在的目标，包括上层领导和普通员工在内的任何人，确定他们感兴趣的人，然后接近目标系统。攻击者甚至可以从公开的网络上收集个人信息，然后发送有针对性的钓鱼邮件。

（2）初步感染。在这一阶段，攻击者进入目标系统。攻击者可以利用各种各样的方法，如精准的钓鱼邮件，或者通过攻陷知名网站进而收集用户信息的水坑攻击等。

（3）建立立足点。攻击者试图从目标公司获得管理员密码（通常是加密状态）然后将密码传到外面的网络。为了强化他们在攻陷网络中的位置，入侵者通常使用隐蔽的恶意软件以避免被主机或者网络监控发现。例如，恶意软件可能以系统级的权限安装并把自己注入合法进程，修改注册表，劫持已有的服务等。

（4）内部侦查。攻击者针对周边基础设施、信任关系以及 Windows 域结构系统的主要结构等收集信息，目的是在已攻陷的网络中寻找有价值的数据。在这一阶段，攻击者通常会部署传统的后门程序，这样如果这次被检测到，以后可以利用后门程序再次进入网络。

（5）任务完成。一旦攻击者设置好了立足点并且定位到了有价值的信息，他们就会泄露出一些数据如邮件、附件，以及一些驻留在用户的工作站或者服务器上的文件等。攻击者通常是想继续控制这个已经被攻陷的系统，然后收集发现的其他有价值的数据。为了能常驻系统，他们通常会清理自己的痕迹以免被发现[9]。

T. Flick 和 J. Morehouse 在图书 *Securing the Smart Grid—Next Generation Power Grid Security*（已出版中文版《智能电网安全：下一代电网安全》）中讨论了在一个包罗万象的智能电网的出现过程中,安全专家所期待和预测的一些事情。显然，电网受到了极大关注。在加利福尼亚州，太平洋煤气电力公司已经建立了一个智能电网给用户供电。一些地方正在将天然气系统和供水系统向这个方向转变，因此这或许也依赖于智能网络。建立测量系统需要部署先进的传感器网络，这会帮助工人更快速地确定自来水或者天然气泄漏的位置。这套系统会帮助用户更经济、更有效地利用这些设备。然而，安全专家关心的问题是，新智能系统和支撑这套系统的基础设施会存在安全隐患，一旦被攻击，就会给一些地区甚至整个美国造成灾难。有趣的是，佛罗里达州的塔拉哈西市建立了一个包含水、电、气三种设施在内的智能网络，这样对市民来讲更加方便了，他们可以在同一个系统上实时看到自己家的各种公共服务的花费。但另一个问题是，如果该系统的一个地方出现问题，那么所有的公共服务都将出现问题[10]。

关键基础设施失效的可能性与国家对关键基础设施的安全性和可靠性的关注

程度是一致的[11]。G. Alexander 警告到，潜在的敌人在网络攻击水平和能力策略方面正在不断提高，现在的网络攻击不再是简单地通过在计算机内植入病毒和恶意代码破坏网络，美国现在面临的是水电站以及电力控制网络的潜在破坏[12]。

7.3　网络安全威胁现状

正如赛门铁克、火眼和威瑞森报道的那样，全球日益增加的数据泄露敲响了安全警钟，这是一种对所有国家都存在的威胁，知识产权的损失和信息系统破坏带来的损失应该引起全世界所有公司和政府的重视。越来越多的数据泄露事件使得原本有限的资源不能用于建设新项目，而是用来加固现有的网络安全设施。

数据泄露事件呈现出增长的趋势，这是因为越来越多的攻击工具和漏洞利用技术可以很容易从网上免费获得或者从网络黑客那里购买。尽管从 1981 年第一个计算机攻击工具问世以来，已经有数以千计的针对各种计算机和网络的攻击出现并被大量使用，但分析现有攻击现状仍然是一件非常有意义的事情。

S. Piper 的《下一代威胁权威指南》(*Definitive Guide to Next Generation Treat Protection*) 是一份可以从 CyberEdge Group 得到的优秀资源，在分析漏洞和开发防御策略方面非常有用[13]。

7.3.1　传统威胁

传统网络安全威胁存在以下几种形式：

（1）蠕虫。蠕虫是一种可以提取数据的横向攻击方式，它能复制自己的单独的恶意程序，通过消耗网络带宽破坏网络。

（2）木马。木马通常伪装成有用的软件应用，可以通过垃圾邮件、社交媒体或游戏应用程序发起。

（3）计算机病毒。计算机病毒是一种恶意代码，它依附于一个程序或文件，可以从一台计算机传播到另一台计算机，感染所有传播的对象。

（4）间谍软件。间谍软件可以在用户不知情的情况下秘密收集用户信息，通常称为"恶意广告"。

（5）僵尸网络。僵尸网络是一些已经被俘获的联网的计算机集合，这些计算机上的恶意软件可以运行命令与控制服务器；利用僵尸网络可以发起 DDoS 攻击。

7.3.2　社会工程

社会工程威胁有以下几种：

（1）社会工程学攻击。一个例子是网络钓鱼，目的是获得用户姓名、密码、信用卡信息和社会保障信息。在单击看似无害的超链接后，用户被要求在该虚假网站上填写个人资料，而该网站看起来几乎和合法网站一样。

（2）鱼叉式网络钓鱼。鱼叉式网络钓鱼是指针对组织内的特定人员的"钓鱼"。

（3）捕鲸。捕鲸主要针对高级管理人员和其他重要目标。

（4）下饵。犯罪分子装作不经意地在停车场或者咖啡馆丢下一个 U 盘或者一张 CD-ROM，其表面会贴有突出的标签，如"高管薪酬"或者"公司机密"，以便能引起捡到该设备的人的兴趣。一旦受害者在他的计算机上查看这些内容，该设备就会在计算机上安装恶意软件。

7.3.3 缓冲区溢出和 SQL 注入

缓冲区溢出是指黑客写入的数据超过了缓冲区设计的容量，一些数据泄露到相邻的内存，就会造成桌面或基于 Web 的应用程序执行具有权限提升功能或使计算机崩溃的代码。

SQL 注入是指通过网站或基于网络的应用程序攻击数据库。攻击者向网页提交 SQL 语句，试图让 Web 应用程序通过 SQL 命令欺骗进入数据库。一次成功的 SQL 注入攻击可以获得数据库内容，如信用卡号码、社会安全号码和密码等。

7.3.4 下一代威胁

下一代网络安全威胁形式有以下几种：

（1）多态威胁。多态威胁是指如病毒、蠕虫、间谍软件或木马这样的网络攻击不断变化（变种），使其无法被基于签名的方法所检测。因此，以签名为基础的安全产品的供应商必须不断创造和分发新的威胁签名。

（2）混合威胁。混合威胁是一种结合了多种类型的恶意软件的网络攻击，通常采用多种攻击方式（不同攻击路径和攻击目标）以增加伤害的严重程度，如 Nimda 病毒、红色代码病毒、Conficker 蠕虫病毒。

（3）零日攻击。零日攻击是一种针对应用程序漏洞或者一个未公开的操作系统的漏洞的网络攻击。之所以称为零日攻击，是因为攻击者在公众还没有意识到该问题的"第 0 天"就发起了攻击。

（4）高级持续性威胁（APT）。APT 是一种复杂的网络攻击，攻击过程中未经授权的个人获得了某个网络的访问权限，并长期潜伏在该网络中。APT 攻击的目的不是破坏系统，而是收集数据。

APT 攻击的步骤如下：

① 利用系统漏洞入侵系统；

② 将病毒安装到受感染的系统；

③ 外围通信初始化；

④ 攻击的横向扩散；

⑤ 通过隧道将收集的数据加密后传出；

⑥ 攻击者掩盖攻击痕迹，使得攻击行为不被发现。

Eric Cole 这样描述 APT 攻击：目标明确，聚焦数据，从受害机构中寻找高价值的信息和知识产权等。APT 攻击一旦成功，对组织造成的打击是沉重的。Cole 报告说 APT 攻击是不间断的攻击，针对 APT 攻击，签名分析是无效的；而且攻击者一旦攻击成功，就不会轻易放弃，他们希望能尽可能长时间地留在被攻击系统的内部。研究发现，平均 243 天才能发现存在的攻击，甚至有的攻击在四年之后才被发现。APT 攻击并不是基于个人或者几个黑客，而是由一些结构严密并有着详细攻击计划和攻击方法的组织所发起的。APT 攻击最可怕的一个特点是它将用户最大的优点变成用户的缺点。通过加密阻止攻击者获得用户的关键数据，攻击者同样使用加密建立一个从受害系统到攻击者网站的隐蔽信道，然后将数据加密后传送，这样一来，根本检测不到信息泄露，因为大多数安全设备并不能识别加密数据[14]。

另外一些新的攻击形式如 CryptoLocker、Ransomware，攻击者对所有文件进行加密，阻止用户访问，除非受害人支付费用，计算机文件才能被解密并重新获得对文件的访问权限。D. Leinwand Leger 报道称以前的攻击形式是几个匿名黑客攻击个人受害者，现在所面临的是黑客组成犯罪集团对整个公司实施大规模攻击。据戴尔安全部门的研究人员估计，在刚开始的前 100 天，加密锁病毒攻击了超过 25 万台计算机，病毒通过洋葱路由传播，然后通过被感染的邮件或是 PDF 附件呈现给终端用户，邮件被伪装成是来自当地警察局或者美国联邦调查局，或是来自像 FedEx 或 UPS 这样的邮递服务商。一旦受害者计算机被感染，弹出的屏幕会指示受害者通过一些匿名的支付系统，如 Ukash、PaySafe、MoneyPak 或者比特币支付赎金。有时候，弹窗中会有一个时钟，告诉受害者需要在规定的时间内支付赎金，否则赎金增加。锁屏病毒是安全公司不能破解的少数几种主要的攻击形式之一。北美的 Kaspersky 实验室认为目前没有有效的方法破解锁屏病毒，至少在本书写作的时候，情况是这样的[15]。受害者不仅有个人和公司，还有警察部门。任何有数据的部门都可能成为被攻击的目标。

7.3.5　攻击者的信息需求

不论使用何种类型的攻击技术，攻击者必需的一项内容就是信息。攻击者的信息来源有可能是目标受害者所在组织的服务器。为了获取这一信息，攻击者需要一个 IP 地址，同时会寻找开放的端口，因为端口是进入计算机系统的门户。攻击成功的前提是现有的系统存在漏洞，因此攻击者试图寻找到漏洞。为了拿到 IP 地址，攻击者会使用 Whois 命令查询到域名服务器，一旦域名服务器确认，攻击者将会使用 Nslookup 命令来确认 IP 地址，如果是一个美国的地址，那么美国互联网号码注册机构（ARIN）将提供目标的 IP 地址范围。一旦知道了 IP 地址范围，攻击者就会扫描该范围内可见的 IP 地址和开放的端口，这一过程可以借助工具如 NMap 和 Zenmap 来完成，这两种工具都是用来在一个网络中发现主机和服务的安全扫描器。下一步是定位漏洞，攻击者借助一些漏洞扫描器如 OpenVas 来扫描并发现漏洞。接下来要做的是使用漏洞利用工具，如 CoreImpact，准确地找到系统漏洞，如果漏洞还未得到修复，那么它将利用该漏洞提供攻击者入侵系统的通道。Eric Cole 建议组织应该采用相同的技术来发现和识别组织自身的脆弱点，以增强自身的安全性[16]。

E. Skoudis 和 T. Liston 编写的书籍 *Counter Hack Reloaded* 中给出了关于计算机攻击和网络攻击共有阶段非常清晰的描述，详细分析了攻击的实施和针对每一步攻击的防御措施，这是计算机攻击方面的经典书籍之一。Skoudis 和 Liston 指出大部分的攻击都遵循五阶段法，即侦察、扫描、获取、维护访问和隐藏攻击痕迹。他们对该过程描述如下。

计算机攻击的典型阶段如下：

（1）侦查；

（2）扫描；

（3）获取操作系统和应用程序的访问权限、获取网络的访问权限、获取访问、实施拒绝服务攻击；

（4）维护访问；

（5）隐藏攻击。

这本书的另一个亮点是对每一个攻击阶段进行了详细的描述，包括在每个攻击阶段使用的工具和技术等[17]。

Eric Cole 认为 APT 攻击是对传统网络安全产品、程序和系统的彻底改变，因为它很轻易地就改变了当前保障系统安全的一些方法。多年来，蠕虫和病毒也一直在改变，但是它们的基本攻击方式仍然没变。而 APT 攻击不再是由程序规定好实施的一种特定攻击，它是由个人、组织甚至一个国家实施的对对手的攻击，在找到需要的信息或者知识产权资料之前他们绝不放弃。因此，在抵御 APT 攻击方面不可能找到一个能够有效保护组织的安全产品。相反，有必要制定一个策略，来实施多种解决方案，以适应未来 APT 攻击的变化，为未来的威胁做好准备。当然这种策略绝不是过去那种被动式的应付，应该有一种主动的、并非简单的接受或者拒绝的安全策略。当前，网络安全环境包括了社交网络、云计算、便携设备、物联网和大数据，所有领域都需要不同水平的信任和访问方式。因此，访问必须基于整体风险，而不是简单的静态规则。现实就是这样，不论你是个人、小公司、大企业、政府组织还是大学，都可能会成为攻击者的目标[18]。

7.4　网络安全的巨变

虚拟化、社交媒体、云计算、物联网和大数据是信息领域的五大变革。这五大变革带来了社会的巨大进步，也提升了企业和政府的整体效率。企业团体在接受这些技术所产生的收益的同时，也需要增加信息设备和安全产品的投入。增强数据安全除了增加专门的技术人员，还需要专门的数据分析人员。

这五大变革之间相互影响，例如，要提供服务器虚拟化服务，就需要使用云计算技术，社交媒体爆炸式的增长又对虚拟化和云计算提出了更高的要求。云计算的模式包括公有云、私有云、社区云和混合云。公司或者政府组织可以选择需要的模式以适应自身的成本结构。云计算对虚拟化也有要求，虚拟化技术需要在计算机硬件方面进一步节约成本，而虚拟化技术如何保证云计算环境下的计算机安全是一个挑战。物联网技术以从一个传感器节点到另一个传感器节点的机器到机器（machine to machine，M2M）自动化数据流为基础。物联网包括所有数字形式的数据，如语音、视频和文本，其增长是指数级的。由于这些数据流需要被互联网处理，这种处理过程需要一种非结构化的与传统的关系型数据库不同的数据形式。物联网的这一趋势带来了大数据的需求，同时需要引入 Hadoop 和 NoSQL 来处理这些在规模和速度上惊人的数据流。大数据也需要数据分析人员和网络安全人员。

这五大变革以及它们之间的相互依存关系促使了整个计算机行业的进步，本节介绍一些新兴的挑战，同时对这五大变革对计算机领域的作用进行简单介绍。

7.4.1　虚拟化

虚拟化是一种策略，它允许多个逻辑服务器配置到同一台物理服务器上。在虚拟化中只需要一个物理服务器，并通过一个逻辑程序来管理这个物理服务器，这样用户使用的应用程序和工作负载就好像是从多个服务器上获取的一样。例如，企业有 16 个独立的服务器承载重要的基础服务，虚拟化将会使这 16 台服务器都托管到一台物理服务器上，这样可以减少设备的支出。缺点是增加了风险，如这个承载了所有虚拟机的物理服务器可能会崩溃；逻辑连接导致了数据流的增加，这使得虚拟化需要更多的内存空间；多个应用程序通过同一个物理服务器获得软件许可证书，软件许可证书也可能会增加[19]。

尽管在 1999 年虚拟化已出现，但是其成为主流是在 2011～2012 年。虚拟化可以帮助 IT 部门解决他们所面临的最大挑战之一——基础设施的蔓延。在使用虚拟化技术之前，IT 部门需要消耗 70%的资源用于维护已有的基础设施，导致只剩下很少的资源用来构建新的商业模式[20]。

实际上，虚拟化是实现云计算的关键技术，云计算和新的"软件定义"的数据中心是典型的两种虚拟化的 IT 资产[21]。因此，虚拟化、云计算、大数据是一个整体。

尽管虚拟化 2013 年才出现，但是针对虚拟化基础设施的威胁早就出现了，由于虚拟化在云计算中占据了如此重要的地位，在虚拟化设施中加强对安全环境的管理显得势在必行。R. Krutz 和 R. Vines 撰写的《云安全：安全云计算综合指南》(*Cloud Security: A Comprehensive Guide to Secure Cloud Computing*)，提供了一个了解不同虚拟化环境所面临的威胁的很好的视角。他们所强调的那些虚拟化的威胁源于这样的事实，即一个虚拟机系统的漏洞可以被用来攻击其他虚拟机甚至是宿主主机系统，因为多个虚拟机和物理主机共用同样的物理硬件[22]。他们描述的其他主要的虚拟化威胁包括：

（1）共享剪贴板。这项技术允许数据在虚拟机和主机之间传输，为病毒程序在不同安全域水平的虚拟机之间传输数据提供了可能。

（2）键盘记录。一些虚拟机技术允许键盘记录和屏幕更新在虚拟机中不同的虚拟终端之间传输，这使得可以写主机文件并且监听虚拟机中的加密终端连接。

（3）主机监控虚拟机。因为虚拟机所有的数据包都是通过主机传进来或者发出去的，所以主机可以以任何方式影响虚拟机。

（4）虚拟机监控虚拟机。通常一个虚拟机不能直接访问同一个主机上的另一个虚拟机。但是如果虚拟机平台使用虚拟集线器或者交换机连接了虚拟机，那么入侵者就可以利用一种称为"ARP 中毒"的黑客技术将数据包重定向以实现嗅探。

（5）虚拟机后门。通过客户机和主机之间的隐蔽通信，攻击者可以发动任何潜在的危险操作。

（6）虚拟机管理程序风险。虚拟机管理程序是虚拟机自身的一部分，允许主机资源共享，实现主机、虚拟机隔离。因此，对潜在的攻击，虚拟机管理程序提供的隔离功能决定了虚拟机自身面对风险时存活的能力。虚拟机管理程序很容易出现问题，因为这是一个软件程序，它的风险随着代码量和复杂度的增加而增加。流氓软件和 root 工具包都有能力从外部修改虚拟机管理程序，并且能够通过隐蔽信道将未授权的代码注入系统[23]。

除了这些已明确的虚拟化存在的风险，Krutz 和 Vines 还指出了虚拟化面临的其他一些风险及其应对策略，具体如下：

（1）加固主机操作系统；

（2）限制通过物理途径访问主机；

（3）使用加密通信；

（4）禁用背景任务；

（5）系统及时更新、打补丁；

（6）在虚拟机上启用外围保护；

（7）可执行文件完整性检查；

（8）维护备份；

（9）强化虚拟机自身；

（10）强化管理程序；

（11）保证监控的安全；

（12）每个虚拟机只实现一个主要功能；

（13）防火墙禁用任何其他虚拟机端口；

（14）强化主机域；

（15）敏感虚拟机使用独特的网卡；

（16）断开未使用的设备；

（17）保证虚拟机远程访问的安全性[24]。

显然，虚拟化是可行的也是变革的趋势，并且已经影响了很多行业，包括计算机行业自身。利用基础设施虚拟化，可以获得更多的优势，这将会影响前面提到的所有的五大变革。

7.4.2　社交媒体与移动终端

当前，人们对社交媒体的热情空前高涨，使用人数呈现爆发式的增长，各大公司都翘首企盼加入这个领域。商业公司看到了一种更有效的推广自己产品的方式，特别是考虑到如此多的人沉浸于社交媒体。当然，相比传统的市场推广的花费，成本优势是各大公司考虑接受社交媒体的另一个原因。

各种计算设备的可移动性是导致社交媒体出现的一个主要原因。不论在哪里，借助于智能手机、平板电脑等，你都可以访问社交媒体。主要用于个人家庭和工作场所的台式计算机和笔记本，现在不断被智能手机和平板电脑所代替，这使得人们对日益增加的社交媒体站点的访问变得更快捷、更频繁。尽管这种方式受到大多数个人、公司和商业组织的欢迎，但在商业往来中，社交媒体中的数据安全问题仍然是一个威胁。

像智能手机和平板电脑这样的移动设备，很多时候，在公司领导知情或者不知情的情况下，越来越多地被带到工作场所，应该对这种情况加以注意，特别是当员工用个人设备连接了公司网站、公司数据库以及公司的其他应用时。不论是商业组织、政府组织还是非政府组织，所有人都担心个人设备可能会把病毒蠕虫等带入公司的数据系统。这正是可携带设备引起关注的原因，那应该采用什么方法或者策略来应对这一趋势呢？

实际上，不管是商业组织、大学还是政府部门，从某种意义上来说，都必须考虑给这些带自己的移动设备到公司的人制定一些政策。因此，作为员工培训时的一个必要程序，需要教育员工在工作场合安全使用自己的移动设备。显然，第一个需要确定的问题就是是否允许员工使用自己的设备访问公司的商业应用、数据以及其他一些内部资料。当然，有一些机构如军队、联邦执法机构以及国家实验室等已经出台了相应的政策来杜绝个人设备访问特定的内容，还有一些企业、金融机构、医疗组织等由于受到法律法规的严格限制而不允许员工使用自己的个人移动设备。

那些打算允许自己的员工使用个人设备的组织需要制定一系列关于个人设备使用的策略和规定。因为任何一个组织主要关注的是他们数据的安全性，所以制定这样的策略不仅需要公司的高层管理人员参与，还需要 IT 部门、法律部门、人力资源部门的共同参与，这是十分必要的。由于这些策略的目的特殊，这些策略的制定和使用需要员工的同意。除了大家认可的这些策略，还需要明确对于违反规定使用未被允许的个人设备的行为将采取什么样的措施。因为商业公司重点关注安全访问、第三方用户使用恶意软件以及机密泄露等内容，制定这样的策略非常有必要，这会保护公司的数据安全。

在许多情况下，智能手机都配备了 NFC 功能，一个具有 NFC 功能的手机可以与另一个具有 NFC 功能的手机通信，彼此之间可以很方便地传输图片以及其他一些联系信息。黑客可以利用这种技术访问雇员的信息以及完整的电子资料，包括雇主的信息以及雇主公司的数据库。除了 NFC 技术，最近出现了一种称为"Ransomware"的勒索软件，它可以对手机进行加锁，除非用户付钱，否则无法使用手机。这也会对公司产生影响，如果员工拥有来自公司数据库的数据，这种情况下，手机用户和公司管理者都有可能被敲诈。另外，由于手机里存储了大量照片，攻击者会威胁用户删除照片或者将照片上传到公共网站，从而进行敲诈。

组织在制定个人移动设备使用政策时面临的难题之一，是和隐私相关的问题。不论是针对智能手机、平板电脑还是其他移动设备，如何在保护公司的数据资源和处理手机上的个人或者非个人的信息之间取得平衡？这的确是个问题。员工访问的网站可能会被公司的黑名单阻止，什么信息应该对人力资源部门开放？对那些不遵守 BYOD 政策的人，应该开放哪些公司的资源都是需要考虑的。

除了上面提到的，下面这些问题同样值得考虑：

（1）员工的手机需要达到某种安全级别，是否需要安装安全软件？

（2）需要加密吗？

（3）手机的个人数据需要和商业数据分离吗？

（4）员工访问某些"黑名单"应用应该被阻止吗？

（5）需要进行监控吗？如果需要，谁来做？

（6）文件上传到云端的文件操作需要授权吗？虽然这是一个十分方便的应用，但是给公司的数据库增加了一个显著的漏洞。

（7）需要实行邮件加密策略吗？

（8）允许使用应用程序吗？允许在哪些设备或者操作系统上使用[25]？

Eric Cole 在讨论当前安全趋势时讲到，手机、平板电脑以及其他移动设备数量指数式的增长，给攻击者提供了更多的攻击网络的机会，因为每一个设备都可以成为一个攻击点。社交媒体的应用趋势增加了网络安全的风险，特别是对智能手机的评估发现，至少 80%的智能手机没有相应的安全措施。

如果笔记本、平板电脑和手机存储了同样的数据，那么为什么有的设备需要15 个字符的密码而有的只需要 4 个？为什么有的会有安全的终端而有的却什么都没有？对于敏感数据，策略中应该这样写，包含相同信息的设备应该具有相同水平的安全策略。

Eric Cole 特别强调的一点是，安全应该是针对数据的，而不是针对不同的设备类型[26]。

在分析 APT 攻击中发现，选定攻击目标，然后侦查他们在 Facebook、LinkedIn等网站上的社交媒体信息，就能使得 APT 攻击者成功地实施攻击行动。

首先，APT 攻击者会对社交媒体信息进行扫描寻找在目标组织工作的人，或者去官方网站查找网站上的人名。新闻稿、职位空缺信息以及其他一些公开的信息都会被用来收集员工信息。中转站也会成为潜在的攻击目标。一旦获得了人员的名单，就会通过设置谷歌快讯来跟踪这些人的帖子和所有通过公开途径可以获得的信息。然后会做一些相关性分析，尝试找出公司领导或者整个公司的人员组织信息。攻击者一旦发现了目标人员的工作、兴趣、同事等信息，就会着手实施他们的计划[27]。

实际上，借助于社交媒体和移动设备，攻击者可以利用社会工程学去攻击一个目标，在这个过程中，攻击者还可以获得多方面的利益，这些薄弱点和漏洞需要由安全专家来具体分析。

7.4.3　物联网

随着虚拟化、社交媒体和移动设备的快速发展，机器与机器之间的连接变得更加常见，世界正在进入物联网时代。

不需要人的干预，机器与机器之间通过 Wi-Fi 连接，就可以和传感器装置实现直接通信。M2M 运动开始于 20 世纪 90 年代，而通过蜂窝网络进行连接，使它获得了巨大的发展。由于设备之间是在移动过程中借助于无线网络进行数据的交换，这也会促进蜂窝网络继续发展[28]。当这些设备成为网络中的接入点后，人们的生活更方便，使用这些设备也会变得更经济。例如，如果智能手机能够从家里的加热和制冷设备中接收数据，人们可能就不用再买温控器了，这自然会降低生活的成本，节省有限的资源，同时也给人们的生活带来了方便。这个方法同样也适用于家庭的照明和安全问题。

M2M 的应用促进了商业模式的转变，使得现在不仅是简单的销售商品，还销售服务。以从事商业货物运输的公司为例，现在他们不仅销售卡车轮胎，还可以提供服务，当卡车轮胎磨损到危险程度时，可以派出服务车辆为卡车提供服务。另一个例子是制造公司、船厂、园艺或花卉供应商都可以安装物联网终端设备，可以跟踪车辆的位置、检测花店内部的温度以防止腐坏等。其他部门像医疗保健、安全服务、能源公司、建筑、汽车以及交通运输行业等都在经历着 M2M 的过程，为物联网时代的大爆发奠定了基础[29]。

华尔街日报介绍了一个应用，讲的是利用智能手机远程控制瓦罐锅来调整加热和烹饪的时间。具有讽刺意味的是，瓦罐锅的卖点居然是允许远程做饭。所以M2M 连接的这些设备类型真的能成为物联网的一部分吗？或者说这仅仅是一个应用，只是噱头或者营销手段[30]？

另一个更专业的应用是 Livestream 和谷歌眼镜合作研发的视频共享应用程序。该软件允许谷歌眼镜的佩戴者共享他们看到或者听到的事情，整个过程只需要简单的口头命令"准备就绪，开始广播"。该软件和技术对医生最有用，特别是外科手术，因为它可以对实习医生和那些只针对特殊外科手术的医生提供精准的指令。但是，它会对个人隐私带来潜在威胁，因为你可能会成为广播的目标。此外还可能有更严重的问题，如通过该方式传播淫秽色情信息等[31]。当然，谷歌和Livestream 都很关注这些潜在的滥用问题，他们会对授权的应用采取措施以防止滥用。

目前应用还在迅速增加，使得物联网继续扩张，所有被处理的数据都成为非结构化数据，这导致大数据的出现，需要新的方法来存储和处理物联网中的数据。同时，数十亿设备产生的数据规模和速度的要求，又增加了对虚拟化和云计算的需求。

7.4.4 云计算

云计算是一种新的模式转变，起源于 20 世纪 60 年代的分时计算系统模型，该模型得益于 IBM 公司发明的四处理器的主机和软件，使得计算可以分时进行。个人计算机的出现催生了客户端服务器计算模型，这是导致云计算最终出现的一个重要原因。真正使云计算落地的重要事件是虚拟化计算模型的引入。以上这些事件，再加上互联网、高速网络、Wi-Fi、蜂窝网络和智能芯片的发展，共同导致了这一新的计算模式的转变。

云计算对一些团体、政府、小的商业公司以及个人的吸引力在于成本是以计算量为基础的，只需要支付实际使用的成本即可。云服务提供商已经拥有计算机、服务器、网络带宽、互联网和网络接入、存储能力、冷却和加热设备，以及其他一些允许使用云计算服务的设施，用户无须在设备、厂房、保暖与制冷设备、运维人员等方面投入任何费用就可以直接使用计算服务。虽然云计算有很多优势，但是云计算中的很多问题值得认真考虑和评估。

下面是由 NIST 对于云计算以及相应的云计算模型的定义：

云计算是一种按需付费的模型，它可以实现随时随地、便捷的、随需应变地从可配置计算资源共享池中获取所需的资源（如网络、服务器、存储、应用及服务），资源能够快速供应并释放，使管理资源的工作量与服务运营商的交互减小到最低限度。云计算的特点是资源共享、计算服务化、部署灵活[32]。

公认的对云计算的分类方法是基于 SPI 框架，即软件-平台-基础设施模型。这代表了云计算所提供的三种主要服务：软件即服务（SaaS）、平台即服务（PaaS）、基础设施即服务（IaaS）。根据 NIST 的定义，三种云服务模型介绍如下。

（1）软件即服务：提供给用户的服务是使用该供应商运行在云基础设施上的软件应用。用户可以从不同的设备发起访问，访问可以通过客户端接口，如浏览器（如基于 Web 的电子邮件）或者是应用程序接口进行。用户不直接管理或控制底层云基础设施，包括网络、服务器、操作系统、存储，甚至单个应用的功能，但有限的特定于用户的应用程序配置设置则是个例外。

（2）平台即服务：用户利用服务商支持的编程语言、库、服务和工具创建或获取应用程序，并将其部署到云基础设施之上。用户不直接管理或控制包括网络、服务器、运行系统、存储甚至单个应用的功能在内的底层云基础设施，但可以控制部署的应用程序，也有可能配置应用的托管环境。

（3）基础设施即服务：通过租用处理器、存储、网络和其他基本的计算资源，用户能够在基础设施上面部署和运行任意软件，包括操作系统和应用程序。用户不管理或控制底层的云计算基础设施，但可以控制操作系统、存储、部署的应用，也有可能选择网络组件，如主机防火墙[33]。

云计算提供了四种主要类型的云模型，即私有云、公有云、社区云和混合云。每种模型都提供了一系列的服务和功能，每种模型的成本结构和规格都不同，组织可以根据其需要寻求适当的云服务合同。例如，如果安全性是客户关注的一个主要问题，那么可选择私有云；如果不太关注安全性，那么可以选择公有云模型。NIST 对四种云模型的定义如下。

（1）私有云：私有云是为一个用户/机构单独使用而构建的，云基础设施可能被该组织、第三方机构或者由该组织和第三方机构共同拥有、管理、操作等，存在本地（on premise）和异地（off premise）两种模式。

（2）公有云：公有云对一般公众或一个大型的行业组织公开可用，由销售云服务的组织机构所有。

（3）社区云：社区云是指一些由有着共同利益（如任务、安全需求、政策、合规考虑等）并打算共享基础设施的组织共同创立的云，可以由社区中的一个或多个机构或第三方拥有、管理和运营。社区云可以是公有的或是私有的。

（4）混合云：混合云由两个或两个以上的云（私有云、社区云或公有云）组成，它们各自独立，但通过标准化技术或专有技术绑定在一起，云之间实现了数据和应用程序的可移植性（如在云间进行负载均衡以防服务过载）[34]。

不论选择哪一种云服务模型，云计算都会带来好处。通常情况下，这些优势能够允许用户以快速高效的方式部署自己的商业及科研应用；将用户从关注更新服务器设备或者安装最新的软件补丁中解脱出来，让用户根据自己的需求订购服务；使客户的关注重点放到业务方案的创新上，而不是天天去关注基础设施的管理和维护。总之，云计算为客户提供了一种节约成本的方式，使得用户可以根据自己的服务需求增加成本，这不仅避免了在基础设施和运营人员方面的大量投入，而且使得用户可以建立其自己的计算基础设施[35]。

尽管云计算有如此多的好处并受到用户关注，但是在决定选择哪一种云服务模型之前，有些问题仍然需要考虑，对于你的机构，将服务移到远端是不是合适，以及用户数据被存放在哪里等，这些问题都需要和云服务提供商达成服务协议。

或许最严重的一个问题是，大多数云服务提供商传统的服务协议里都强调云服务提供商需要拥有完全控制权，并可能会拥有用户数据。既然云服务提供商想留住客户的业务，那么控制用户的信息是防止用户改变云服务提供商的一种方法。除了信息所有权问题，责任是另一个需要引起关注并且需解决的主要问题，例如，很多服务协议规定，如果云服务提供商没有提供合适的安全措施导致有关键信息、监管数据泄露，都需要用户负责任，而不是云服务提供商的责任[36]。

任何打算与云服务提供商建立合作关系的组织都应该和云服务提供商签订明确的合同，除要求云服务提供商遵守公共隐私法律，还有以下一些规章制度：

（1）《健康保险流通与责任法案》（HIPAA）；

（2）《2003 公平信用报告法案》（FCRA）；

（3）《1999 Gramm-Leach-Bliley 法案》；

（4）《联邦信息安全法案》；

（5）《支付卡行业数据安全标准》（PCI/DSS）；

（6）《红旗》（Red Flag），美国联邦贸易委员会强制要求机构制定防范身份盗窃的方案；

（7）确认云服务提供商正当、合法地拥有他们所提供的技术，并且赔偿客户将来因专利侵权诉讼而造成的损失。

Krutz 和 Vines 也建议在签署服务协议时需要明确云服务提供商和用户之间的责任，云服务提供商应该明确用户的需求和关注焦点。下面这些内容一般都会包含在服务协议中：知识产权保护、应用安全、终止服务、合规性要求、客户责任、性能追踪、问题解析和部署的时间周期[37]。

既然已经对云计算模式有了一个整体的认识，现在就来介绍美国国防部在把所有基础设施迁移到云环境时重点强调的几个问题。

任何一个组织在迁移到云环境时都会有很多问题，需要一个精心制订的计划。然而，美国国防部面临的巨大挑战是独一无二并且前所未有的。美国国防部也会面临其他机构遇到的一些问题，即云计算模型的安全性。由于其军事和情报任务，以及对整个网络空间的依赖性，美国国防部对安全的需求非常苛刻。

美国国防部依赖网络空间，需要全世界几十个国家的 15000 多个网络和 700 多万台计算设备。每天美国国防部的网络都会被攻击数百万次，已经成功渗透的攻击窃取了美国数以千计的文件和武器系统的一些重要信息。其他国家对美国国防部网络的攻击，在数量和复杂性方面都在加剧。一些非国家组织发起的渗透和攻击美国国防部网络的行为也同样值得关注。美国国防部的网络遍及全球，给攻击者提供了很多可以攻击的目标，这使其不仅需要应对国外的攻击，同时也需要应对国内的网络攻击。另外，由于许多软件和硬件产品的生产和组装都在美国以外，美国国防部还必须制定相应的政策来管理在设计、制造和服务分布点方面的风险，因为供应链的漏洞会对美国国防部的作战能力构成威胁[38]。

鉴于这些挑战，在美国参谋长联席会议期间，美国国防部的首席信息官被授权制定一个云战略。这一行动的目的是重新设计美国国防部的信息基础设施同时提高网络安全能力。这一转变的结果是创造了联合信息环境，今天被称为 JIE。美国国防部的云计算战略的重点是消除重复、烦琐和昂贵的应用部署设置，建立一种更加稳定、安全和经济的联合服务环境以应对不断变化的任务需求。

美国国防部制定了四个步骤来指导如何将日常业务迁移到云计算基础设施。

第一步　促进云计算的使用，包括以下几个方面：

（1）成立联合治理机构，推动向美国国防部政务云环境的转变；

（2）采用政务优先的方案，该方案可以实现思维的转变，促进云计算模式的推广和改革；

（3）改革美国国防部的财政、收购、联系政策，提高敏捷性，同时降低成本；

（4）实施云计算的推广和宣传活动，收集来自主要利益相关者的信息，扩大消费者和供应商的自身基础，通过美国联邦政府增加云计算的可用性。

第二步　优化加固数据中心，对应用程序和数据进行加固并虚拟化。

第三步　建立国防部企业云基础设施，包括以下几个方面：

（1）把核心云基础设施整合到数据中心；

（2）通过云服务代理（cloud service broker）优化多供应商提供的云服务；

（3）利用敏捷（Agile）带动持续创新（Agile 是一种专注于产品、实现迭代创新的模型）；

（4）利用云创新驱动安全信息共享。

第四步　提供云服务，包括以下几个方面：

（1）持续提供美国国防部企业云服务；

（2）利用外部提供的云服务，如一些商业云服务，以扩展云产品，使其超越部门内所提供的云产品的水平[39]。

美国国防部通过将日常业务迁移到云基础设施达到以下目标：

（1）降低成本、提升运营效率；

（2）加固系统，这样可以减少物理设施在操作、维护、管理资源方面的开销，减少设备数量；

（3）提供一种按需服务模型，而不是获得全部的解决方案；

（4）利用现有的美国国防部的云计算环境降低软件开发的成本；

（5）提高任务效率；

（6）使访问关键信息成为可能；

（7）利用云计算的高可用性和冗余性改善灾后恢复，实现操作连续性；

（8）通过设备及位置的独立性，并提供按需安全的全球接入服务来提高作战人员的流动性、效率；

（9）当任务需求激增时，增加或成比例扩大所支持用户的数量，以优化联合作战的能力；

（10）能够几乎同时捕获、存储和发布数据，缩短用户访问数据的时间；

（11）利用大规模数据集的创建和利用能力，快速搜索大型数据集，对来自不同系统的数据集，实现跨系统数据收集和利用；

（12）网络安全；

（13）效仿 FedRAMP 帮助商业和联邦政府云服务提供商将其认证认可机制标准化、流程化的做法，允许被认可的 IT 设施更快捷地实现跨部门的共享；

（14）通过实施持续的检测，从传统的聚焦系统的周期性评估框架中转移到持续性再授权机制；

（15）迁移到标准化和简单化的身份认证和访问管理系统（IDAM）；

（16）通过网络和数据中心的整合实现标准化的基础设施，减少网络漏洞[40]。

美国国防部的云环境，不仅支持传统的应用程序，也支持新开发的应用程序。云环境还需要和情报机构联合并且支持在联合全球情报信息系统（JWICS）中的信息共享。美国国防部首席信息官领导敏感非涉密的 NIPRNET（互联网协议路由器网络）和涉密的 SIPRNet（协议路由器网络）的改进工作。美国国家情报局负责人将指定他们的首席信息官来管理绝密敏感的融绝情报（TS SCI），美国国防部和美国国家情报机构都需要对数据的敏感性按照低风险、中风险和高风险进行评估。云模型的部署建立在风险基础之上，一些商业云服务提供商可以管理低等级风险的数据，在某些特定的情况下，可以管理中等级风险的数据信息。高风险的数据信息，一旦泄露将对组织的运作、组织的资产安全以及个人造成严重甚至灾难性的影响，高风险的数据信息将不会被放到那些能被普通人访问到的商业云服务提供商那里，而是留在美国国防部。保护特殊关键任务信息和系统需要最严格的防护措施，包括高度机密的工具、复杂的网络分析以及在美国国防部的物理和操作控制下的高度适应能力[41]。

依靠国家那些最专业的、知识渊博的高技能人才的专业知识，美国国防部将它的信息系统和网络活动转移到云基础设施，并创造了现在的 JIE，这一转变是一个难以置信的过程。

7.4.5　大数据

如前所述，社交媒体、移动设备、M2M 以及日益增长的物联网传感器，使人类正在经历一个数据爆炸的时代。云计算和虚拟化的出现，使得人类步入大数据时代。现在产生的数据由于其规模和复杂性，传统的关系型数据库很难处理。对于这些非结构化和半结构化的数据，新的处理技术的出现显得非常必要，这些数据与之前的基于 SQL（一种定义和访问结构化数据的国际标准）的结构化数据完全不同。

结构化数据包括平常处理的文件，如客户发票、账单记录、员工工资信息以及传统的所有以数字形式记录并由电子表格和数据库管理的交易。与结构化数据不同，非结构化数据包含照片、视频、社交网络更新、博客、远程传感器日志，以及其他各种形式的信息，利用传统工具很难对这些信息进行处理、分类、分析。如果大数据不能由传统的关系型数据库来处理，那用什么工具来处理如此规模的数据呢？答案当然是两个处理大数据的平台。第一个就是 Hadoop，这是一个开源的技术框架，可存储大量非结构化和半结构化数据，通过 MapReduce 处理模块，提供对共享文件的分析能力。Hadoop 解决方案应用于很多厂商，如 IBM、惠普、Apache、思科等。第二个是 NoSQL，其提供了对大规模非结构化实时在线数据流进行抽取、阅读以及更新的能力，如点击流、社交媒体、日志文件、事件数据、移动设备、传感器以及 M2M 数据[42]。

大数据技术生态系统的一个例子是提供数据存储的平台。数据可以是图像和视频、社交媒体、网络日志、文件、来自遗留系统的操作系统以及数据仓库等。这个平台包含了数据整合、管理以及应用先进的计算技术进行数据处理的能力。Hadoop 通过 MapReduce 模型将数据分配到不同的节点，在这些节点上并行处理这些数据[43]。

一个使用大数据的例子是医疗机构借助大数据技术来跟踪患者的生命周期从而实现健康管理功能，这些数据包括所有患者的交易记录、社会媒体的报道、放射影像、药物处方、患者病史以及任何其他的与医疗机构或者患者的生命周期有关系的重要信息等。存储了这些数据之后,后期通过数据仓库或者其他处理系统进行进一步分析[44]。

　　显然,像患者的医疗记录这样重要的数据,其内容和安全性需要得到保障。由于大数据的来源包括了互联网、云计算、社交媒体、移动设备以及一些遗留系统的数据,这些数据的混杂带来了安全漏洞,一些未知来源的黑客会给数据安全造成威胁。对于那些打算进入大数据行业的人,大数据系统的安全是至关重要的,也是他们重点关注的。传统的 IT 行业解决的非常好的一个问题是“后端系统”,即网络主机、存储设备、应用等都放置在企业内部的服务器或者数据中心。但是现在由于虚拟化的出现,基础设施不再是一个单独的个体,而是成为云计算的一部分。如果你使用的是公有云或者社区云,那么很可能不知道你的数据放在哪,也就是说有可能都不知道你的数据被放到了哪个州,甚至是哪个国家。另一个是终端的问题,过去,终端仅仅指公司的 IT 部门集中采购、供应、管理的设备,但是现在由于有了可携带设备,这个概念已经不同了,这些可携带设备是个人拥有而不是公司拥有,很可能将恶意软件等威胁带入公司的数据中心。此外,用户产生的非结构化的数据很容易在多人之间共享,这对于保护和管理数据中心免受恶意软件威胁以及针对一些没有安装安全补丁的安全性较低的设备都是一个大问题[45]。

　　为大数据提供安全环境需要多方面的责任,大数据增加了整个信息基础设施的复杂性,并且由于大数据分布非常广泛,保护大数据的安全显得尤其重要。这意味着必须做出准确的判断,确定信息如何被分类以及应该采用什么水平的安全措施来保护这些信息。那些要跨应用和系统的数据需要定期做安全脆弱性分析,同时,安全措施应该能抵制任何企图修改数据的入侵行为。必须根据数据的位置来确定数据危险程度,显然,位于基础设施和云环境中的数据必须被保护,用户数据必须被监控。因此,这些组织必须有相应的政策来确保和保护大数据的安全环境。这意味着需要有相应的措施来处理以下这些安全问题:结构化信息、非结构化数据、设备安全、移动应用程序安全、数据传输安全、设备信息安全、安全监控和认证[46]。

　　为了保护大数据环境下的信息安全,一些新的安全需求需要被考虑:

　　(1)大数据平台下对敏感数据要进行加密;

　　(2)对于存储在 Hadoop 或者其他 NoSQL 数据库中的敏感文件,需要进行标记;

　　(3)对于建立在 Hadoop 或者其他数据库管理系统上的“沙箱”,需要控制访问权限;

　　(4)对于存储在 Hadoop 或者其他 NoSQL 数据库中的敏感数据,需要标记以控制访问权限;

（5）需要对在 Hadoop 分析过程中产生的敏感数据进行加密；

（6）大数据平台下需要保护敏感数据不被其他应用或者数据库管理系统访问；

（7）对于大数据平台上所有访问敏感数据的用户和应用，都需要进行记录和上报；

（8）对运行在 Hadoop 平台上的 MapReduce 程序访问敏感数据的权限进行控制；

（9）内部和云端的数据需要保护[47]。

计算机安全领域将不再只是简单的入侵监测和防御，新兴的安全分析领域是一个新的开始。当前，许多单位通过购买各种安全防护工具，如安全信息和事件管理（SIEM）系统、数据丢失防护（DLP）系统和网络入侵防护（NIP）系统，用户可以充分利用这些工具提供的方法。然而，这种方法基本上只能对那些识别攻击或者类似事件的工具做出反应。预期的新的安全分析方式是充分发挥计算机安全分析人员的技能，通过收集分析日志数据、网络流量、完整数据包信息以及终端的行为，借助数据分析算法和他们自身的安全分析技能，提供有用的安全分析信息。一个受过良好教育且拥有熟练技能的计算机安全分析专家的价值在于他拥有探索未知模式并且能够将已有异常检测和未知异常事件联系起来的能力。通过收集 DNS 服务器、WhoIs 信息库，以及来自各种网站和机构的威胁情报，安全分析人员可以基于这些网络日志和流量数据构建一个数据库来提高安全分析的能力，新构建的数据库可以被用来进行数据挖掘和安全分析，以预测趋势、模式和相对已有模型的偏离情况。这种新的分析方法使得计算机安全分析人员拥有检测未知攻击、分析已有攻击甚至是能更好地应对内部员工滥用和恶意攻击的能力。总之，相比于基于特征的入侵检测工具，这种新的安全分析方法的重要贡献在于使得计算机安全分析人员可以实时或者接近实时地对更加复杂的安全事件做出反应[48]。

当前还没有计算机安全分析这个专业，经过训练并拥有熟练技能的数据分析人员供不应求，特别是伴随着大数据的出现，对这些人员的需求更加迫切。

2013 年，在一次关于实时大数据检测问题分析的调查中发现，在所有的 260 多家安全企业中，超过 40% 的企业表示他们面临的最大挑战是没有足够的安全分析方面的员工和团队[49,50]。

由社交媒体、移动设备、物联网、M2M 传感器所产生的非结构化数据的数量非常庞大。截至 2013 年 4 月，IBM 公司估计每天大约产生 2.5 艾字节数据。美国那些超过 1000 名员工的公司平均数据存储量超过了 200TB。全球有 60 亿部手机将地理位置信息推送回网络。仅亚马逊的弹性云计算平台 EC2 就有超过 50 万台服务器。每个月全球新增 450 万个新的网址。有 36 个国家共 170 个计算中心分析欧洲核子研究中心（CERN）产生的数据，在欧洲核子研究中心，强子对撞机每年产生超过 2500GB 的数据[51]。这些数据正说明了为什么需要新的技术来存储和处理这些信息。然而遗憾的是，现在缺少能够在大数据环境下工作的工程师，根据市场研究公司 Gartner 估计，到 2015 年，将有 85%的财富 500 强企业不能很好地应对大数据分析所带来的竞争。事实上，现在美国对具备数据分析能力的管理人员的需求缺口就超过 150 万[52]。

前面已经讨论过在医疗健康行业大数据对于患者生命周期管理的一个应用。另一个应用是在地质领域，大数据已经改变信息研究的方式。从全世界在地质领域的研究来看，学术期刊拥有大量的研究数据。一些很好的研究，由于没有引起足够的重视而被遗忘，它们也就无法被当代的研究人员所了解。此外，由于地质调查和现场发现的代价巨大，过去许多研究的规模和现场考察也受到了阻碍。2012年，威斯康星大学的地质学家 S. Peters 与两位计算机科学家 M. Livny 和 C. Re 合作，开发了一个计算机程序 Geo Deep Dive，该程序可以从互联网时代之前的科学杂志、不断更迭的网站、归档的电子表格和视频剪辑中扫描页面，创建一个数据库，以尽可能准确地用可信地质数据来勾画整个宇宙。现在大量非结构化的数据以及一些之前被忽略的数据可以供地质学家和学生通过数据库来查阅，从而发现有用信息。该程序可以让研究者接触到比之前更多的数据，同时研究者可以向该系统提出一些他们自己专业内可能不知道的问题[53]。

威斯康星大学地质系和计算机系共同开发的这个系统非常有意义，在利用其他学科的知识丰富自己领域的研究方面做出了榜样。虚拟化、云计算、大数据使得这些优势成为可能，因为这些技术允许对从视频到声音以及其他各种有价值的非结构化信息进行融合。Hadoop 和 NoSQL 中的大数据组件提供了更先进的查询功能，这对于提出新见解、深化研究方向、产生新知识等都是非常重要的。

政府部门中应用大数据技术的一个例子是美国国家气象局和美国联邦紧急事务管理署，他们利用大量新数据和丰富的模型预测天气。此外，美国医疗保险和医疗补助服务中心也建立了一个系统，用来分析每天 400 多万份索赔，从而发现其中的欺诈行为。因为联邦政府要求对所有的索赔有 30 天的保留期，所以检测欺诈的系统很有必要[54]。

关于大数据的应用影响最大的是自然科学领域。借助搜索查询能力，大数据可以帮助开发人员提出新的假说。这方面的一个典型例子是美国国立卫生研究院的工作，他们利用亚马逊的云设施（EC2），存储了超过 1000 个人的基因信息。对于这些非敏感政府信息的存储，亚马逊并不向政府收取费用。目前存储了大约有 2000TB 的数据，如果科研人员想要使用这些数据来进行一些分析工作，那么他们必须为此支付一定的费用，费用的多少只依据他们达到自己的研究目标所要求的时间。这个大数据存储模型对医疗和药物研究人员、学者以及研究生开放，在没有云计算和大数据之前，研究生是做不起这些实验的。更重要的是，它有提高研究的潜力，并且能够缩短研究治疗疾病药物的时间。成本也令人惊讶，因为之前这样的研究需要一台超级计算机，花费高于 50 万美元，到 2012 年基因测序的成本已经降低到 8000 美元，而基因测序在医学诊断方面的价格也不到 1000 美元[55]。因此，由于成本降低，科研人员将有机会研究存储在亚马逊弹性云设施中的 1000 多人的基因序列信息，期待新的发现和治疗疾病的新方法。

　　另一个有关大数据的有趣的应用是在加拿大的一些科研中发现的，研究人员对于早产婴儿的一些前期症状非常感兴趣。研究中涉及心跳、血压、呼吸以及血液中的含氧量等 16 个生命特征，每分钟产生超过 1000 个点的信息流，以此来诊断轻微的变化和严重的问题之间的关系。在一段较长的时间里，随着数据的增加，医生对于这些问题的病因将有更加深刻的认识[56]。

　　处理大数据问题的一个重要变化在于问题的推断。被处理的大量数据用来发现推理关系及其相关性。这与传统的统计方法，即通过利用小部分数据来代表大量数据进行分析从而得到结论的方式明显不同。这种研究方法可以警告大数据的研究人员，在提出任何因果关系的结论前必须仔细检查和分析，因为在他们研究中所使用的数据都是从非结构化的数据中提取的，这些数据可能未经过科学的有效性检验。不过，如果从相关性的角度看，分析结果可能会提供一种更丰富的不同事件之间相互联系的关系，这些都是之前传统的分析方法中所没有的。

　　2013 年，加利福尼亚大学伯克利分校西蒙斯学院计算理论系举办了关于大数据分析理论基础的会议，他们对大数据的评价见解很独到：

　　人们生活在大数据时代：科学研究、工程技术正在产生越来越多的数据，用 PB 和 EB 这样的单位来表示数据变得越来越普遍。在科学领域，导致这些数据出现的一部分原因是标准理论的测试越来越关注极端的物理条件（如粒子物理），另一方面是科学研究有了越来越多的探索未知的工作（如天文学和基因学）。在电子商务领域，海量数据的产生是因为大量的用户在网上参与多种活动，而且电子商务的目标是提供越来越个性化的服务[57]。

　　显然，在大数据时代，PB 级和 ZB 级的数据量越来越常见，对于那些想涉足大数据应用领域的组织，他们需要基于计算理论、统计学、关联规则等理论基础，对数据降维、分布式优化、蒙特卡罗抽样、压缩感知和低阶秩矩阵分解等知识继续展开研究。

　　大数据应用给人类带来了巨大变化，因此需要科学的、稳固的应用大数据的技术，以防止大数据运动带来的任何潜在的、未预料的以及不正常的后果。

7.5　迎接网络安全变革

　　大数据、云计算的到来和物联网在基础设施安全方面大量漏洞的出现，对网络安全人员在深度和广度方面提出了新的挑战。威胁状况将会持续变化，实时或者接近实时地去发现并阻止各种漏洞变得更加困难。

大数据的出现催生了对大数据基础理论研究的需要。工程领域、计算机科学和统计学等学科都要重视在推理算法方面的研究，同时需要将其他学科的知识应用到关联分析领域。

大学亟须基础安全分析、数据分析、决策科学、预测分析以及在关联分析方面的人才，这也是当前社会面临的一个挑战。不论是在培养下一代有熟练技能的工人还是在提供有力的研究计划方面，大学自身的作用以及它与政府部门研究机构和美国国防部的关系，都将变得越来越重要。

网络空间的各种活动使得保卫国家的安全任务发生了重大变化。由于数字技术的进步，之前所了解的战争现在已经发生了巨大的改变。现有的网络武器甚至可以摧毁做了充分应战准备的国家。设计和应对网络战争已经超出了目前大多数国家的防御策略。

在《国际法》和个人隐私方面的挑战仍会继续，需要耐心和良好的教育来引导各个政府和国家。

大学、研究机构以及工业界需要进一步增强合作，因为新的科学问题正在促进新发明的诞生。

最后，国家有义务加强教育系统，以寻求拓展科学与技术的边界，提高知识水平，这可以给下一代提供一个成长、成才的无与伦比的环境。中小学老师以及高等院校老师的辛勤奉献都是在为培养下一代的公民领袖和创新者而努力。需要为年轻一代所做的，是要帮助他们应对未来以及未来可能遇到的转型方面的挑战，因此国家应该继续保持在全社会教育系统的投入。对理想、目标以及最高标准的持续追求是国家应承担的义务，也是文化传承的基本组成部分。

注释与参考文献

[1] Wood, Editor. Internet Security Threat Report 2014, 4.

[2] Ibid., 5-6.

[3] Loc. Cit.

[4] Wood. Ibid., 7.

[5] FireEye and Mandiant. "Cybersecurity's Maginot Line: A Real-World Assessment of the Defense-in-Depth Model", 8-9.

[6] Verizon Risk Team. Verizon 2013 Data Breach Investigations Report, 8-9.

[7] Wood. Op. Cit., 34-37.

[8] Ibid., 57.

[9] FireEye and Mandiant. Op. Cit., 13.

[10] Flick and Morehouse. Securing the Smart Grid: Next Generation Power Grid Security, 272-273.

[11] Gertz. "The Cyber-Dam Breaks", 1-2.

[12] Gertz. "Syria Facing U. S. Cyber Attacks in Upcoming Strikes", 3.

[13] Piper. Definitive Guide to Next Generation Threat Protection, 5-9, 23.

[14] Cole. Advanced Persistent Threat: Understanding the Danger and How to Protect Your Organization, 21-25.

[15] Leger. "Hackers Holding Computers Hostage", 1, 6.

[16] Cole. Op. Cit., 59-63.

[17] Skoudis and Liston. Counter Hack Reloaded: A Step-by-Step Guide to Computer Attacks and Effective Defenses, Second Ed., xiii-xviii.

[18] Cole. Op. Cit., 224-225.

[19] Sloan, Schultz. "Virtualization 101", 16-18.

[20] Essential Business Tech Editorial. "Redefining the Landscape: VM Ware is Reshaping Data Center Infrastructure through Virtualization", 15.

[21] Sarna. Implementing and Developing Cloud Computing Applications, xxv.

[22] Krutz, Vines. Cloud Security: A Comprehensive Guide to Secure Cloud Computing, 157.

[23] Ibid., 158-160, 163-164.

[24] Ibid., 165-173.

[25] Essential Business Tech Report. "Total Mobility: Advice for Organizations Large and Small", 12-13.

[26] Cole. Op. Cit., 46-47.

[27] Ibid., 255.

[28] Essential Business Tech Report. "Machine-to-Machine Networks", 29-30.

[29] Ibid., 30-31.

[30] Rothman. "The Crock-Pot Is Still Slow, but Now It's Smart", D3.

[31] Drew-Fitzgerald. "Google Glass Can Turn You Into Live Broadcast", B4.

[32] Taki, Chief Information Officer. "Cloud Computing Strategy", C. 1.

[33] Ibid., C. 1-2.

[34] Ibid., C. 1.

[35] Krutz, Vines. Op. Cit., 55-58.

[36] Cole. Op. Cit., 217-218.

[37] Krutz, Vines. Op. Cit., 26-27.

[38] U. S. Department of Defense. Department of Defense Strategy for Operating in Cyberspace, 1-4.

[39] Taki. Op. Cit., E-3.

[40] Ibid., 5.

[41] Ibid., 25-26.

[42] Essential Business Tech Report. "Big Data FAQ", 32-33.

[43] Davenport and Dyche. Big Data in Big Companies, 9-11.

[44] Ibid., 18.

[45] Essential Business Tech Report. "Securing Big Data: Security Issues Around Big Data

Solutions", 23-25.

[46] Ferguson. Enterprise Information Protection—The Impact of Big Data, 4-7, 10-12.

[47] Ibid., 20-22.

[48] Essential Business Tech Report. "Security Analytics: How Exposing Security-Related Data to Analytics Is Altering the Game", 32, 34.

[49] Ibid., 33.

[50] Ovide. "Big Data, Big Blunders, " R-4.

[51] Marks. "Welcome to the Data Driven World: The Governments Big Investment in Big Data is Changing What We Know and How We Know It", 22, 28.

[52] Ibid., 23.

[53] Marks. Loc. Cit.

[54] Ibid., 26-27.

[55] Ibid., 27.

[56] Cukier and Mayer-Schoenberger. "The Rise of Big Data: How It's Changing the Way We Think About the World", 32.

[57] Jordan. "Theoretical Foundations of Big Data Analysis", 1.

参 考 书 目

Cole E. Advanced Persistent Threat: Understanding the Danger and How to Protect Your Organization. Massachusetts: Syngress Is an Imprint of Elsevier, 2013.

Cukier K., Mayer-Schoenberger V. "The Rise of Big Data: How It's Changing the Way We Think About the World". In Foreign Affairs, vol. 92, no. 3, p. 32. New York: Council on Foreign Affairs, 2013.

Davenport T. H., Dyche J. Big Data in Big Companies. Cary, NC: International Institute for Analytics: SAS Institute, 2013.

Essential Business Tech Report. "Big Data FAQ". In PC Today, Technology for Business, vol. 11, no. 12, pp. 32-34. Nebraska: Sandhills Publishing Company, 2013.

Essential Business Tech Report. "Machine to Machine Networks". In PC Today, vol. 11, no. 12, pp. 29-31. Nebraska: Sandhills Publishing Company, 2013.

Essential Business Tech Report. "Redefining the Landscape: VM Ware Is Reshaping Data Center Infrastructure through Virtualization". In PC Today, vol. 12, no. 2, p. 15. Nebraska: Sandhills Publishing Company, 2014.

Essential Business Tech Report. "Total Mobility: Advice for Organizations Large and Small". In PC Today, vol. 12, no. 2. Nebraska: Sandhills Publishing Company, 2014.

Essential Business Tech Report. "Securing Big Data: Security Issues Around Big Data Solutions". In PC Today, vol. 11, no. 12, pp. 32-33. Nebraska: Sandhills Publishing Company, 2013.

Essential Business Tech Report. "Security Analytics: How Exposing Security-Related Data to Analytics Is Altering the Game". In PC Today, vol. 12, no. 5. Nebraska: Sandhills Publishing Company, 2014.

Ferguson M. Enterprise Information Protection—The Impact of Big Data. England: White Paper, Intelligent Business Strategies, 2013.

FireEye, Mandiant. "Cybersecurity's Maginot Line: A Real-World Assessment of the Defense-in-Depth Model". California: FireEye, 2014.

Fitzgerald D. "Google Glass Can Turn You Into Live Broadcast". In The Wall Street Journal, Sec. B-4, Dow Jones and Company, 2014.

Flick T., Morehouse J. Securing the Smart Grid: Next Generation Power Grid Security. Philadelphia, PA: Syngress is an Imprint of Elsevier, 2011.

Gertz B. "Syria Facing U. S. Cyber Attacks in Upcoming Strikes". In The Washington Free Beacon, 2013.

Gertz B. "The Cyber-Dam Breaks". In The Washington Free Beacon, 2013. Jordan, M. "Theoretical Foundations of Big Data Analysis". California: Simons Institute for the Theory of Computing, University of California-Berkeley, 2013.

Krutz R. L., Vines R. D. Cloud Security: A Comprehensive Guide to Secure Cloud Computing. Indiana: Wiley Publishing Inc., 2010.

Leger D. L. "Hackers Holding Computers Hostage". In USA Today. Virginia: AGannett Company, 2014.

Marks J. "Welcome to the Data Driven World: The Governments Big Investment in Big Data Is Changing What We Know and How We Know It". In Atlantic Media, vol. 45, no. 2, pp. 22-28. Washington, 2013.

Ovide S. "Big Data, Big Blunders". In The Wall Street Journal, Sec. R-4, Dow Jonesand Company, 2013.

Piper S. Definitive Guide to Next Generation Threat Protection. Annapolis, MD: CyberEdge Press, 2013.

Rothman W. "The Crock-Pot Is Still Slow, but Now it's Smart". In The Wall Street Journal, Sec. D-3. Dow Jones and Company, 2014.

Sarna D. E. Y. Implementing and Developing Cloud Computing Applications. Florida: CRC Press, Taylor and Francis Group, 2011.

Skoudis E., Liston T. Counter Hack Reloaded: A Step-by-Step Guide to Computer Attacks and Effective Defenses, Second Ed. New Jersey: Prentice Hall, 2006.

Sloan J., Schultz G. "Virtualization 101". In PC Today, vol. 11, no. 10, pp. 16-18. Nebraska: Sandhills Publishing Company, 2013.

Taki T. M. "Cloud Computing Strategy". Washington: United States Government Printing Office, United States Department of Defense, 2012.

U. S. Department of Defense. Department of Defense Strategy for Operating in Cyberspace. Washington: United States Government Printing Office, United States Department of Defense, 2011.

Verizon Risk Team. Verizon 2013 Data Breach Investigations Report, New York: Verizon, 2013.

Wood P., Editor. Symantec Internet Security Threat Report 2014, vol. 19. Mountain View, CA: Symantec, 2014.